光学基础教程

主　编　吴晓红　陈书剑
副主编　敖开发　郑　丹
参　编　张　卫　任婷婷　牟淑贤

北京理工大学出版社
BEIJING INSTITUTE OF TECHNOLOGY PRESS

内 容 简 介

本书系统介绍了几何光学和波动光学的基础理论和技术应用。全书由几何光学的基本概念和基本定律、理想光学系统、平面系统、光学系统中的光束限制和像差概论、光度学与色度学基础、典型光学系统、波动光学基础与光的偏振、光的干涉、光的衍射、晶体光学基础等10部分组成。

本书注重理论知识的"可用、够用、实用",例题的选取及每章后面的实训项目,突出了知识在实践中的应用,本书提供 PPT 课件、微课、动画等数字化资源。

本书可以作为高职高专光电类相关专业的教材,也适合从事光学制造、光电器件、激光、光电显示等行业的工程技术人员学习参考。

图书在版编目(C I P)数据

光学基础教程 / 吴晓红,陈书剑主编. –– 北京：
北京理工大学出版社,2024.1
ISBN 978 – 7 – 5763 – 3454 – 8

Ⅰ. ①光… Ⅱ. ①吴… ②陈… Ⅲ. ①光学 – 教材
Ⅳ. ①O43

中国国家版本馆 CIP 数据核字(2024)第 004510 号

责任编辑：张鑫星   **文案编辑**：张鑫星
责任校对：周瑞红   **责任印制**：施胜娟

出版发行 / 北京理工大学出版社有限责任公司
社　　址 / 北京市丰台区四合庄路 6 号
邮　　编 / 100070
电　　话 / (010) 68914026 (教材售后服务热线)
　　　　　　 (010) 68944437 (课件资源服务热线)
网　　址 / http://www.bitpress.com.cn

版 印 次 / 2024 年 1 月第 1 版第 1 次印刷
印　　刷 / 北京广达印刷有限公司
开　　本 / 787 mm×1092 mm　1/16
印　　张 / 20.75
彩　　插 / 4
字　　数 / 474 千字
定　　价 / 88.00 元

前 言

　　光学是一门古老的学科，19世纪，麦克斯韦证明光是一种电磁波，光和电的统一加速了光学的发展。20世纪60年代，激光的出现使光学进入一个新的发展时期，光学已经成为激光、光通信、显示、光电探测等高新技术产业的基础。随着光电产业的不断发展，对光电技术人才的需求越来越大，高等职业院校光电类专业承担着为光电产业培养高素质技术技能人才的使命，"光学基础"课程作为智能光电技术应用及相关专业的专业基础课，地位十分重要，它能够帮助学生掌握基本的光学理论及常见光学仪器的调试、使用技能，培养学生的光学设计制造思想。

　　本书是校企合作开发的新形态教材，具有以下特点：

　　1. 每章开篇给出了明确的知识目标、技能目标、素质目标，让学员学习有目的、有方向，增强学习动机，特别是在素质目标中将职业自豪感、使命感、职业规范、安全教育、精益求精、诚实守信、爱国主义、科技创新等课程思政元素纳入了教材。

　　2. 每章以生活中的光学现象作为先导案例，引出本章的主要知识点，提高学生学习兴趣，每章结束后，再利用所学知识对先导案例进行分析。

　　3. 教材在注重基本理论阐述的同时，加强知识在生产生活中的应用分析，每章给出了丰富的应用案例分析和解答。

　　4. 每章给出了本章小结，帮助学生归纳总结重点知识。

　　5. 每章有至少一个任务训练，加强理论与工程实践的结合。

　　6. 为拓宽学生的视野，每章至少有一个知识拓展内容。

　　7. 本书开发了丰富的教学资源，包括多媒体课件、动画、微课、习题及解答等，读者可在智慧职教资源库平台或扫书中的二维码学习。

　　本书由武汉职业技术学院吴晓红、陈书剑担任主编，武汉光驰教育科技股份有限公司敖开发、武汉软件职业学院郑丹担任副主编。第1、2章由深圳信息职业技术学院张卫编写，第3章由武汉软件职业学院任婷婷编写，第4、9章由武汉职业技术学院陈书剑编写，第5、6章由苏州工业园区职业技术学院牟淑贤编写，第7、10章由武汉职业技术学院吴晓红编写，第8章由武汉软件职业学院郑丹编写，敖开发参与编写本书16个任务训练。吴晓红负责全书的统稿。

　　本书编写过程中，参考了有关资料和文献，在此向相关的作者表示衷心的感谢！由于编者水平有限、时间仓促，书中疏漏和不妥之处在所难免，恳请广大读者批评指正。

编　者

目 录

第1章

几何光学基础

🔵 知识目标

1. 理解几何光学及光学系统的基本概念。
2. 掌握三个基本定律及两个基本原理。
3. 掌握物像概念及符号规则。
4. 掌握单个折（反）射球面近轴区物像关系及放大率公式。
5. 掌握焦点与焦距的概念。

🔵 技能目标

1. 能用所学定律分析光传播过程中的各种光学现象。
2. 能正确判断实际光学系统中的物、像及虚实情况。
3. 能分析光经过单个球面及光学系统的成像特性。

🔵 素质目标

1. 通过光学发展史的讲解，让学生明白我们与科技发达国家之间的差距，也让学生知道中国的光学人奋起直追所取得的成果，增强学生职业自豪感和使命感。
2. 通过选拔培训助教生团队，培养学生积极进取、乐于奉献的精神。

先导案例1：大家都观察过日食（图1-1）、月食现象，那么太阳或月亮为什么会全部或部分消失了呢？

先导案例2：光纤通信是以光波作为信息载体，以光纤作为传输媒介的一种通信方式，如图1-2所示，在光纤中光是如何传播的呢？

图1-1 日食

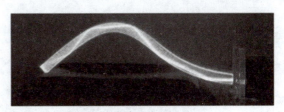

图1-2 光纤中光的传输

1.1 几何光学的基本概念

1.1.1 光的本性

对于光的本性的研究，大致分为三个阶段：第一阶段两种学说并存，一是牛顿提出的微粒说，他认为光是一种弹性粒子，二是惠更斯提出的波动说，认为光是在"以太"中传播的弹性波；第二阶段，麦克斯韦在电磁波的理论研究中，第一次揭示了光和电磁现象的一致性，指出光是电磁波；第三阶段，爱因斯坦为了解释光电效应，提出"光子"假说。现代物理学认为光是一种具有波粒二象性的物质，即光既有波动性又有粒子性。

1.1.2 电磁波谱

把电磁波按其频率或波长的顺序排列起来形成如图 1-3 所示电磁波谱，其覆盖了从 γ 射线到长波无线电波的一个广大范围。不同波长的电磁波，在真空中具有完全相同的传播速度：$c \approx 3 \times 10^8$ m/s。光波的频率、光速和波长之间存在以下关系：

$$f = \frac{c}{\lambda} \tag{1-1}$$

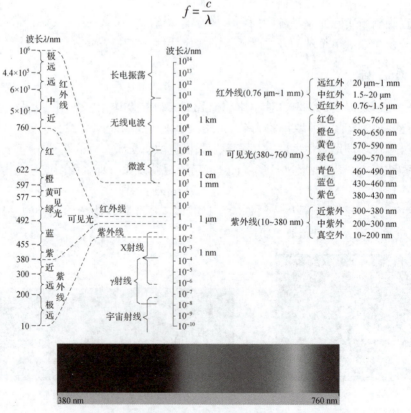

图 1-3　电磁波谱与可见光范围（书后附彩插）

因此不同波长的电磁波频率不同。在不同的介质中，如水、玻璃等，光波的波速和波长同时改变，但频率不变。

人眼可以感受的可见光波长在 380 ~ 760 nm（$1\ m = 10^6\ \mu m = 10^9\ nm = 10^{10}\ Å$①）。通常意义上所说的光波波段，除可见光外，还包括紫外线和红外线。

在可见光范围内，随着波长的增大，所引起的视觉颜色也逐渐从紫色到红色，如图 1 - 1 所示。具有单一波长的光称为单色光，而由不同单色光混合而成的光称为复色光。单色光只是理想中的光源，现实中并不存在。激光可以近似地看成一种单色光源，但同样存在一定的光谱宽度。

1.1.3　光源、光线、波面和光束

1. 光源

凡能辐射光能的物体统称为光源（或发光体）。在几何光学中，无论是本身发光的物体或被照明的物体，统称为光源。

当光源的大小与其辐射光能的作用距离相比可以忽略不计时，此发光体称为发光点，或称为点光源。在几何光学中，发光点被抽象为一个既无体积又无大小的几何点，任何被成像的物体都是由无数个这样的发光点所组成的。

2. 光线

把光波看作是能够传输能量的几何线，这样的几何线称为光线，其方向代表光的传播方向，即光能的传播方向。光线实际上是不存在的，但是，利用它可以把光学中复杂的能量传输和光学成像问题归结为简单的几何运算问题。

3. 波面与光束

光传播过程中，振动相位相同的各点在某时刻所形成的曲面称为波面。波面可以是平面、球面、非球面。

光源发出的所有光线的集合，即为光束。在各向同性介质中，光线沿着波面的法线方向传播，可以认为光波波面法线就是几何光学中的光线，所以，光线与波面是垂直的。

相交于同一点或由同一点发出的一束光线称为同心光束，对应的波面形状为球面，称为球面波；不会聚于一点的光束称为像散光束，对应的波面为非球面。平行光束对应的波面为平面，称为平面波。光束的分类如图 1 - 4 所示。

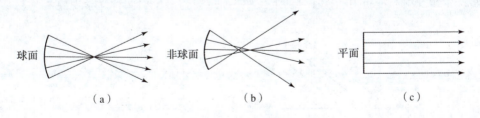

图 1 - 4　光束的分类

（a）同心光束；（b）像散光束；（c）平行光束

---

① 埃，$1\ Å = 10^{-10}\ m$。

1.2　光的传播规律

1.2.1　光的直线传播定律

在各向同性的均匀透明介质中，光是沿着直线传播的，这就是光的直线传播定律。一切精密的天文测量、大地测量以及其他测量原理均是以此定律为基础。这个定律可以用来解释很多自然现象，例如影子的形成、日食、月食等。

1.2.2　光的独立传播定律

不同光源发出的光束（线），从不同方向相交于介质中的某一点时，彼此互不影响，光束（线）独立传播，这就是光的独立传播定律。在几束光的交点处，光能量相加，通过交点后，各光束仍按各自原来的方向及能量分布继续传播。

光的独立传播定律的意义在于，当考虑某一光束（光线）的传播时，可不考虑其他光束（光线）对它的影响，从而使得对光线传播情况的研究大为简化。

应该指出，光的独立传播定律仅对非相干光才是正确的。

上述两个定律研究了光在各向同性均匀介质中的传播规律。

1.2.3　反射定律和折射定律

1. 反射与折射

当一束光（入射光）投射到两种均匀透明介质分界面上时，将有一部分光被反射回原来的介质中去，这种现象称为"反射"，这部分光称为"反射光"；另一部分光能通过分界面进入第二介质中，并改变传播方向，这种现象称为"折射"，这部分光称为"折射光"。

在光滑（即"光学平滑"，意指表面上的任何不规则度接近甚至小于波长 0.5 μm 的数量级）的分界面上，将产生规则的反射（或称"镜面反射"）与规则的折射，在粗糙的表面处将产生漫反射与漫折射。图 1-5 所示为镜面反射与漫反射两种光学现象。

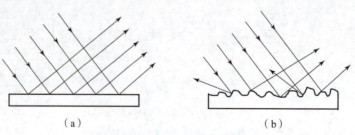

（a）　　　　　　　　　　　（b）

图 1-5　镜面反射与漫反射

（a）镜面反射；（b）漫反射

"反射定律"和"折射定律"表述了入射光、反射光、折射光传播方向的规律。图 1 – 6 中，MM 为两种均匀透明介质（折射率分别为 n 和 n'）的光滑界面；NON' 为界面上光线投射点 O 处的法线；AO、OA_r、OA' 分别为入射光线、反射光线和折射光线；入射光线与法线所决定的平面称为入射面；入射光线 AO 与法线 ON 的夹角，称为入射角，以 I 表示；反射光线 OA_r 与法线 ON 的夹角，称为反射角，以 I'' 表示；折射光线 OA' 与法线 ON' 的夹角，称为折射角，以 I' 表示。

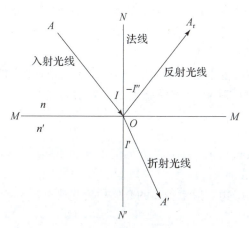

图 1 – 6　光的反射与折射

1）反射定律

反射定律通常表述为：反射光线位于入射面内，反射光线与入射光线位于法线的两侧，反射角与入射角大小相等而符号相反。

为了用几何的形式表示反射定律与折射定律，引入角度的符号规则：按锐角度量，从光线转向法线，顺时针转向为正，逆时针转向为负，显然，在图 1 – 6 中，I 角为正值，I'' 角为负值，I' 为正值。由于图 1 – 6 中的角度标注的是几何量，均标正值，因而 I'' 前必须加负号。

以数学形式表示反射定律，则为

$$I'' = -I$$

2）折射定律

通常表述为：折射光线位于入射面内，入射光线与折射光线位于法线的两侧，入射角的正弦与折射角的正弦之比与入射角的大小无关，而只与两种介质的折射率有关。对一定的波长（单色光）、在一定的温度与压力条件下，其比值为一常数，等于折射光线所在介质折射率（n'）与入射光线所在介质折射率（n）之比。

以数学形式表示，即为

$$\frac{\sin I}{\sin I'} = \frac{n'}{n} \qquad (1-2)$$

或者表示为最常用的形式

$$n\sin I = n'\sin I' \qquad (1-3)$$

折射定律是由斯涅尔（1621 年）与笛卡儿（1673 年）先后发现的，故通常又称为斯涅尔定律。

上式中，若假定 $n' = -n$ 则得到 $I' = -I$，此即反射定律的形式，表明反射定律可以视为折射定律在 $n' = -n$ 时的一种特例。

对粗糙表面的漫反射，若将所考察的区域限制在很小的范围，可以认为该小区域是"光滑"的，则反射定律和折射定律依然成立。

2. 折射率

1）绝对折射率

折射率是表征透明介质光学性质的重要参数。各种波长的光在真空中的传播速度均为 c，而在不同介质中的传播速度 v 各不相同，都比在真空中的速度慢。介质的折射率正是用来描述介质中光速减慢程度的物理量。

一定波长的单色光在真空中的传播速度与它在给定的介质中的传播速度之比，称为该介质对指定波长的"绝对折射率"，简称折射率，表示为

$$n = \frac{c}{v} \tag{1-4}$$

显然，折射率 n 是波长的函数，且随介质的不同而不同。

2）光密介质与光疏介质

通常，我们把分界面两边折射率较高的介质称为光密介质，而把折射率较低的介质称为光疏介质。

折射反射全反射

3. 全反射现象

1）定义

光线入射到两种介质的分界面时，通常都会发生折射与反射。但在一定条件下，入射到介质上的光会全部反射回原来的介质中，而没有折射光，这种现象称为全反射现象。

2）产生条件

当光从光密介质向光疏介质传播时，因为 $n' < n$，根据折射率公式 $n' \sin I' = n \sin I$，则 $I' > I$，折射光线相对于入射光线而言，更偏离法线方向，如图 1-7 所示。当入射角 I 增大到某一程度时，折射角 I' 达到 $90°$，折射光线沿界面掠射出去，这时候的入射角称为临界角，记为 I_c。

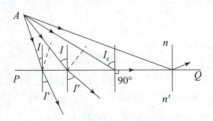

图 1-7 光的全反射现象

由折射定律得

$$\sin I_c = (n' \sin I')/n = n' \sin 90°/n = n'/n \tag{1-5}$$

若入射角继续增大，使 $I > I_c$，即 $\sin I > n'/n$，由式（1-5）可知，$\sin I' > 1$，显然这是不可能的。这表明入射角大于临界角的那些光线不能进入第二种介质，而全部反射回第一种介质，即发生了全反射现象。

发生全反射的条件可归结为：光线从光密介质进入光疏介质，入射角大于临界角。

1.2.4　光路可逆原理

如图 1-8 所示，光线遵循几何光学的基本定律从 A 点沿一定路径（图中实线）传播到 A'，若此时从 A' 点沿到达光线的反方向射出一条光线（图中虚线），按照光的直线传播定律和折射定律，很容易判断得出，光线将沿同一路径的反方向到达 A 点，光线的这种传播特性称为光路的可逆性。利用这一特性，我们不但可以确定物体经过光学系统所成的像，也可以反过来由像确定物的位置。

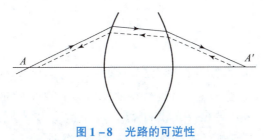

图 1-8　光路的可逆性

1.2.5　光的传播规律

许多科学家采用不同的数学工具来解释和证明折反射定律。其中费马原理用光程的观点来描述光的传播规律。

1. 光程

在均匀介质中，光在介质中通过的几何路程 l 与该介质折射率 n 的乘积为光程 s，表达式为

$$s = nl \tag{1-6}$$

由 $n = \dfrac{c}{v}$ 和 $l = vt$，上式可改写成

$$s = ct$$

光在某种介质中的光程等于同一时间内光在真空中所走过的几何路程。或者说，在同一时间内，光在不同介质中所走的几何路程不同，但光程相同。

在图 1-9 中，如果光线从 A 点传播到 A' 点，经过了 k 个介质，走过的路径各为 l_1、l_2、$\cdots$、l_k，则光线经历的光程为

$$s = \sum_{i=1}^{k} n_i l_i$$

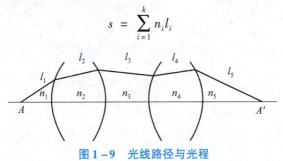

图 1-9　光线路径与光程

2. 费马原理

光从一点传播到另一点，其间无论经过多少次折射和反射，其光程为极值。也就是说，光沿着光程为极值（极大、极小或者常量）的路径传播。因此，费马原理称为光程极值原理。其数学表达式为

$$\delta s = \delta \int_A^B n dl = 0 \tag{1-7}$$

费马原理描述了光的传播的基本规律，光的直线传播定律、反射定律、折射定律均可由费马原理直接导出。

1.2.6 知识应用

应用案例一：利用全反射原理构成的反射棱镜

如图 1 - 10（a）所示，当入射光线在棱镜的反射面上的入射角大于临界角时，将发生全反射现象。用反射棱镜来代替全反光膜的反射镜，能够减少光能损失。因为一般全反光膜的反射镜不能使光线全部反射，大约有百分之十的光线将被吸收，而且反光膜容易变质和损伤。

应用案例二：应用全反射现象测量介质的折射率

如图 1 - 10（b）所示，图中 A 是一种折射率已知的介质，设其折射率为 n_A，B 是需要测量折射率的介质，其折射率用 n_B 表示。假设 $n_A > n_B$，入射光线 a、b、c 经过两介质的分界面折射后，a 光线的折射角最大，其值等于全反射角 I_c。全部折射光线的折射角均小于 I_c，超出便没有折射光线存在。因此，可以找出一个亮暗的分界线，利用测角装置，测出 I_c 角的大小，根据全反射公式有：

$$\sin I_c = \frac{n_B}{n_A} \quad \text{或} \quad n_B = n_A \sin I_c$$

将已知的 n_A 值和测得的 I_c 代入上式，即可求出 n_B。常用的阿贝折射仪和普氏折射仪就是利用测量临界角的原理构成的，近年来新出现的一种指纹检查仪也应用了全反射的原理。

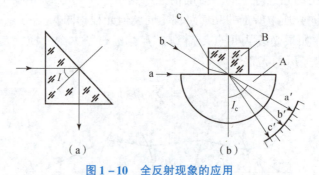

图 1 - 10　全反射现象的应用

例 1 - 1　有一个玻璃球，折射率为 $\sqrt{2}$，有一光线射到球面上，入射角为 45°，求反射光线和折射光线间的夹角。

解： 由反射定律得：反射角 $I'' = -I = -45°$

由折射定律得：$n'\sin I' = n\sin I$

即 $\sqrt{2}\sin I' = 1 \cdot \sin 45°$

所以 $I' = 30°$，故反射光线和折射光线间的夹角为 $45° + 30° = 75°$。

1.3　光学系统及成像基本概念

1.3.1　光学系统的基本概念

人们通过对光传播规律的研究，设计制造了各种光学仪器。光学仪器的核心部分是光学系统。大多数光学系统的基本作用是成像，即将物体通过光学系统成像。最常用的光学系统有：望远系统、显微系统、照相系统、放映投影系统等。

所有的光学系统，都是由一些光学零件（元件），按照一定的方式组合而成的。组成光学系统的光学零件基本有三类。

1. 透镜

单透镜按形状和作用可分为两类：第一类为正透镜，又称凸透镜或会聚透镜，其特点是中心厚、边缘薄。这类透镜又有各种不同形状，主要有双凸、平凸、凹凸，如图 1 - 11 （a）所示；第二类为负透镜，又称凹透镜或发散透镜，其特点是中心薄而边缘厚。这类透镜的各种形状如图 1 - 11 （b）所示。

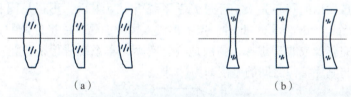

（a）　　　　　　　　　　　　　（b）

图 1 - 11　正透镜与负透镜
（a）正透镜；（b）负透镜

2. 反射镜

按形状可以分为平面反射镜和球面反射镜，球面反射镜又有凸面镜与凹面镜之分。

3. 棱镜

按其作用与性质，可以分为反射棱镜和折射棱镜。

所有的光学零件都是由不同介质的一些折射面和反射面构成的。这些面形可以是平面、球面，也可以是非球面。如果光学系统中的光学零件完全由球面构成，则这种光学系统称为"球面系统"；如果光学系统中包含有非球面，则称为"非球面系统"。

在球面系统中，如果各球面的球心都位于同一条直线上，则这条直线就是整个系统的对称轴线，也就是系统的光轴，这种系统即称为"共轴球面系统"。

目前实际采用的光学系统大多数都由共轴球面系统与平面镜、棱镜系统组合而成。图 1 - 12 所示为军用观察望远镜的光学系统。

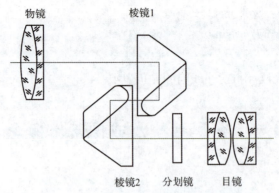

图 1–12　军用观察望远镜的光学系统

1.3.2　成像的基本概念

无论是自发光的物体，还是被照明而发光的物体，均可视为其表面是由许多点光源组成的。每个点光源均发射出球面波，从光束的角度看，即发出同心光束。

光学系统的基本作用，是接收由物体表面各点发出的入射光的一部分，并改变其传播路径，最终生成物体的像。

1. 完善像

如图 1–13（a）所示，入射到光学系统的同心光束的中心（交点）A 称为物点；从光学系统出射的同心光束的中心 A' 称为像点。若物点 A 发出的发散同心光束，经光学系统后，得到一会聚于 A' 点的同心光束，即点成点像，则称 A' 为物点 A 的完善像或理想像，此时成像清晰。如果一点发出的同心光束，经过光学系统折射反射后，不再是同心光束，而成为一像散光束［见图 1–13（b）］，此时，点不再成点像，而是一能量分散的弥散斑，则称系统所成的像是不完善像或非理想像。一般地说，实际光学系统成像往往是不完善的。物体所成的不完善像与其完善像之间的差别即为"像差"。

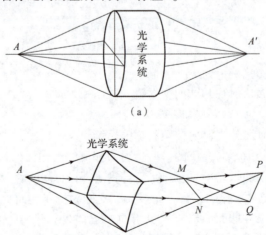

（a）

（b）

图 1–13　光束变换
（a）同心光束变换（理想成像）；（b）同心光束变为像散光束

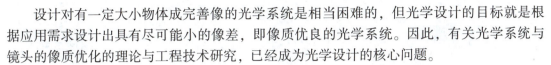

设计对有一定大小物体成完善像的光学系统是相当困难的，但光学设计的目标就是根据应用需求设计出具有尽可能小的像差，即像质优良的光学系统。因此，有关光学系统与镜头的像质优化的理论与工程技术研究，已经成为光学设计的核心问题。

2. 共轭的概念

由光路的可逆原理，若将物点放在 A' 处，则在 A 处也将得到物点的像，A、A' 之间的这种关系称为共轭，A、A' 为一对共轭点，相应的光线和光束称为共轭光线和共轭光束。

3. 物像虚实关系

同心光束各光线实际通过的交点，称为实物点和实像点，由这样的点所构成的物和像称为实物和实像。实像可被眼睛及其他接收器（底片、屏幕等）所接收。

由光线的延长线的交点所形成的物点和像点（实际光线并不通过它），称为虚物点和虚像点。由这样的虚点所构成的物和像，称为虚物和虚像。虚物通常是前方系统所成的像，虚像可以被眼睛感受，但却不能在屏幕或底片上接收到。

物与像是相对的，前方系统所生成的像，即为后方系统的物。光学系统的几种物像关系如图 1-14 所示。

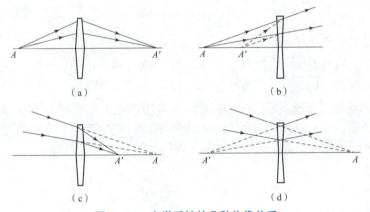

图1-14 光学系统的几种物像关系
（a）实物成实像；（b）实物成虚像；（c）虚物成实像；（d）虚物成虚像

4. 物空间与像空间

凡物所在的空间（包括实物和虚物），即为物空间；像（包括实像和虚像）所在的空间称为像空间。根据前面的定义，在规定光线自左向右进行的前提下，显然，整个光学系统第一面左方的空间为"实物空间"，第一面右方的空间为"虚物空间"；整个光学系统最后一面右方的空间为"实像空间"，最后一面左方的空间为"虚像空间"。整个物空间与像空间均是可以无限扩展的。因此，不能机械地按空间位置来划分物空间与像空间。

1.4 单个折（反）射球面成像

复杂的共轴球面系统是由许多单球面组成的，光线经过光学系统时是逐面进行折（反）射的，所以光线光路计算也应是逐面进行的，因此单个折（反）射球面成像是光学系统成像的基础。

1.4.1 符号规则

如图 1 – 15 所示，两种介质的分界面是单个折射球面，两介质折射率分别为 n 和 n'，O 为球面顶点，C 为球心，OC 为球面曲率半径，以 r 表示，AB 是实物，$A'B'$ 是 AB 经单个折射球面所成的实像。

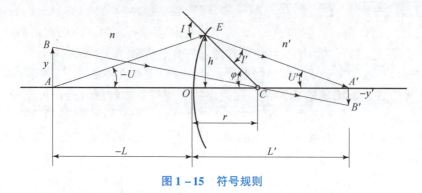

图 1 – 15   符号规则

在包含光轴的平面（常称为子午面）内，A 点入射到球面的光线，可由两个参量来决定其位置：一个是顶点 O 到 A 的距离，以 L 表示，称为物方截距，简称物距；另一个是入射光线与光轴的夹角 $\angle EAO$，以 U 表示，称为物方孔径角。光线 AE 经过球面折射以后，交光轴于 A' 点。同样地，光线 EA' 的确定取决于 $L' = A'O$ 和 $U' = \angle EA'O$ 两个参量，称为像方截距和像方孔径角。为了确切地描述光路的各种量值和光学系统的结构参量，并使以后导出的公式具有普遍适用性，必须对各参量做符号上的规定，即符号规则。

1. 光路方向

即光线传播的方向，通常规定，光线从左到右传播为正，反之为负。

2. 线量的符号规定

沿轴线量，规定顺着光线传播方向为正，逆着光线传播方向为负，即由左向右为正；垂轴线量，规定光轴之上为正，光轴之下为负。

沿轴线量：

L、L'——由球面顶点起到光线与光轴的交点，图 1 – 15 中 L 为负，L' 为正；

r——由球面顶点起到球心，图 1 – 15 中 r 为正。

垂轴线量：

y、y'、h——以光轴为基准，图 1 – 15 中 y、h 为正，y' 为负。

3. 角度的符号规定

一律以锐角来度量，规定顺时针转为正，逆时针转为负。

（1）光线与光轴的夹角（如 U、U'）：用由光轴转向光线所形成的锐角度量，图 1 – 15 中 U 为负，U' 为正。

（2）光线与法线的夹角（如 I、I'、I''）：由光线以锐角方向转向法线，图 1 – 15 中 I、I' 为正。

（3）光轴与法线的夹角（如 φ）：由光轴以锐角方向转向法线，图 1 – 15 中 φ 为正。

4. 符号标注规则

标在图上的一律为大于零的代数量。图 1-15 中，因为 $L<0$，标注为 "$-L$"。

1.4.2 单个折射球面的光路计算公式

已知球面曲率半径 r、介质折射率 n 和 n' 及光线物方坐标 L 和 U，求像方光线坐标 L' 和 U'。

如图 1-15 所示，在 $\triangle AEC$ 中，应用正弦定律，有

$$\sin I = \frac{L-r}{r}\sin U \qquad (1-8)$$

在 E 点应用折射定律，有

$$\sin I' = \frac{n}{n'}\sin I \qquad (1-9)$$

由图 1-15 可知，$\varphi = U + I = U' + I'$，由此得像方孔径角 U'，有

$$U' = I + U - I' \qquad (1-10)$$

在 $\triangle A'EC$ 中，应用正弦定律，可得像方截距为 U'，有

$$L' = r\left(1 + \frac{\sin I'}{\sin U'}\right) \qquad (1-11)$$

式（1-8）~式（1-11）就是计算单个折射球面含轴面（子午面）内光线光路的基本公式，可由已知的 L 和 U 通过上列四式依次求出 U' 和 L'。

由式（1-11）可知，不同入射光线，其入射角、折射角不一样，像距 L' 也不一样，即单个折射球面成像是不完善的。

1.4.3 单个折射球面近轴区成像

当孔径角 U 很小时，I、I' 和 U' 都很小，这时，光线在光轴附近很小的区域内，这个区域叫作近轴区，近轴内的光线叫作近轴光线。由于近轴光线的有关角度都很小，这些角的正弦值可以用弧度来代替，在式（1-8）~式（1-11）中，用小写字母 u、i、i'、u' 来表示。近轴区域成像的计算公式可直接表示为

$$i = \frac{l-r}{r}u \qquad (1-12)$$

$$i' = \frac{n}{n'}i \qquad (1-13)$$

$$u' = u + i - i' \qquad (1-14)$$

$$l = r\left(1 + \frac{i'}{u'}\right) \qquad (1-15)$$

由式（1-12）~式（1-15）可以看出，当 u 角改变 k 倍时，i、i'、u' 也相应改变 k 倍，而 i' 表示式中的 i'/u' 保持不变，即 l' 不随 u 角的改变而改变，表明由物点发出的一束细光束经折射后仍交于一点，其像是完善像，称为高斯像。

在近轴区内，有

$$l'u' = lu = h \tag{1-16}$$

1. 位置关系公式

据此，将式（1-12）和式（1-15）中的 i 和 i' 代入式（1-13），并利用式（1-16），可以导出以下三个公式：

$$n'\left(\frac{1}{r} - \frac{1}{l'}\right) = n\left(\frac{1}{r} - \frac{1}{l}\right) = Q \tag{1-17}$$

$$n'u' - nu = (n' - n)\frac{h}{r} \tag{1-18}$$

$$\frac{n'}{l'} - \frac{n}{l} = \frac{n' - n}{r} \tag{1-19}$$

式（1-17）中的 Q 称为阿贝不变量，该式表明，对于单个折射球面，物空间与像空间的阿贝不变量 Q 相等，随共轭点的位置而异。

式（1-19）通常称为折射球面的物像位置关系公式，它表明了物、像位置的关系，已知物体位置 l，可求出共轭像的位置 l'，反之，已知像的位置 l'，就可求出与之共轭的物体位置 l。

2. 焦点、焦距和光焦度

若物点位于轴上左方无限远处，即物距 $l = -\infty$，此时入射光线平行于光轴，经球面折射后交光轴于 F' 点，如图 1-16（a）所示。这个特殊点是轴上无限远物点的像点，称为球面的像方焦点。从顶点 O 到 F' 的距离称为像方焦距，用 f' 表示。将 $l = -\infty$ 代入式（1-19）可得

$$l' = f' = \frac{n'}{n' - n}r \tag{1-20}$$

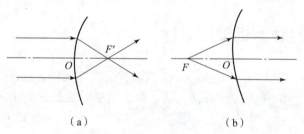

（a）　　　　　　　　　　（b）

图 1-16　像方焦点与物方焦点

（a）像方焦点；（b）物方焦点

同理，有球面的物方焦点 F [图 1-16（b）] 及物方焦距 f，且

$$f = -\frac{n}{n' - n}r \tag{1-21}$$

由式（1-20）和式（1-21）可知，对单个折射球面 $|f| \neq |f'|$，且负号表示物方焦距和像方焦距永远位于折射球面的左右两侧。

式（1-19）右端仅与介质的折射率及球面曲率半径有关，因而对于一定的介质及一定形状的表面来说是一个不变量，它表征球面的光学特征，称之为该面的光焦度，以 φ 表示：

$$\varphi = \frac{n' - n}{r} \tag{1-22}$$

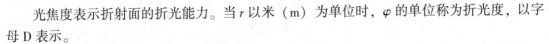

光焦度表示折射面的折光能力。当 r 以米（m）为单位时，φ 的单位称为折光度，以字母 D 表示。

单折射球面两焦距和光焦度之间的关系为

$$\varphi = \frac{n'}{f'} = -\frac{n}{f} \qquad (1-23)$$

3. 放大率

像相对于物的比例统称为放大率。放大率有三种：垂轴放大率、轴向放大率和角放大率。

1）垂轴放大率 β

在近轴区内，垂直于光轴的平面物体可以用子午面内的垂轴小线段 AB 表示，经球面折射后所成像 $A'B'$ 垂直于光轴 AOA'、由轴外物点 B 发出的通过球心 C 的光线 BC 必定通过 B' 点，如图 1–15 所示，$AB = y$，$A'B' = y'$，则定义垂直放大率 β 为像的大小与物体大小之比，即

$$\beta = \frac{y'}{y} \qquad (1-24)$$

由于 $\triangle ABC$ 相似于 $\triangle A'B'C'$，则有

$$-\frac{y'}{y} = \frac{l'-r}{r-l}$$

利用式（1–17），得

$$\beta = \frac{y'}{y} = \frac{nl'}{n'l} \qquad (1-25)$$

由此可见，垂轴放大率仅取决于共轭面的位置。在一对共轭面上，β 为常数，故像与物相似。

根据式（1–25）可以确定物体的成像特性，即像的正倒、虚实、大小：

（1）若 $\beta > 0$，即 y' 与 y 同号，表示成正像；$\beta < 0$，y' 与 y 异号，表示成倒像。

（2）若 $\beta > 0$，即 l 和 l' 同号，物像在折射球面同侧，则物像虚实相反；$\beta < 0$，l 和 l' 异号，物像在折射球面异侧，则物像虚实相同。

（3）若 $|\beta| > 1$，则 $|y'| > |y|$，成放大的像；$|y'| < |y|$，成缩小的像；若 $|\beta| = 1$，则 $|y'| = |y|$，成等大像。

2）轴向放大率 α

轴向放大率表示光轴上一对共轭点沿轴向移动量之间的关系，它定义为物点沿光轴做微小移动 $\mathrm{d}l$ 时，所引起的像点移动量 $\mathrm{d}l'$ 与物点移动量 $\mathrm{d}l$ 之比，用 α 来表示轴向放大率，即

$$\alpha = \frac{\mathrm{d}l'}{\mathrm{d}l} \qquad (1-26)$$

对于单个折射球面，将式（1–19）两边微分，得

$$-\frac{n'\mathrm{d}l'}{l'^2} + \frac{n\mathrm{d}l}{l^2} = 0$$

于是得轴向放大率

$$\alpha = \frac{\mathrm{d}l'}{\mathrm{d}l} = \frac{nl'^2}{n'l^2} \tag{1-27}$$

这就是轴向放大率的计算公式，与垂轴放大率的关系为

$$\alpha = \frac{n'}{n}\beta^2$$

由此可得出两个结论：

（1）折射球面的轴向放大率恒为正，当物点沿轴向移动时，其像点沿光轴同方向移动；

（2）轴向放大率与垂轴放大率不等，空间物体成像时要变形，如正方体成像后，将不再是正方体。

3）角放大率 γ

近轴区内，角放大率定义为一对共轭光线与光轴的夹角 u' 与 u 之比值，用 γ 来表示，即

$$\gamma = \frac{u'}{u} \tag{1-28}$$

利用 $l'u' = lu$，得

$$\gamma = \frac{l}{l'} = \frac{n}{n'}\frac{1}{\beta} \tag{1-29}$$

垂轴放大率、轴向放大率与角放大率三者之间不是孤立的，而是密切联系的，即

$$\alpha\gamma = \frac{n'}{n}\beta^2 \cdot \frac{n}{n'\beta} = \beta \tag{1-30}$$

由 $\beta = \frac{y'}{y} = \frac{nl'}{n'l} = \frac{nu}{n'u'}$，得

$$nuy = n'u'y' = J \tag{1-31}$$

此式称为拉亥公式，表明在一对共轭平面内，成像的物高 y、成像光束的孔径角 u 和所在介质的折射率 n 三者的乘积是一个常数，用 J 表示，称为拉亥不变量，它是表征光学系统性能的一个重要参数。

1.4.4 单个反射球面成像

在单个折射球面的公式中，只要使 $n' = -n$ 便可直接得到反射球面的相关公式。

1. 物像位置

将 $n' = -n$ 代入式（1-19），可得反射球面镜的物像位置公式为

$$\frac{1}{l'} + \frac{1}{l} = \frac{2}{r} \tag{1-32}$$

2. 焦距大小

将 $n' = -n$ 代入式（1-20）、式（1-21），可得反射球面镜的焦距

$$f' = f = \frac{r}{2} \tag{1-33}$$

上式表明球面反射镜的焦点位于球心和顶点的中间，并且其像方焦点（F'）和物方焦点（F）重合，只有一个焦点。单个折射球面的焦点如图 1-17 所示。

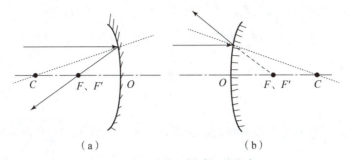

图 1 – 17　单个折射球面的焦点

(a) 凹面镜的焦点；(b) 凸面镜的焦点

3. 放大率

同样，可以得到球面反射镜的三种放大率公式：

$$
\left.\begin{array}{l}
\beta = -\dfrac{l'}{l} \\[2mm]
\alpha = -\beta^2 \\[2mm]
\gamma = -\dfrac{1}{\beta}
\end{array}\right\}
\tag{1 – 34}
$$

β 的大小同样可以确定物体的成像特性，即像的正倒、虚实、大小，因为 $\alpha < 0$，所以对于单个反射球面，当物点沿轴向移动时，其像点沿光轴反方向移动。

1.4.5　知识应用

例 1 – 2　如图 1 – 18 所示，半径为 $r = 20$ mm 的折射球面，两边的折射率为 $n = 1$，$n' = 1.5163$，当物体位于距球面顶点 $l_A = -60$ mm 时，求：

(1) 轴上物点 A 的成像位置。

(2) 垂轴物面上距轴 10 mm 处物点 B 的成像位置。

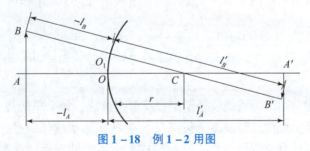

图 1 – 18　例 1 – 2 用图

解：(1) 将给定条件代入 $\dfrac{n'}{l_A'} - \dfrac{n}{l_A} = \dfrac{n' - n}{r}$ 中，得

$$
\frac{1.5163}{l_A'} - \frac{1}{-60} = \frac{1.5163 - 1}{20}
$$

解得 $l_A' = 165.75$ mm，即轴上物点 A 成像在距顶点 165.75 mm 处，该点距球心 $165.75 - 20 = 145.75$（mm）。

(2) 过轴外物点 B 作连接球心的直线，该直线也可以看作是一条（辅助）光轴，B 点

是该辅助光轴 O_1C 上的一个轴上点，其物距为

$$l_B = -\left[10^2 + (60 + 20)^2\right]^{\frac{1}{2}} + 20 = -60.62(\text{mm})$$

利用 $\dfrac{n'}{l_B'} - \dfrac{n}{l_B} = \dfrac{n' - n}{r}$，得

$$\frac{1.5163}{l_B'} - \frac{1}{-60.62} = \frac{1.5163 - 1}{20}$$

解得 $l_B' = 162.71$ mm，即轴外物点 B 成像在距球心 $162.71 - 20 = 142.71$（mm）的 B' 处。

例 1 – 3 如图 1 – 19 所示，凹面镜的曲率半径为 160 mm，一个高度为 20 mm 的物体放在反射镜前 100 mm 处，试求像距、像高和垂轴放大率。

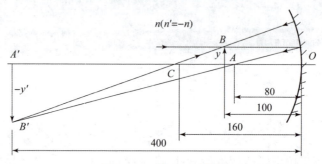

图 1 – 19 例 1 – 3 用图

解：由题意已知，$r = -160$ mm，$l = -100$ mm，$y = 20$ mm，代入式（1 – 32）得

$$\frac{1}{l'} + \frac{1}{-100} = \frac{2}{-160}$$

解得

$$l' = -400 \ \text{mm}$$

$$\beta = \frac{y'}{y} = -\frac{l'}{l} = -\frac{-400}{-100} = -4$$

$$y' = \beta y = -4 \times 20 = -80(\text{mm})$$

垂轴放大率为负值表示倒立成像；像距为负值表示像位于反射镜的左侧，为实像。

1.5 共轴球面光学系统近轴区成像

实际光学系统通常由多个透镜、透镜组或反射镜组成，每个单透镜又由两个球面构成，因此，物体被光学系统成像就是被多个折（反）射球面逐次成像的过程。前面讨论了单个折、反射球面的光路计算及成像特性，它对构成光学系统的每个球面都适用。因此，只要找到相邻两个球面之间的光路关系，就可以解决整个光学系统的光路计算问题，分析其成像特性。

1.5.1 过渡公式

一个共轴球面系统由下列数据所确定：各折射球面的曲率半径 r_1、r_2、$\cdots$、r_k，各个球

面顶点之间的间隔 d_1、d_2、$\cdots$、d_k，d_1 是第一面顶点到第二面顶点之间隔，d_2 是第二面顶点到第三面顶点之间隔，以此类推；各球面间介质的折射率 n_1、n_2、$\cdots$、n_k、n_{k+1}，n_1 是第一面之前的介质折射率，n_{k+1} 是第 k 面之后的介质折射率，以此类推。

在结构参量给定后，即可进行共轴球面系统的光路计算和其他有关量的计算。

单个球面的成像公式建立在以球面顶点为原点的直角坐标系下，因此，所谓过渡就是坐标系不断移动，将前一个坐标系下的（像）点过渡到下一个坐标系下的（物）点，即在坐标原点平移至下一面顶点的同时，将前一面的像参数转变为下一面的物参数。

图 1-20 所示为一个在近轴区内物体被光学系统前三个面成像的情况。显然，第一个面的像方空间就是第二个面的物方空间，就是说，高度为 y_1 的物体 A_1B_1 用孔径角为 u_1 的光束经第一面折射成像后，其像 $A_1'B_1'$ 就是第二面的物体 A_2B_2，其像方孔径角 u_1' 就是第二面的物方孔径角 u_2，其像方折射率 n_1' 就是第二面的物方折射率 n_2。同样，第二面和第三面之间，第三面和第四面之间，都有这样的关系，如果光学系统有 k 个折（反）射面，并且已知系统的参数 r_1、r_2、$\cdots$、r_k，d_1、d_2、$\cdots$、d_k，n_1、n_2、$\cdots$、n_k、n_{k+1}，以此类推，有

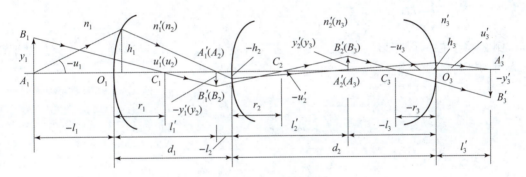

图 1-20　共轴球面成像

$$\left.\begin{aligned}
&n_2 = n_1',\ \ n_3 = n_2',\ \ \cdots,\ \ n_k = n_{k-1}' \\
&y_2 = y_1',\ \ y_3 = y_2',\ \ \cdots,\ \ y_k = y_{k-1}' \\
&u_2 = u_1',\ \ u_3 = u_2',\ \ \cdots,\ \ u_k = u_{k-1}' \\
&l_2 = l_1' - d_1,\ \ l_3 = l_2' - d_2,\ \ \cdots,\ \ l_k = l_{k-1}' - d_{k-1} \\
&h_2 = h_1 - d_1 u_1',\ \ h_3 = h_2 - d_2 u_2',\ \ \cdots,\ \ h_k = h_{k-1} - d_{k-1} u_{k-1}'
\end{aligned}\right\} \tag{1-35}$$

对于给定的物点 $(l_1,\ u_1,\ y_1)$，我们可以按下面步骤顺序求得系统的像 $(l_k',\ u_k',\ y_k')$：

(1) 对第一面单球面成像计算求得 $(l_1',\ u_1',\ y_1')$；

(2) 用过渡公式由 $(l_1',\ u_1',\ y_1')$ 求得 $(l_2,\ u_2,\ y_2)$；

(3) 对第二面做单个球面计算求得 $(l_2',\ u_2',\ y_2')$；

(4) 用过渡公式由 $(l_2',\ u_2',\ y_2')$ 求得 $(l_3,\ u_3,\ y_3)$

$\cdots\cdots$

(5) 对第 k 面做单个球面成像计算求得 $(l_k',\ u_k',\ y_k')$。

必须指出，上述过渡公式（1-35）为共轴球面光学系统近轴光路计算的过渡公式，对于宽光束的实际光线也适用，只需要将小写字母改为大写字母。

1.5.2　共轴球面系统的放大率

共轴球面系统的放大率是各个球面依次放大的最终结果，所以很容易证明共轴球面系统的放大率就是各面相应放大率的乘积，即

$$\left.\begin{aligned}
\beta &= \frac{y'_k}{y_1} = \frac{y'_1}{y_1} \cdot \frac{y'_2}{y_2} \cdot \cdots \cdot \frac{y'_k}{y_k} = \beta_1 \cdot \beta_2 \cdot \cdots \cdot \beta_k \\
\alpha &= \frac{\mathrm{d}l'_k}{\mathrm{d}l_1} = \frac{\mathrm{d}l'_1}{\mathrm{d}l_1} \cdot \frac{\mathrm{d}l'_2}{\mathrm{d}l_2} \cdot \cdots \cdot \frac{\mathrm{d}l'_k}{\mathrm{d}l_k} = \alpha_1 \cdot \alpha_2 \cdot \cdots \cdot \alpha_k \\
\gamma &= \frac{u'_k}{u_1} = \frac{u'_1}{u_1} \cdot \frac{u'_2}{u_2} \cdot \cdots \cdot \frac{u'_k}{u_k} = \gamma_1 \cdot \gamma_2 \cdot \cdots \cdot \gamma_k
\end{aligned}\right\} \qquad (1-36)$$

三个放大率之间的关系依然成立

$$\alpha\gamma = \beta \qquad (1-37)$$

1.5.3　知识应用

例 1 – 4　有一个玻璃球，直径为 $2R$，折射率为 1.5，如图 1 – 21 所示。一束近轴平行光入射，将会聚于何处？

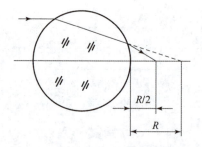

图 1 – 21　例 1 – 4 用图

解：光束经过两次折射后成像。依题意，已知系统 $r_1 = R$，$r_2 = -R$，$n_1 = 1$，$n_2 = 1.5$，$n_3 = 1$。

第一次成像，$l_1 = -\infty$，$r = R$，$n_1 = 1$，$n'_1 = n_2 = 1.5$，由式（1 – 19）有

$$\frac{1.5}{l'_1} - \frac{1}{-\infty} = \frac{1.5 - 1}{R}$$

于是 $l'_1 = 3R$。

即无穷远物体经第一面后成实像，是一个实物成实像的过程，其像位于距玻璃球前表面右侧的 $3R$ 处，且位于第二面右侧 R 处。由于第一面的像是第二面的物，又因其位于第二面右侧，因此对于第二个面而言是个虚物。

第二次成像，由过渡公式（1 – 35）求得

$$l_2 = l'_1 - d = 3R - 2R = R$$

$$n_2 = n'_1 = 1.5, \quad n'_2 = 1$$

由 $\dfrac{n'}{l'} - \dfrac{n}{l} = \dfrac{n'-n}{r}$ 有 $\dfrac{1}{l_2'} - \dfrac{1.5}{R} = \dfrac{1-1.5}{-R}$

得 $l_2' = R/2$，即两次成像最终会聚于第二面的右侧 $R/2$ 处，对第二面而言，是一个虚物成实像的过程。

 先导案例解决

案例 1：日食的形成

如图 1 - 22（a）所示，点光源 O 照射到不透明的圆盘障碍物 P，在屏 S 上所形成的影子 P′。P′的范围由 O 点与圆盘 P 边缘的连线在屏上的几何投影所决定，称之为圆盘 P 的"几何影"或"本影"。区域完全没有光照射到，因而是暗区，它与屏上其余部分之间有清晰的边界；图 1 - 22（b）所示为有限大小蜡烛照射圆盘 P，在屏 S 上生成影子的情况。其中，P′是完全没有光照射到的本影区。P′的外面环绕着一圈半阴暗的"半影区"，这是由于圆盘的屏蔽作用，使光源的一部分不能照射到该区域。在半影区外面的各点可被整个光源照射到。

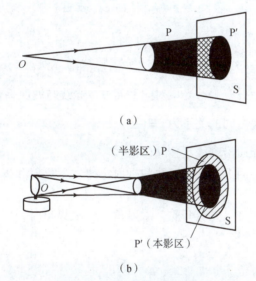

（a）

（b）

图 1 - 22　光源照明成影情况
（a）点光源照明；（b）有限尺度光源照明

日食是光直线传播的生动例证。如图 1 - 23 所示，当月亮处于太阳与地球中间，三者在一条直线上时，将产生日食的现象。由于太阳是一大的自然面光源，照射到月球上，将形成月球的本影区与半影区。当地球表面上的观察者是处于月球的本影区时，将发生部分看不到太阳的"日全食"；当处于半影区时，则将发生只看到部分太阳的"日偏食"。

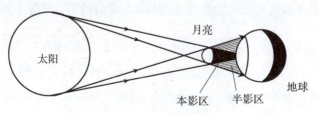

图 1 - 23　日食现象的原理

案例 2：光纤中的全反射

图 1−24 所示为光纤的基本结构和光纤传光的基本原理。单根光纤由内层折射率较高的纤芯和外层折射率较低的包层组成。光线从光纤的一端以入射角 I 进入光纤纤芯，投射到纤芯与包层的分界面上，在此分界面上，入射角大于临界角的那些光线在纤芯内连续发生全反射，直至传到光纤的另一端面出射。可见，只要满足一定的条件，光就能在光纤内以全反射的形式传输很远的距离。将许多单根光纤按序排列形成光纤束，即光缆，可用于传递图像和光能。

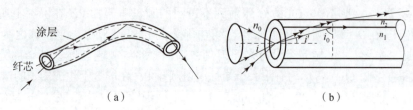

（a）　　　　　　　　　　　　（b）

图 1−24　全反射光纤

（a）基本结构；（b）基本原理

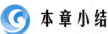 **本章小结**

1. 光具有波粒二象性，光是电磁波。

2. 同心光束对应球面波，平行光束对应平面波，光线与波面垂直。

3. 波长、波速、频率之间的关系为 $f = \dfrac{c}{\lambda}$。

4. 光在各向同性的介质沿直线且独立传播。

5. 光在两种介质分界面上按反射定律和折射定律发生反射和折射，折射定律表达式为 $n'\sin I' = n\sin I$。

6. 当光线从光密介质进入光疏介质，入射角大于临界角时，发生全反射现象，临界角 $I_c = \arcsin\dfrac{n'}{n}$。

7. 光程的基本概念 $S = nl$。

8. 物像虚实及成像完善性。

9. 符号规则：对沿轴线段量，规定顺着光线传播方向为正；对垂轴线段量，规定光轴之上为正；对角度量，一律以锐角度量，规定顺时针转为正，逆时针转为负。

10. 单个折射球面近轴区成像，$\dfrac{n'}{l'} - \dfrac{n}{l} = \dfrac{n'-n}{r}$，$\beta = \dfrac{y'}{y} = \dfrac{nl'}{n'l}$，$\beta$ 的大小正负确定成像的特性。

11. 焦点与焦距。轴上无限远物点的像点，称为像方焦点，轴上无限远像点的物点，称为物方焦点。对单个折射球面，

$$f' = \frac{n'}{n'-n}r,\ f = -\frac{n}{n'-n}r$$

12. 单个反射球面近轴区成像。$\dfrac{1}{l'} + \dfrac{1}{l} = \dfrac{2}{r}$，$\beta = \dfrac{y'}{y} = -\dfrac{l'}{l}$，$f' = f = \dfrac{r}{2}$。

13. 光学系统放大率 $\beta = \beta_1\beta_2\cdots\beta_k$。

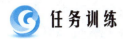 任务训练

任务 1.1　自准直法测量薄透镜焦距

1. 实验目的
（1）学会调节光学系统共轴。
（2）掌握自准直法测薄透镜焦距的原理及方法。
（3）观察凸透镜和凹透镜成像的基本规律。

2. 实验仪器及光路图
（1）实验仪器：光学实验导轨（光具座）、白光源、"品"字屏（含毛玻璃）、平面反射镜、被测凸透镜、被测凹透镜、$f' = 100$ mm 的凸透镜、白屏等。
（2）光路图，如图 1 – 25 所示。

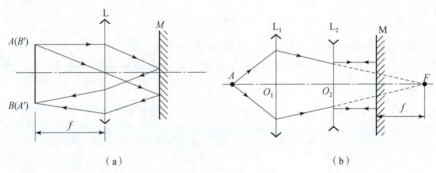

图 1 – 25　光路图

（a）凸透镜自准直成像；（b）凹透镜自准直成像

3. 实验内容及步骤
（1）光学元件的等高共轴调节。使光源中心、物屏上的"品"字、透镜中心、平面反射镜、白屏中心大致在同一条与导轨平行的直线上。

（2）自准直法测凸透镜焦距。被测凸透镜的滑座和反射镜的滑座紧挨在一起，并在"品"字屏后前后滑动，观察"品"字屏上像变化的情况，直到"品"字屏上出现清晰的大小相等、倒立的"品"字像为止。记录"品"字屏的位置和被测凸透镜的位置，二者之差即为被测凸透镜的焦距，并填表 1 – 1。

表 1 – 1　自准直法测凸透镜焦距　　　　　　　（单位：mm）

序号	"品"字屏位置	凸透镜位置	焦距
1			
2			
3			
平均值			

（3）自准直法测凹透镜焦距。先调节 $f' = 100$ mm 的凸透镜和白屏之间的距离，使白屏上呈现一个清晰的、略微缩小的倒立的像。记下像（白屏）在导轨上的位置 1。然后取下白屏，在凸透镜后放上被测凹透镜和反射镜，将凹透镜的滑座和反射镜的滑座紧挨在一起，前后滑动被测凹透镜和反射镜，使"品"字屏上的像尽量清晰，记下此时被测凹透镜的位置 2，位置 2 与位置 1 之间的距离就是凹透镜的焦距，并填表 1－2。

表 1－2　自准直法测凹透镜焦距　　　　　　　　　　　　（单位：mm）

序号	白屏位置	凹透镜位置	焦距
1			
2			
3			
平均值			

 习题

1. 举例说明光传播中几何光学各基本定律的现象和应用。

2. 光线按图 1－26 所示方向从水中进入某种介质，求该介质的折射率 n_x。已知水的折射率为 1.333。

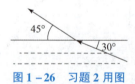

图 1－26　习题 2 用图

3. 如图 1－27 所示位于空气中的等腰直角棱镜，折射率 $n = 1.54$，问当光线在棱镜斜边 2 上发生掠射时，直角边 1 上的入射光线的入射角 I_1 应为多大？若棱镜的折射率增大，I_1 是增大还是减小？又问若棱镜浸没在水中，按图中沿光轴方向入射的光线能否发生全反射？

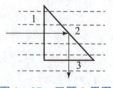

图 1－27　习题 3 用图

4. 光线由水中射向空气，求在界面处发生全反射时的临界角。当光线由玻璃内部射向空气时，临界角又为多少？（$n_水 = 1.333$，$n_玻璃 = 1.52$）

5. 水面下 20 cm 处有一发光点，问当我们在水面上方向下看时，被该发光点照亮的水面面积有多大？

6. 如图 1－28 所示，为了把仪器刻度放大 3 倍，在它上面置一平凸透镜，并让透镜的平面与刻度紧贴。假设刻度和球面顶点距离为 30 mm，玻璃的折射率为 1.5，求凸透镜凸面的半径。

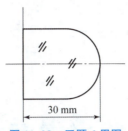

图 1-28 习题 6 用图

7. 一个 18 mm 高的物体位于折射球面前 180 mm 处，球面半径 $r=30$ mm，$n=1$，$n'=1.52$，求像的位置、大小、正倒及虚实状况。

8. 简化眼，把人眼的成像归结为一个曲率半径为 5.7 mm，介质折射率为 1.333 的单球面折射，求这种简化眼的焦点位置和光焦度。

9. 一个实物放在曲率半径为 R 的凹面镜前的什么位置才能得到：

（1）垂轴放大率为 4 倍的实像；（2）垂轴放大率为 4 倍的虚像。

10. 一物体在球面镜前 150 mm 处，成实像于镜前 100 mm 处。如果有一虚物位于镜后 150 mm 处，求成像的位置。球面镜是凸还是凹？

第 2 章

理想光学系统

知识目标

1. 掌握理想光学系统的三对基点、基面及其性质。
2. 掌握轴外点、轴上点、负光组、多光组作图法求像的基本方法。
3. 掌握牛顿公式、高斯公式以及对应的放大率公式。
4. 知道单个折射球面基点、基面的位置。
5. 掌握摄远物镜、无焦系统等光学系统的特点。

技能目标

1. 能利用焦点及焦平面、主点及主平面、节点及节平面的性质作图求像。
2. 能用牛顿公式、高斯公式解决实际光学系统成像问题。
3. 能分析摄远物镜、无焦系统等典型光学系统的成像光路及特性。

素质目标

1. 通过设计问题并引导学生在实践中不断发现问题，培养学生分析问题、解决问题的能力。
2. 通过小组学习、讨论，培养学生精诚团结、协作共进的团队精神。

先导案例： 望远镜（图 2-1）是一种用于观察远距离物体的目视光学仪器，能把远处对双眼张角很小的物体按一定倍率放大，使之在像空间具有较大的张角，使本来无法用肉眼看清或分辨的物体变得清晰可辨。

图 2-1　观景台上的望远镜

2.1　理想光学系统与完善像

光学系统绝大部分是用于使物体成像的，对光学系统成像的基本要求是：成像清晰，即要求物点经系统后仍成像为一点，像与物相似，形状不失真。然而，光学系统除个别情况外，仅在近轴区才能成完善像。根据近轴区的定义，这意味着成像范围极小，每点所发出的光束宽度极小，因而能量极少，这样的成像没有实用意义。如果，存在这样一种光学系统，它能使空间的任意点（即任意大的空间范围）用任意宽的同心光束成像，均能得到完善的点像，则定义这样的光学系统为"理想光学系统"。从另一个角度说，也可认为理想光学系统是实际光学系统近轴区在空间的无限扩展。

2.1.1　理想光学系统的性质

1. 点成点像
物空间的每一点，在像空间必有一个点与之对应，且只有一个点与之对应，这两个对应点称为物像空间的共轭点。

2. 线成线像
物空间的每一条直线在像空间必有一条直线与之对应，且只有一条直线与之对应，这两条对应直线称为物像空间的共轭线。

3. 平面成平面像
物空间的每一个平面，在像空间必有一个平面与之对应，且只有一个平面与之对应，这两个对应平面称为物像空间的共轭面。

除此之外，共轴理想光学系统还具有下列一些成像特点：

（1）位于光轴上的物点对应的像点也必然位于光轴上；

（2）任何垂直于光轴的直线其共轭线仍与光轴垂直；

（3）直线上的任意一点其共轭点必然位于该直线的共轭线上；

（4）任何垂直于光轴的平面其共轭面仍与光轴垂直；

（5）平面上的任意一条线段其共轭线必然位于该平面的共轭面上。

2.2.2　理想光学系统的基点和基面

我们讨论理想光学系统成像问题时，不涉及光学系统的具体结构，只研究其物和像之间的关系，此时，只要知道理想光学系统的一些特定的点和面，该系统的成像特性就能完全确定，这些点和面称为共轴理想光学系统的基点和基面。

1. 主点和主平面
不同位置的共轭面对应着不同的垂轴放大率。总有一对垂直共轭面，它们的垂轴放大率 $\beta = +1$，称这一对共轭面为主平面（分为物方主平面和像方主平面）。两主平面和光轴的交点分别称为物方主点和像方主点，用 H、H' 表示。

主平面具有以下性质：假定物空间的任意一条光线和物方主平面的交点为 I，它的共轭光线和像方主平面交于 I' 点，则 $IH = I'H'$。

主点主平面对求物像关系的意义：图 2-2 中 I 为入射光线的入射点，则由 $IH = I'H'$ 的性质，可以作图确定出射光线的出射点 I' 的位置。

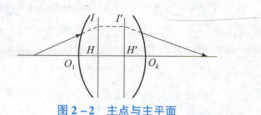

图 2-2　主点与主平面

2. 焦点与焦平面

平行于光轴的入射光线对应的出射光线与光轴的交点称为像方焦点（F'），通过像方焦点且垂直于光轴的平面称为像方焦平面；平行于光轴的出射光线对应的入射光线与光轴的交点称为物方焦点（F），通过物方焦点且垂直于光轴的平面称为物方焦平面，如图 2-3 所示。

需要注意，无限远物点与 F' 是一对共轭点，F 与无限远像点是一对共轭点。

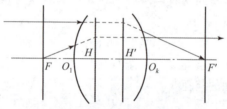

图 2-3　焦点与焦平面

自物方主点 H 到物方焦点 F 的距离称为物方焦距，以 f 表示。以 H 为起点，计算到 F，顺着光线为正，反之为负。自像方主点 H' 到像方焦点 F' 的距离称为像方焦距，以 f' 表示。以 H' 为起点，计算到 F'，顺着光线为正，反之为负。如图 2-4 所示，$f' > 0$ 称为正光组，$f' < 0$ 称为负光组。

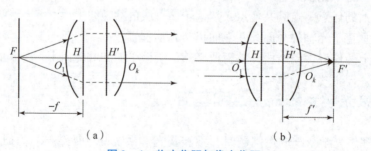

（a）　　　　　　　　　　　　　　（b）

图 2-4　物方焦距与像方焦距
（a）物方焦距；（b）像方焦距

焦点和焦平面具有以下性质：

（1）与光轴平行入射的平行光束经光学系统后出射光会聚于 F'。

（2）与光轴成一定夹角入射的平行光束经光学系统后出射光必然会聚于像方焦平面上某一点，如图 2-5 所示。

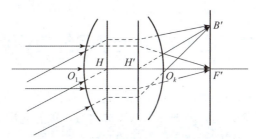

图 2－5　平行光束入射光学系统

（3）以 F 为交点的同心光束经光学系统后出射光是与光轴平行的平行光束。

（4）物方焦平面上轴外任意一点发出的同心光束经光学系统后出射光是与光轴成一定夹角的平行光束，如图 2－6 所示。

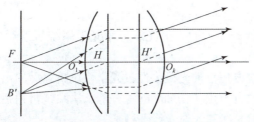

图 2－6　同心光束入射光学系统

3. 节点和节平面

如图 2－7 所示，如果物方光线 a 以与光轴的夹角为 U 的方向射入光学系统，并通过光轴上 J 点，其像方共轭光线 a' 沿着平行于 a 光线方向出射（即 $U'=U$），且通过光轴上另一点 J'，则 J 和 J' 称为物方节点和像方节点。过 J 和 J' 的垂轴平面分别称物方节平面和像方节平面。

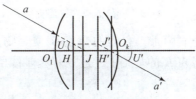

图 2－7　节点与节平面

节点具有以下性质：凡是通过物方节点 J 的光线，其出射光线必定通过像方节点 J'，并且和入射光线相平行。

通常光学系统位于同一介质中，两边介质相同，此时节点和主点重合。我们通常总是用一对主平面和两个焦点位置来代表一个光学系统，如图 2－8 所示。

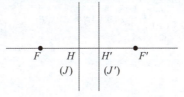

图 2－8　光学系统的表示方法

2.2　作图法求理想光学系统的物像关系

已知一个理想光学系统的主点（节点）、焦点的位置，根据它们的性质，对给定的物点用作图的方法可以求出其像，这种方法称为图解法。对于理想光学系统，点成点像，所以，只需找出由物点发出的两条特殊光线在像空间的共轭光线，则它们的交点就是该物点的像。

2.2.1　轴外点求像

根据主平面、节点和焦点的性质，求轴外点的像常用三条特殊光线，如图 2-9 所示：

第 2 章
轴外点作图求像

（1）通过物点 B 平行于光轴的入射光线，经光学系统折射后的出射光线通过像方焦点 F'。

（2）通过物点 B 和物方焦点的光线，经过光学系统折射后的出射光线平行于光轴。

（3）通过物点 B 和物方节点 $J(H)$ 的光线，经光学系统折射后的出射光线一定经过像方节点 $J'(H')$，并且出射光线和入射光线平行。

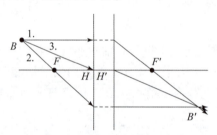

图 2-9　轴外点成像三组光线

在这三条特殊光线中，任取两条，它们的交点 B' 便是物点 B 的像点。若是垂轴物体 AB，在求得轴外点 B 的共轭像点 B' 的基础上，过 B' 作垂轴线段与光轴交于 A'，则 $A'B'$ 就是物 AB 的像，如图 2-10 所示。

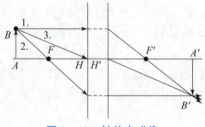

图 2-10　轴外点成像

2.2.2　轴上点求像

第 2 章
轴上点作图求像

求轴上物点 A 的像时，上述三条特殊光线合并为一条，即通过光轴的光线，所以，要求得 A 的像，必须找到 A 点发出的任一光线 AM 的出射光线，这就要利用焦平面上轴外点的性质。

　　方法一：如图 2 – 11 所示，过 A 点任意作一条光线交物方主平面于 M 点，可将此光线看作是由无限远轴外点发出的斜平行光束中的一条；设斜平行光束中的另一条光线过物方焦点 F 并交物方主面于 P（也可以过 H 点作平行 AM 的光线），该光线的共轭光线将经 P' 点以平行于光轴的方向出射，交像方焦平面于 N'；物方斜平行光束应相交于像方焦平面上的同一轴外点，因此，光线 AM 自 M' 出射也将通过 N' 点，并交光轴于 A' 点，即所求像。

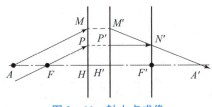

图 2 – 11　轴上点成像

　　方法二，如图 2 – 12 所示，由 A 点发出任一条光线 AM 与物方焦平面交于 N 点，与物方主平面交于 M 点。可以将光线 AM 看作是自 N 点发出的，因为 N 点位于物方焦平面上，因此所有自 N 点发出的同心光束光线自系统出射后，应为像方的斜平行光束；为了确定光线 AM 经 M' 的出射方向，自 N 点再发出一条平行于光轴的参考光线 NP（也可以作参考光线 NH），其出射光线应经过像方焦点 F'，光线 $P'F'$ 的方向代表了物方焦平面上 N 点发出的所有光线所对应的像方斜平行光束的方向；光线 AM 经 M' 点出射光线则平行于光线 $P'F'$，交光轴于 A'，即为所求像。

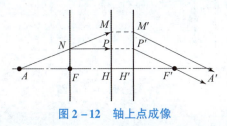

图 2 – 12　轴上点成像

凹凸透镜成像规律

2.2.3　负光组作图求像

　　负光组轴外点和轴上点作图方法与前面介绍的相同，但要特别注意负光组的物方焦点在物方主平面的右边，像方焦点在像方主平面的左边。图 2 – 13 所示为负光组作图求像的例子。

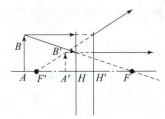

图 2 – 13　负光组作图求像的例子

2.2.4 多光组作图求像

由两个（甚至多个）光组组合而成的光学系统，也可以用图解法求解。先用图解法求出物经过第一个光组所成的像；再将第一个光组所成的像，作为第二个光组成像的物，如图 2-14 所示，以此类推进行求解。

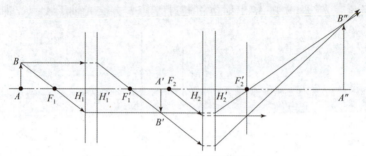

图 2-14 双光组作图求像

2.2.5 知识应用

例 2-1 用作图法求出图 2-15 所示物体 AB 的像。

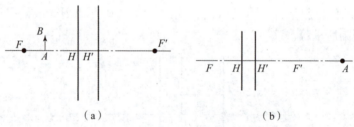

（a）   （b）

图 2-15 例 2-1 用图

解：

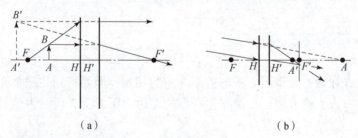

（a）   （b）

例 2-2 画出图 2-16 所示焦点 F、F′的位置。

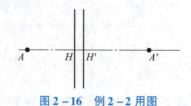

图 2-16 例 2-2 用图

解：

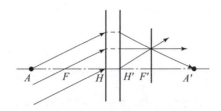

2.3　解析法求理想光学系统的物像关系

如果要精确求得已知物体经光学系统所成像的位置和大小，图解法是不够的，需要用解析法计算获得，按照物（像）位置表示中起始点选取的不同，解析法求像的方法有牛顿公式和高斯公式两种。

2.3.1　牛顿公式

以焦点为起始点计算物距和像距的物像公式，叫作牛顿公式。如图 2-17 所示，x 和 x' 分别表示以物方焦点为起始点的焦物距和以像方焦点为起始点的焦像距，根据符号法则，图中 $x < 0$，$x' > 0$。

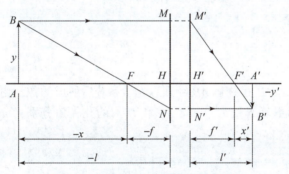

图 2-17　理想光学系统物像关系图

在图 2-17 中，有一垂轴物体 AB，其高度为 y，经理想光学系统后成一倒像 $A'B'$，像高为 $A'B'$。由两对相似三角形 $\triangle BAF$ 和 $\triangle FHN$ 以及 $\triangle H'M'F'$ 和 $\triangle A'B'F'$ 可得

$$\frac{-y'}{y} = \frac{-f}{-x'}, \quad \frac{-y'}{y} = \frac{x'}{f'} \tag{2-1}$$

从而可得

$$xx' = ff' \tag{2-2}$$

这是牛顿公式的物像位置公式。

理想光学系统的垂轴放大率 β 定义为像高 y' 与物高 y 之比，根据式（2-1），可得出牛顿公式中垂轴放大率的表示形式

$$\beta = \frac{y'}{y} = -\frac{f}{x} = -\frac{x'}{f'} \tag{2-3}$$

2.3.2 高斯公式

以主点为起始点计算物距和像距的物像公式，叫作高斯公式。l 和 l' 分别表示以物方主点为起始点的物距和以像方主点为起始点的像距，根据符号法则的规定，图 2–17 中 $l<0$，$l'>0$。

由图 2–17 可知，可得 l、l' 与 x、x' 间的关系为

$$x = l - f \quad x' = l' - f'$$

代入牛顿公式计算可得

$$\frac{f'}{l'} + \frac{f}{l} = 1 \tag{2-4}$$

这是高斯公式的物像位置公式。

将牛顿公式变形为 $x' = ff'/x$，两边各加上 f'，得

$$x' + f' = \frac{ff'}{x} + f' = \frac{f'}{x}(f + x)$$

因为 $l' = x' + f'$，$l = f + x$，故有

$$x = \frac{f'}{l'} l$$

将上式中的 x 代入式（2–3），可得出高斯公式中垂轴放大率的表示形式

$$\beta = -\frac{fl'}{f'l} \tag{2-5}$$

2.3.3 焦距间的关系

如图 2–18 所示，$A'B'$ 是物体 AB 经理想光学系统后所成的像，由轴上点 A 发出的任意一条成像光线 AQ，其共轭光线为 $Q'A'$。AQ 和 $Q'A'$ 的孔径角分别为 u 和 u'。HQ 和 $H'Q'$ 的高度均为 h。

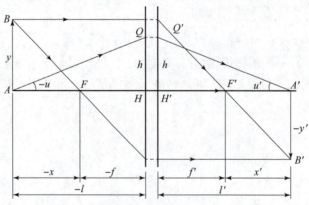

图 2–18　理想光学系统两焦距关系导出图

由图 2–18 可得：

$$(x + f)\tan u = h(x' + f')\tan u'$$

$$x = -\frac{y}{y'}f, \quad x' = -\frac{y'}{y}f'$$

代入上式得

$$yf \tan u = -y'f' \tan u' \tag{2-6}$$

对于理想光学系统，不管 u 和 u' 角有多大，上式均能成立。因此，当 AQ 和 $Q'A'$ 是近轴光时，上式也能成立。将 $\tan u = u$，$\tan u' = u'$ 代入式（2-6）得

$$yfu = -y'f'u'$$

和拉亥不变量 $nuy = n'u'y'$ 相比较，可得表征光学系统物方和像方两焦距之间关系的重要公式

$$\frac{f'}{f} = -\frac{n'}{n} \tag{2-7}$$

将式（2-7）代入式（2-5），垂轴放大率高斯公式的表示形式可写为

$$\beta = \frac{nl'}{n'l} \tag{2-8}$$

当光学系统处于同一介质中时，即 $n' = n$，则两焦距绝对值相等、符号相反

$$f' = -f \tag{2-9}$$

此时，牛顿公式可以写成

$$xx' = -f'^2 \tag{2-10}$$

高斯公式可以写成

$$\frac{1}{l'} - \frac{1}{l} = \frac{1}{f'} \tag{2-11}$$

放大率公式可以写成

$$\beta = \frac{y'}{y} = -\frac{f}{x} = -\frac{x'}{f'} = \frac{f'}{x} = \frac{l'}{l} \tag{2-12}$$

2.3.4　知识应用

例 2-3　单薄透镜成像时，若共轭距（物与像之间距离）为 250 mm，求下列情况下透镜焦距：

（1）实物，$\beta = -4$；

（2）实物，$\beta = 1/4$；

（3）虚物，$\beta = -4$。

解：（1）由题意可知：$-l + l' = 250$ mm（实物成实像）

$\beta = -4$，求透镜焦距 f'，则解题如下：

$$\begin{cases} \beta = \dfrac{l'}{l} = 4 \\ -l + l' = 250 \text{ mm} \end{cases} \Rightarrow l = -50 \text{ mm}, \ l' = 200 \text{ mm}$$

$$\frac{1}{l'} - \frac{1}{l} = \frac{1}{f'} \quad f' = 40 \text{ mm}$$

（2）由题意知：$-l + l' = 250$ mm（实物成虚像），$\beta = 1/4$，求 f'，解法同上：

$$l' = -\frac{250}{3} \text{ mm}, \quad l = -\frac{1\,000}{3} \text{ mm}, \quad f' \approx -111.11 \text{ mm}$$

（3）由题意知 $\beta = -4$（虚物成虚像），$l - l' = 250$ mm，求 f'，解法同上：

$$l' = -200 \text{ mm}, \quad l = 50 \text{ mm}, \quad f' = -40 \text{ mm}$$

例 2-4　一个薄透镜对某一物体成实像，放大率为 -1，今以另一薄透镜紧贴在第一透镜上，若像向透镜方向移动 20 mm，放大率为原先的 $\frac{3}{4}$ 倍，求两块透镜的焦距。

解：分析题意，可用以下 2 种方法求解。

由题意知 $\beta = -1$，$\beta_{总} = -\frac{3}{4}$，$l'_2 = l'_1 - 20$，欲求两透镜焦距 f'_1、f'_2，则解题如下：

$$\beta_1 = \frac{l'_1}{l_1} \quad \text{所以 } l'_1 = -l_1 \quad （因为紧贴，所以 l'_1 = -l_1）$$

方法 1：$\beta_{总} = \beta_1 \beta_2 = \frac{l'_1}{l_1} \cdot \frac{l'_2}{l_2} = \frac{l'_2}{l_1} = -\frac{3}{4}$

$$l'_2 = -\frac{3}{4} l_1 = \frac{3}{4} l'_1$$

方法 2：$\beta_{总} = \beta_1 \beta_2 = \frac{l'_1}{l_1} \cdot \frac{l'_2}{l_2} = \frac{l'_2}{l_1} = -\frac{3}{4}$

$$\beta_2 = \frac{3}{4} = \frac{l'_2}{l_2}$$

$$l'_2 = \frac{3}{4} l_2 = \frac{3}{4} l'_1$$

又因为 $l'_2 = l'_1 - 20$，所以 $l'_1 = 80$ mm，$l'_2 = 60$ mm。

因为 $\frac{1}{l'_1} - \frac{1}{l_1} = \frac{1}{f'_1}$，而 $l'_1 = -l_1$，所以

$$f'_1 = \frac{1}{2} l'_1 = 40 \text{ mm}$$

$$\frac{1}{l'_2} - \frac{1}{l_2} = \frac{1}{f'_2}$$

因为 $l_2 = l'_1$，所以 $f'_2 = 240$ mm。

2.4　单个折射球面的基点基面

2.4.1　主点

在近轴区内，单个折射球面成完善像。在这种情况下，可以把它看成单独的理想光组，它也具有基点、基面。

对主平面而言，其轴向放大率 $\beta = +1$，故有

$$\beta = \frac{n l'_H}{n' l_H} = 1$$

即
$$n l'_H = n' l_H$$

将单个折射球面的物像位置公式两边同乘以 $l_H l_{H'}$，得

$$n' l_H - n l'_H = -\frac{n' - n}{r} l_H l'_H$$

因为 $n' l_H = n l'_H$，上式左边为零，故有

$$\frac{n' - n}{r} l_H l'_H = 0$$

由于 $\frac{n' - n}{r} \neq 0$，只有在 $l_H = l'_H = 0$ 时，上式才能成立。因此，对单个折射球面而言，物方主点 H、像方主点 H' 和球面顶点 O 相重合，物方主平面和像方主平面相切于球面顶点 O，如图 2-18 所示。

2.4.2　焦点

由于主点已知，焦距由 $f' = \frac{n' r}{n' - n}$，$f = -\frac{n r}{n' - n}$ 确定，焦点和焦平面的位置也就确定了。

2.4.3　节点

由节点的定义和角放大率公式，可得

$$\gamma = \frac{l_J}{l'_J} = 1$$

即
$$l_J = l'_J$$

代入单个折射球面公式得

$$l'_J = l_J = r$$

即单个折射球面的一对节点（J，J'）均位于球心 C 处，过节点垂直于光轴的平面即节平面。由于物方折射率和像方折射率不相等，因此两焦距大小不等，主点和节点也不重合，如图 2-19 所示。

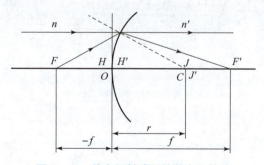

图 2-19　单个折射球面的基点和基面

2.5　常用薄透镜组

2.5.1　摄远物镜

摄远物镜由一个正的薄透镜和一个负的薄透镜组成，如图 2 - 20 所示。两透镜的间隔比透镜 L_1 的焦距小，这种物镜的特点是筒长比焦距小得多，故称摄远物镜。用它可使仪器的长度在保持较小尺寸的情况下，获得长焦距的光学系统。摄远物镜在现代大地测量仪器及长焦距照相机中常被采用。

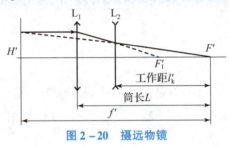

图 2 - 20　摄远物镜

2.5.2　无焦系统

两个薄透镜，焦距分别为 f_1' 和 f_2'，当第一个透镜的像方焦点与第二个透镜的物方焦点重合时，组合系统的焦距为无限大并且主面也在无限远处，这样的系统称为无焦系统（望远镜系统）。

从图 2 - 21 所示的无焦系统可见，出射光束的宽度较入射光束小得多；反过来，若细光束由 L_2 入射，则从 L_1 出射的光束宽度将增大很多。利用这个原理可将激光器发出细光束扩展为较宽的激光束，这样的系统称为折束系统，它在激光技术中有广泛应用。

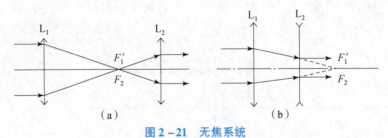

（a）　　　　　　　　　（b）

图 2 - 21　无焦系统

2.5.3　反远距系统

与摄远系统相反，把负透镜放在靠近物的一方，如图 2 - 22 所示，形成反远距系统，它的特点是能提供较长的后工作距离。一些投影仪物镜和某些特殊物镜常采用这种系统。

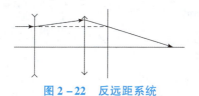

图 2 - 22　反远距系统

2.5.4　折反系统

由透镜和反射镜组成的系统称为折反系统，它广泛应用于望远镜和一些导弹头的光学系统中。图 2 - 23 所示为一共心负透镜和一半径为 R 的球面反射镜组成的共心折反系统，称为包沃斯 - 马克苏托夫（Bouwers - MskcyTOB）共心物镜。

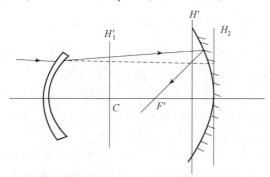

图 2 - 23　共心折反系统

 知识拓展

透镜系统基点位置和焦距的测量

1. 焦距的测定

如图 2 - 24 所示，设 L 为已知透镜焦距的凸透镜，L_S 为待测透镜组，其主点（节点）为 H、H'（N、N'），像方焦点为 F'。当 AB（高度已知）放在 L 的前焦点处时，它经过 L 以及 L_S 将成像 $A'B'$ 于 L_S 的后焦面上。因为 $\triangle AOB \backsim \triangle A'N'B$，即

$$\frac{AB}{-f_0} = \frac{A'B'}{f'}$$

因此，可得

$$f' = -f_0 \frac{A'B'}{AB}$$

因此，我们可以通过测量 $A'B'$ 的大小，从而得到待测透镜系统的焦距 f'。

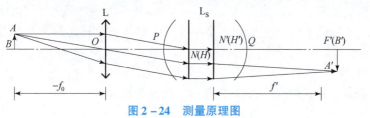

图 2 - 24　测量原理图

2. 主点（节点）位置的确定

当共轴球面系统处于同一媒质时，两主点分别与两节点重合，所以利用节点的性质测得节点的位置也就是主点的位置。

由于节点具有入射和出射光线彼此平行的特性，时常用它来测定光学系统的基点位置。

设有一束平行光入射于由两片薄透镜组成的光组，光组与平行光束共轴，光线通过光组后，会聚于白屏上的 Q 点，如图 2-25 所示，此 Q 点为光组的像方焦点 F'。若以垂直于平行光的某一方向为轴，将光具组转动一小角度，可有以下两种情况：

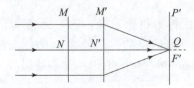

图 2-25 平行于光轴的光线会聚在像方焦点

（1）转轴恰好通过光具组的第二节点 J'。

由于入射光线方向不变，而且彼此平行，根据节点的性质，通过像方节点 J' 的出射光线一定平行于入射光线。如果转轴恰好通过 J'，则出射光线 $J'Q$ 的方向和位置都不会因光学系统的摆动而发生改变。与入射平行光束相对应的像点，一定仍位于 Q 上。

（2）回转轴未通过光具组的第二节点 J'。

如果第二节点 J' 不在回转轴上，那么光具组转动后，J' 出现移动，但通过 J' 的出射光仍然平行于入射光，所以由 J' 出射的光线和之前相比将出现平移，光束的会聚点将发生移动。

图 2-26 所示的测节器是一个可绕铅直轴 OO' 转动的水平滑槽 R，待测基点的光组 L_S（由薄透镜组成的共轴系统）放置在滑槽上，位置可调，并由槽上的刻度尺指示 L_S 的位置。测量时轻轻地转动一点滑槽，观察白屏 P′ 上的像是否移动，参照上述分析判断 J' 是否位于 OO' 轴上。如果 J' 不在 OO' 轴上，就调整 L_S 在槽中位置，直至 J' 在 OO' 轴上，则从轴的位置可读出 J' 对光组 L_S 的位置。

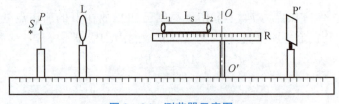

图 2-26 测节器示意图

将节点架旋转 180°，重复以上步骤，即可获得物方主点（节点）位置。

通常用于拍摄大型团体照片使用的周视照相机也是利用节点的性质构成的。如图 2-27 所示，拍摄的对象排列在一个圆弧 AB 上，照相物镜并不能使全部物体同时成像，而只能使小范围的物体 A_1B 成像于底片 $A_1'B_1'$ 上。当物镜绕像方节点 J' 转动时，就可以把整个拍摄对象 AB 成像在底片 $A'B'$ 上。如果物镜的转轴和像方节点不重合，当物镜转动时，A 点的像 A_1 将在底片上移动，因而使照片模糊不清。现在使物镜的转轴通过像方节点 J，根据节点的性质，当物镜转动时，A_1 点的像点就不会移动。因此整幅照片 $A'B'$ 就可以获得整个物体 AB 的清晰的像。

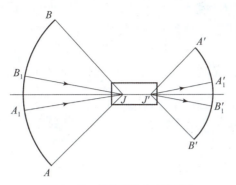

图 2-27 周视照相机原理图

先导案例解决

对于折射式望远镜，其光学系统主要由物镜和目镜两个透镜组构成，其物镜和目镜的光学间隔为零，其焦距是无穷大，可使入射的平行光经过望远镜折射后仍然平行出射。物镜一般是凸透镜，可将光线会聚，形成物体的实像，目镜则放大物体的实像，使人眼可以观察到远处物体清晰的像。

本章小结

1. 基点与基面

（1）主点和主平面：$\beta = +1$ 的一对共轭面，其主要作用及意义是根据入射点可以找出出射点。

（2）焦点和焦平面：无限远物点（物平面）与像方焦点（像方焦平面）是一对共轭点（面），物方焦点（物方焦平面）与无限远像点（像平面）是一对共轭点（面）。

（3）节点和节平面：过物方节点的光线，其出射光线必定通过像方节点，且和入射光线平行。

2. 作图法求像

（1）轴外点求像：运用三对特殊光线。

（2）轴上点求像：应用焦点与焦平面的性质，过焦点或主点作辅助线求出任意光线的出射光线。

（3）注意点：物像虚实、光组的正负、光线的方向、出射点的位置。

3. 牛顿公式与高斯公式

当光学系统处于同一介质中时，$n = n'$，则 $f' = -f$。

（1）牛顿公式：$\begin{cases} xx' = -f'^2 \\ \beta = \dfrac{f'}{x} = -\dfrac{x'}{f'} = -\dfrac{f}{x} \end{cases}$

（2）高斯公式：$\begin{cases} \dfrac{1}{l'} - \dfrac{1}{l} = \dfrac{1}{f'} \\ \beta = \dfrac{l'}{l} \end{cases}$

4. 单个折射球面的基点、基面

主点在顶点，节点在球心，两个焦距不相等。

5. 薄透镜组

（1）摄远物镜：一正一负两个透镜，$d < f'_1$，$\Delta \neq 0$，获得长焦距。

（2）无焦系统：一正一负或两个正透镜，$\Delta = 0$，$f' = \infty$，$\beta = -\dfrac{f'_2}{f_1}$。

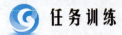 任务训练

任务 2.1　公式法、二次成像法测薄透镜焦距

1. 实验目的

（1）学会调节光学系统共轴。

（2）掌握公式法测薄透镜焦距的原理及方法。

（3）掌握二次成像法测薄透镜焦距的原理及方法。

2. 实验仪器及光路图

（1）实验仪器：光学实验导轨（光具座）、白光源、"品"字屏（含毛玻璃）、平面反射镜、被测凸透镜、被测凹透镜、$f' = 100\ \text{mm}$ 的凸透镜、白屏等。

（2）光路图，如图 2-28 ~ 图 2-30 所示。

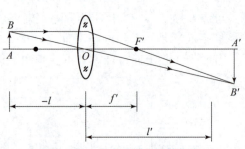

图 2-28　公式法测凸透镜焦距

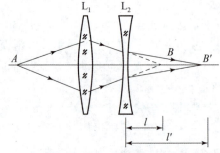

图 2-29　公式法测凹透镜焦距

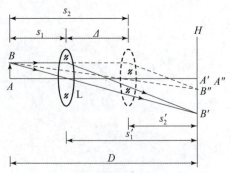

图 2-30　二次成像法测凸透镜焦距

3. 实验内容及步骤

（1）光学元件的等高共轴调节。使光源中心、屏上的"品"字、透镜中心、白屏中心大致在同一条与导轨平行的直线上。

（2）公式法测凸透镜焦距。固定"品"字屏，改变被测凸透镜与白屏的位置，用左右逼近法测出成像清晰时各元件的位置，利用高斯公式求出凸透镜焦距，并填表 2 - 1。

表 2 - 1　公式法测凸透镜焦距测量表　　　　　　　　　　　（单位：mm）

序号	"品"字屏位置	凸透镜位置	白屏位置	物距 l	像距 l'	焦距
1						
2						
3						
平均						

（3）公式法测凹透镜焦距。首先"品"字屏经凸透镜成缩小实像于白屏上时，记下白屏的刻度，在凸透镜和白屏之间加入被测凹透镜，并再次调整凹透镜和白屏的位置，直到白屏上得到一个清晰实像时，记录凹透镜的刻度与白屏的刻度，利用高斯公式求出凹透镜焦距，并填表 2 - 2。

表 2 - 2　公式法测凹透镜焦距测量表　　　　　　　　　　　（单位：mm）

序号	白屏位置 1	凹透镜位置	白屏位置 2	物距 l	像距 l'	焦距
1						
2						
3						
平均						

（4）二次成像法测凸透镜焦距。

将被测透镜置于"品"字屏与白屏之间（白屏距"品"字屏的距离应大于 4 倍焦距），前后滑动透镜可在显示屏得到两次清晰的实像，利用贝塞尔公式 $f' = \dfrac{D^2 - \Delta^2}{4D}$，求出焦距，并填表 2 - 3。

表 2 - 3　二次成像法测凸透镜焦距测量表　　　　　　　　　（单位：mm）

序号	"品"字屏位置	白屏位置	凸透镜位置 1	凸透镜位置 2	D	Δ	焦距
1							
2							
3							
平均							

任务2.2　光学系统节点测量实验

1. 实验目的

（1）学会调节光学系统共轴。

（2）了解透镜组的节点的一般特性。

（3）学习测定光组节点的方法。

2. 实验仪器及光路图

（1）实验仪器：光学实验导轨（光具座）、白光源、平移台、被测节点镜头、分划板、目标板白屏等。

（2）光路图，如图2–31所示。

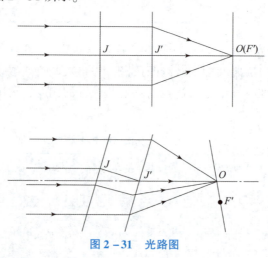

图2–31　光路图

3. 实验内容及步骤

（1）光学元件的等高共轴调节。用自准直法并借助反射镜调节目标板与标准透镜之间的距离，使目标板位于标准透镜的前焦面。

（2）节点位置测量。借助分划板找到节点镜头后方清晰像，然后以节点镜头的支杆为轴旋转节点镜头，观察分划板上的成像位置是否发生变化。若发生变化，则旋转节点镜头上的调节旋钮，改变节点镜头的位置，直至旋转节点镜头时，分划板上的成像位置不会发生改变，此时支杆的位置就是节点镜头节点所在的位置。记录节点镜头支杆的位置、节点镜头后透镜与支杆之间的距离和节点透镜两透镜距离 d 于表2–4中。

表2–4　节点测量实验数据
（单位：mm）

序号	支杆位置 a	透镜位置 S	支杆间距 L_{b-a}	透镜距离 d
1				
2				
3				

习题

1. 求图 2 - 32 中物的像或像对应的物。

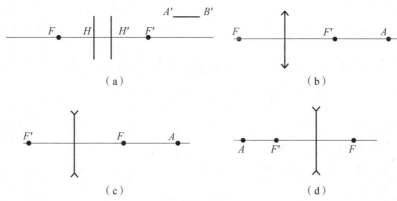

（a）　　　　　　　　　　（b）

（c）　　　　　　　　　　（d）

图 2 - 32　习题 1 用图

2. 如图 2 - 33 所示，判断透镜类型，求透镜的焦距，画出焦点 F、F'的位置。

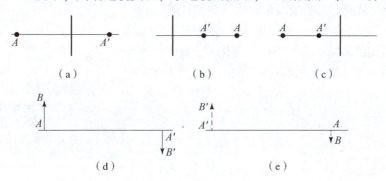

（a）　　　　　（b）　　　　　（c）

（d）　　　　　　　　　　（e）

图 2 - 33　习题 2 用图

3. 对位于空气中的正光组（$f' > 0$）和负光组（$f' < 0$），试用作图法分别对以下物距 $-\infty$、$-2f$、$-f$、$-f/2$、$f/2$、f、$2f$、∞，求像平面的位置。

4. 身高为 1.8 m 的人站在照相机前 3.6 m 处照相，若要拍成 100 mm 高的像，照相机镜头焦距为多少？

5. 一个 $f' = 80$ mm 的薄透镜，当物体位于其前何处时，正好能在：（1）透镜前 250 mm 处成像；（2）透镜后 250 mm 处成像？

6. 航空摄影机的焦距 $f' = 2\,000$ mm，在飞行高度 H 为 5 000 m 时，拍摄地面上距离为 L 的两点，求在底片上这二点的距离。

7. 有一理想光组是实物放大 3 倍后成像在屏上，当光组向物体方向移动 18 mm 时，物像的放大率为 4 倍，试求该光组的焦距。

8. 位于光学系统之前的一个 20 mm 高的物体成一高 12 mm 的倒立实像。当物体向光学系统方向移动 100 mm 时，其像成于无穷远处，求系统焦距。

9. 有一正薄透镜对某一物体成倒立的实像，像高为物高的一半。将物体向透镜移近 100 mm，则所得像与物大小相同，求该正透镜的焦距。

10. 有一个位于空气中成实像的投影物镜，其垂轴放大率 $\beta = -10$，当像平面与投影屏不重合而外伸 1 mm 时，若欲移动物镜使其重合，试问此时物镜应向物平面移动还是向像平面移动，移动的距离为多少？

11. 有一理想光学系统位于空气中，其光焦度为 $\varphi = 10$ D。当焦物距 $x = -100$ mm，物高 $y = 40$ mm 时，试分别用牛顿公式和高斯公式求像的位置和大小，以及轴向放大率和角放大率。

12. 灯丝与光屏相距 L，其间的一个正薄透镜有两个不同的位置使灯丝成像于屏上，设透镜的这两个位置的间距为 d，试证明透镜的焦距 $f' = \dfrac{L^2 - d^2}{4L}$。

13. 有一屏放在离物 1 000 mm 处，当把一个薄的正透镜放入物与屏之间时，透镜有两个位置可在屏上得到物的像，若前后两透镜的位置相距为 200 mm。求：

（1）这两个位置上的垂轴放大率。

（2）正透镜的焦距。

14. 一薄透镜折反射系统（包括透镜和反射镜），要求从任何方向以平行光入射时，充满第一块透镜的口径，射出时也充满这块透镜的口径，当物面和第一透镜重合时，其像也和该透镜重合。试问此系统最简单的结构是怎样的？

15. 两个薄透镜组按以下要求组成光学系统：

（1）两透镜组间隔不变，当物距变化时，放大率不变。

（2）物距不变，两透镜组间隔任意改变而放大率不变。

第 3 章

平面系统

🌀 知识目标

1. 掌握平面镜的成像特点，知道镜像的含义。
2. 掌握平行平板的成像特性。
3. 掌握棱镜的分类、最小偏向角、色散现象等概念。
4. 掌握平面镜棱镜系统成像方向判断的方法。

🌀 技能目标

1. 能分析各平面零件在实际光学系统中的作用。
2. 能对实际的平面镜棱镜系统的成像方向进行判断。
3. 能运用分光计用最小偏向角法测量介质折射率。

🌀 素质目标

1. 通过应用案例、实例的思考、分析，培养学生勤于思考、勇于创新的工作作风。
2. 通过实验室管理规范及激光安全培训，培养严格的安全环保、质量、标准等规范意识。

先导案例：太阳光经过三棱镜（图 3 - 1）后，有少部分会反射，反射光仍然是白光，但折射光会分解成红、橙、黄、绿、蓝、靛、紫七种单色光，其中红光偏折最小，紫光偏折最厉害。

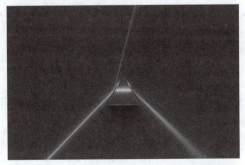

图 3 - 1　三棱镜的色散现象（书后附彩插）

光学系统可以分为共轴球面系统和平面系统两大类。前面已经研究了共轴球面系统的成像性质，现在就来研究平面系统。

由于共轴球面系统存在一条对称轴，所以具有不少优点。但是另一方面也有它的缺点，由于所有的光学零件都是排列在同一条直线上，所以系统不能拐弯，因而造成仪器的体积、质量比较大。为了克服共轴球面系统的这个缺点，可以附加一个平面系统。平面系统是工作面为平面的零件，包括平面镜、平行平板、折射棱镜和反射棱镜等。

例如，用正光焦度的物镜和目镜组成的简单望远镜所成的像是倒的，观察起来就很不方便，为了获得正像，必须加入一个倒像透镜组，这种系统如图3-2（a）所示。这样组成的仪器，其体积、质量都比较大，不能满足军用望远镜的要求。这种系统就是原始的军用望远镜的光学系统，早已被淘汰了。目前使用的军用望远镜，在系统中使用了棱镜，如图3-2（b）所示，所以它不需要加入倒像透镜组即可获得正像，同时又可大大地缩小仪器的体积和质量。目前使用的绝大多数光学仪器，都是共轴球面系统和平面系统的组合。

此外，在很多仪器中，根据实际使用的要求，往往需要改变共轴系统光轴的位置和方向，例如在迫击炮瞄准镜中，为了观察方便，需要使光轴倾斜一定的角度，此时观察者不用改变自己的位置和方向，只需要利用棱镜或平面镜的旋转，就可以观察到四周的情况，如图3-3所示。

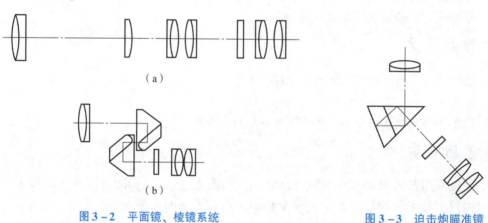

（a）

（b）

图3-2　平面镜、棱镜系统
（a）简单望远镜；（b）军用望远镜

图3-3　迫击炮瞄准镜

3.1　平面反射镜

平面反射镜可简称为平面镜，是光学系统中最简单而且也是唯一能成完善像的光学零件。通过在平基片上镀一层反光物质（如银、铝、铜等）提高反射能力可制作成平面反射镜，根据镀层情况的不同，可以反射百分之几到90%以上的入射光。

3.1.1　单平面镜的成像特性

1. 成像完善性

如图3-4所示，根据反射定律，由 S 点发出的同心光束，经平面镜反射后，成为一个以 S' 点为顶点的同心光束。这就是说，平面镜能对物体成完善像。

2. 物像大小及位置关系

令 $r = \infty$，由球面镜的物像位置公式和放大率公式可得

$$l' = -l, \quad \beta = 1 \tag{3-1}$$

这说明物与像等距离分布在镜面的两边，物和像完全对称于平面镜，成正立、大小相等、虚实相反的像。

如果射向平面反射镜的是一会聚同心光束，即物点是一个虚物点，如图 3-5 所示，则当光束经平面镜反射后成一实像点。

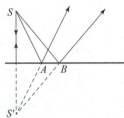

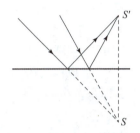

图 3-4 单个平面镜成像（实物成虚像）　　　图 3-5 单个平面镜成像（虚物成实像）

3. 一致像与镜像

有一定大小的物体经平面反射所成的像与原物大小相等，且物与像对镜面对称。如果物体为左手坐标系 $O - xyz$，其像则为右手坐标 $O' - x'y'z'$，如图 3-6 所示。物像空间的这种形状对应关系称之为"镜像"或"非一致像"。如果物体为左手坐标系，而像仍为左手坐标系，则这样的像称为"一致像"。物体经奇数个平面镜成像，则为"镜像"，而经偶数个平面镜成像，则为"一致像"。

镜像与一致像

4. 旋转特性

如图 3-7 所示，当保持入射光线的方向不变，而使平面镜转一个 α 角，则反射光线将转动 2α 角。

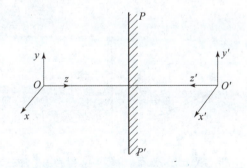

图 3-6 物与像关于镜面对称　　　　　　图 3-7 单平面镜的旋转特性

可以证明：

$$\angle A'OA'' = 2\alpha \tag{3-2}$$

3.1.2 双面镜

双面镜是指相互之间有一夹角的两个平面镜组成的系统。

1. 像点的位置

如图 3-8 所示，两平面反射镜 RP 和 QP 相交于 P 棱线，图面为垂直于棱线 P 的任意平面，该平面称为主截面。设双面镜的二面角为 α，A 为镜间的一个发光点，经双面镜多次成像后，可得到一系列的虚像点 A_1'、A_2'、$\cdots$、A_6'。像点的数目与双面镜的夹角有关，夹角越小，像点越多。图 3-8 所示为双面镜成像。

2. 物体经双面镜成像特点

如图 3-9 所示，物体为右手坐标系 $O-xyz$，假设物体先被反射镜 M_1 反射成像为 $O_1-x_1y_1z_1$，然后它作为平面镜 M_2 的物，被成像为 $O_2-x_2y_2z_2$。显然两次反射像也是右手坐标系，与原物是一致的像。该像与原像的夹角为

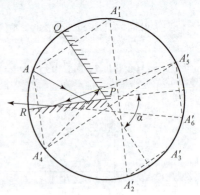

图 3-8 双面镜成像

$$\angle OQO_2 = \angle O_1QO_2 - \angle OQO = 2(\angle O_1QM_1 + \alpha) - 2\angle O_1QM_1 = 2\alpha$$

所以，双平面镜对物体所成的两次反射像是由物体绕镜棱转动 2α 角所得，转动的角度与物体位置无关。因此，当双棱镜绕镜棱线转动，保持交角不变，则两次反射像是不动的。

3. 光线经双面镜反射后出射光线的方向

如图 3-10 所示，两平面镜间夹角为 α，主截面内任意一条光线经两平面镜依次反射后，入射线和出射线的夹角为 β，则 β 和 α 间有下列关系：

$$\beta = 2(I_1 + I_2) = 2\alpha \qquad (3-3)$$

该式表明，出射光线和入射光线之间的夹角与入射角无关，只决定于反射镜间夹角 α。当绕棱镜转动双镜时，出射光线的方向不变，双面镜的这一性质具有重要意义，二次反射棱镜就是按此做成的。其优点在于，只需加工并调整好双面镜的夹角（如两个反射面做在玻璃上形成棱镜），可以在双面镜的安置精度要求不高的情况下，较好地保持出射光的正常状态。

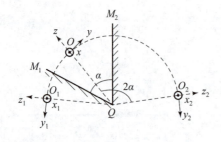

图 3-9 双面镜反射各一次的成像

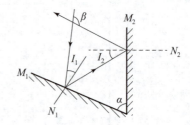

图 3-10 双面镜两次反射后反射入射光线关系

3.1.3 应用案例

案例一：微角变测量系统

利用平面镜转动的这一性质，可以通过扩大仪器的转动比来进行微小角度或位移的测

量，如图 3 - 11 所示，在凸透镜 L 的物方焦点 F 上设置点光源，它发出的光束经 L 作用后成为平行光入射到平面镜 P 上。当 P 垂直于 L 的光轴时，反射光原路返回，重新聚焦在焦点上，与物点重合，这是光学测量中常用的自准直法。

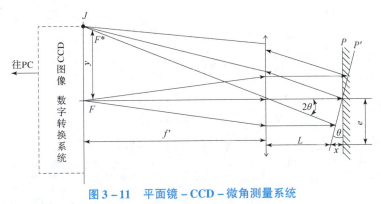

图 3 - 11　平面镜 - CCD - 微角测量系统

而当 P 转过微小角度 θ 到达 P' 方位时，反射光将聚焦在 L 的物方焦平面 J 的另一点 F^* 上。若将 J 置于一个 CCD（光 - 电转换器）的光路系统的物方主平面上，则第一、二次聚焦点的距离 y 便可转换成串行数字信号进入微机系统而存储或立即换算成偏转角的数值并显示出来。根据几何关系和平面镜旋转角性质

$$y = f'\tan 2\theta \approx 2f'\theta = 2\frac{f'}{e}x \qquad (3 - 4)$$

选取长焦距的透镜，就可使小角度 θ（或小位移 x）的变化放大为大距离的像点移动，从而实现小角度、小位移的测量。将此放大倍数做到 100 是没有问题的。这样，若分划板的格值为 0.01 mm，就能测出相当于 0.000 1 mm 的位移量。一种名为光学比较仪的计量仪器即照此原理制成。在光点式灵敏电流计中，在红外系统的光机扫描元件及其他光学仪器中，都应用了平面反射镜的转动特性。

案例二：工程设计中的抗干扰措施

在实际光学系统中，由于振动或温度变化，可引起的镜面相对平移和入射角的变化，这样将对测量精确度带来影响，但若在使用多镜面反射（如潜望镜），只要设法保证各镜面之间的相对角度稳定不变，镜面相对平移和入射角的变化对测量精确度带来的影响就很小。

3.2　平行平板

平行平板是由两个相互平行的折射平面构成的光学元件，如分划板、载玻片、盖玻片、滤光片等都属于这类零件。

3.2.1　平行平板的成像特性

图 3 - 12 所示为一个厚度为 d、折射率为 n 的平行平板，设它处于空气中，即两边的折射率都约等于 1。

从轴上点 A 发出的与光轴成 U_1 的光线射向平行平板，光线在第一、第二两面上的入射角和折射角分别为 I_1 和 I_1'、I_2 和 I_2'，按折射定律有

$$\sin I_1 = n \sin I_1'$$

$$n \sin I_2 = \sin I_2'$$

因两个折射面平行，有 $I_2 = I_1'$，故 $I_1 = I_2'$，可以得出

$$-U_1 = -U_2' \qquad (3-5)$$

可见出射光线和入射光线相互平行，即光线经平行平板折射后方向不变。

按放大率一般定义公式可得

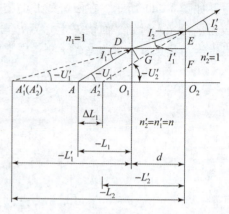

图 3-12 平行平板成像

$$\gamma = \frac{\tan U'}{\tan U} = 1, \quad \beta = \frac{1}{\gamma} = 1, \quad \alpha = \beta^2 = 1 \qquad (3-6)$$

这表明，物体经平行平板成正立等大且虚实相反的像，物像始终位于平板的同侧。平行平板对光束既不发散也不会聚，表明它是一个无光焦度元件，在光学系统中对光焦度无贡献。

3.2.2　平行平板对光线的平移

平行平板使入射光线与出射光线之间产生了平移，其结果：使像点相对于物点产生轴向位移 $\Delta L'$，即由点 A 移到了点 A'；使光线产生侧向位移 $\Delta T' = DG$，如图 3-12 所示。

可以证明：

侧向位移
$$\Delta T' = DG = d \sin I_1 \left(1 - \frac{\cos I_1}{n \cos I_1'} \right)$$

轴向位移
$$\Delta L' = \frac{DG}{\sin I_1} = d \left(1 - \frac{\cos I_1}{n \cos I_1'} \right) \qquad (3-7)$$

因 $\sin I_1 / \sin I_1' = n$，所以

$$\Delta L' = d \left(1 - \frac{\tan I_1'}{\tan I_1} \right)$$

该式表明，$\Delta L'$ 因不同的 I_1 值而不同，即物点 A 发出的具有不同入射角的各条光线，经过平行平板折射后，具有不同的轴向位移量。这就说明从物点 A 发出的同心光束经过平行平板后，就不再是同心光束，成像是不完善的。同时可以看出厚度 d 越大，轴向位移越大，成像不完善程度也越大。

如果入射光束以近于无限细的近轴光通过平行平板成像，因为 I_1 角很小，余弦可用 1 替代，这样式（3-7）变为

$$\Delta l' = d \left(1 - \frac{1}{n} \right) \qquad (3-8)$$

式中，用 $\Delta l'$ 代替 $\Delta L'$，表示该式仅是对近轴光线的轴向位移。该式表明，近轴光线的轴向位移只与平行平板厚度 d 及折射率 n 有关，而与入射角 i_1 无关。因此物点以近轴光经平行

平板成像是完善的。

该 $\Delta l'$ 恒为正值，故平行平板所成的像总是由物沿光线行进方向沿轴移动 $d\left(1-\dfrac{1}{n}\right)$ 而得，与物的位置、虚实无关。这一事实在日常容易见到，例如从平静清澈的水面看池底之物时，觉得视见深度减小，犹如池水变浅。这就是因为水底之物经一平行平板成像，提高了 $\Delta l'$ 之故。

3.2.3　知识应用

例 3 - 1　一架显微镜对一个目标物调整好物距进行观察。现将一块厚为 7.5 mm，折射率为 1.5 的平板玻璃压在目标物上，问此时通过显微镜能否清楚地观察目标物，该如何重新调整？

解： 由几何关系可知，显微镜应抬高：

$$\Delta l' = d\left(1-\frac{1}{n}\right) = 7.5 \times \left(1-\frac{1}{1.5}\right) = 2.5\,(\text{mm})$$

由例题可知：当光学系统加入平板玻璃后，由于平板玻璃使像点产生移动量，其后的成像器件必须要随之做出相应的调整，以确保原有的物像关系。

3.3　折射棱镜

工作面对光线的主要作用为折射的棱镜称为折射棱镜。折射棱镜是将两个成一定夹角的平面折射面做在同一块玻璃上的光学零件。

3.3.1　折射棱镜对光线的偏折

1. 偏向角

图 3 - 13（a）所示为一个三棱镜，$AA'B'B$ 和 $AA'C'C$ 是两个工作面，$B'BCC'$ 是底面。两工作面的交线 AA' 称为折射棱，两工作面间的夹角称为棱镜的顶角或折射棱角，垂直于折射棱的平面称为主截面。为简单起见，我们只研究光线在主截面内折射的情况。

一束沿主截面入射的单色光线 SD 与 AB 相交于 D 点，如图 3 - 13（b）所示，经棱镜两工作面历射后以折射角 i_2' 射出。出射光线与入射光线之间的夹角称为入射光的偏向角。由图 3 - 13（b）可见，入射光线 SD 在第一次折射时偏折一个角度 $(i_1 - i_2)$，在第二次折射时又偏折一个角度 $(i_2' - i_1')$，因此总偏向角度

$$\delta = (i_1 - i_2) + (i_2' - i_1')$$

由于四边形 $ADGE$ 中包含两个直角，所以 $\angle DGE$ 是棱镜顶角 α 的补角，于是有

$$\alpha = i_1' + i_2 \tag{3-9}$$

总偏向角 δ 又可以写作

$$\delta = i_1 + i_2' - \alpha \tag{3-10}$$

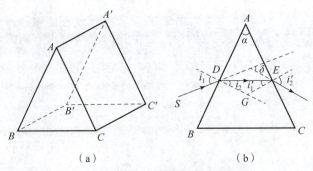

(a)   (b)

图 3 – 13   折射棱镜和对光线的偏折

设棱镜材料的折射率为 n，由折射定律可知

$$\sin i_1 = n\sin i_2, \quad \sin i_2' = n\sin i_1'$$

将以上两式相加，并利用三角函数中的和化为积的形式可得

$$\sin \frac{i_1 + i_2'}{2}\cos \frac{i_1 - i_2'}{2} = n\sin \frac{i_2 + i_1'}{2}\cos \frac{i_2 - i_1'}{2}$$

将式（3 – 9）和式（3 – 10）代入上式得

$$\sin \frac{1}{2}(\alpha + \delta) = \frac{n\sin \frac{\alpha}{2}\cos \frac{1}{2}(i_2 - i_1')}{\cos \frac{1}{2}(i_1 - i_2')} \qquad (3 - 11)$$

2. 最小偏向角

对于给定的棱镜，α 和 n 为定值，所以由式（3 – 11）可知，偏向角 δ 只与 i_1 有关。对于材料和顶角已知的棱镜，实验测得 δ 随 i_1 变化的曲线如图 3 – 14 所示，由图可见，δ 开始随入射角的增加而减小到一最小值 δ_m，然后随入射角的增加而增加。

由式（3 – 11）取 δ 对 i_1 的一阶和二阶导数，并令一阶导数为零，可以证明，当

$$i_1 = i_2', \quad i_1' = i_2$$

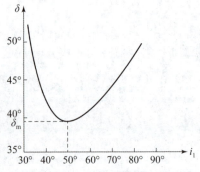

图 3 – 14   偏向角随入射角变化曲线

即在棱镜内折射光线平行于底面通过时，偏向角最小，此时

$$n = \frac{\sin \frac{1}{2}(\alpha + \delta_m)}{\sin \frac{\alpha}{2}} \qquad (3 - 12)$$

式中，δ_m 为最小偏向角。

根据上式可准确地测定材料的折射率，为此须将待测材料做成一块棱镜（或用平板玻璃做成空心棱镜，内盛待测液体或高压气体），然后测出 α 和 δ_m，就可由上式求得 n 值。测量折射率时利用最小偏向角而不用任意偏向角，是由于最小偏向的位置在实验中容易准确地确定。

3.3.2　折射棱镜的色散

1. 色散

由于光学材料随光谱波长有着不同的折射率，由式（3-11）可以看出，当包含多种波长的复色光以某一角度入射时，折射棱镜对不同的谱线将会有不同的偏向角，称为色散现象。

2. 白光通过棱镜的色散

白光经过折射棱镜后，各种谱线将以不同的偏向角分散开来，形成光谱。通常波长长的红光折射率低，波长短的紫光折射率高，因此，红光偏向角小，紫光偏向角大，如图 3-15 所示。狭缝发出的白光经透镜 L_1 准直为平行光，平行光经过棱镜 P 分解为各种色光，在透镜 L_2 的焦面上从上到下排列着红、橙、黄、绿、青、蓝、紫各色光的狭缝像，提供所需的分析谱线。

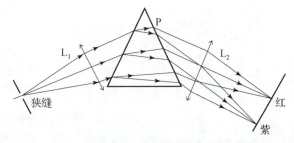

图 3-15　棱镜光谱仪光路

3.4　反射棱镜

如果把图 3-10 的双平面镜做在同一块玻璃上来代替双面反射镜，就形成了反射棱镜，如图 3-16 所示。如果入射光束的所有光线在反射面上的入射角大于临界角，光线就会发生全反射，若入射角小于临界角，则应在反射面上镀以反射膜。

反射棱镜在光学系统中用来达到转折光轴、转像、倒像、扫描等一系列目的。尽管这些作用也可以用平面镜系统来实现，但是镀反射膜的片状反射镜光能损失大、安装调整均不便，且不稳定又不耐久，而反射棱镜在发生全反射时几乎没有

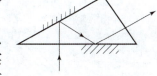

图 3-16　反射棱镜

能量损失，以及不易变形和便于装调等优点，故在光学仪器中，对于尺寸不大的反射面常用反射棱镜来代替平面反射镜。

3.4.1　反射棱镜的分类

反射棱镜种类繁多、形状各异，大体上可分为简单棱镜、立方角锥棱镜和复合棱镜等。

现将最常用的棱镜和棱镜系统分述如下：

1. 简单棱镜

只含有一个光轴截面（简称主截面）的棱镜称为简单棱镜，棱镜所有工作面都与该主截面垂直。根据反射面数的不同，又分为一次反射棱镜、二次反射棱镜和三次反射棱镜。图 3–17 所示为两种常见的简单棱镜。

1）一次反射棱镜

最常用的是等腰直角棱镜，如图 3–17（a）所示。两个直角面，即 AB 面和 BC 面，称为棱镜的入射面和出射面，光学系统的光轴从这两个面的中心垂直通过，故这种棱镜使光轴转折 90°。这里入射面、反射面和出射面统称为棱镜的工作面。工作面的交线称为棱线或棱，垂直于棱线的平面称为棱镜的主截面。

若需经过一次反射使光轴转过若干角度，根据反射定律和几何关系，很容易通过作图或计算得出这种经过一次反射棱镜的顶角值，图 3–17（b）所示为等边棱镜割去无用的阴影部分所得，它可使光轴偏转 60°。

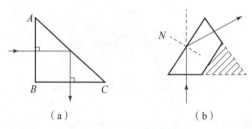

图 3–17 一次反射棱镜
（a）等腰直角反射棱镜；（b）一次反射使光轴偏转

还有一种较为特殊的一次反射棱镜，如图 3–18 所示，它是截去等腰直角棱镜无用的直角部分而成，称为达夫棱镜。它虽使光轴经过一次反射，但因光轴在入射面和出射面上均要经一次折射，最终并不改变光轴的方向。达夫棱镜的重要性质在于当它绕平行于反射面的 AA' 轴旋转 α 角时，物体的反射像将转过 2α 角。这可以通过棱镜处于两个位置图 3–18（b）和图 3–18（c）时的成像情况加以证明。

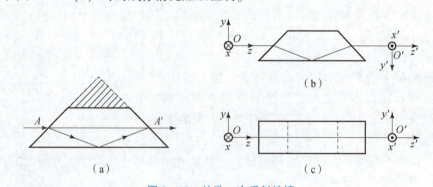

图 3–18 特殊一次反射棱镜
（a）达夫棱镜；（b）达夫棱镜成像；（c）达夫棱镜旋转成像

达夫棱镜的这一性质，使它在周视瞄准镜中得到了重要应用，如图 3–19 所示，瞄准镜中直角棱镜 P_1 绕其出射光轴旋转达到周视的目的，同时，达夫棱镜从 P_2 以 P_1 角速度的一半转动，以使观察者不必改变位置就能周视全景。但要注意，由于达夫棱镜的入射面和出射面不与光轴垂直，它只能应用于平行光束中。

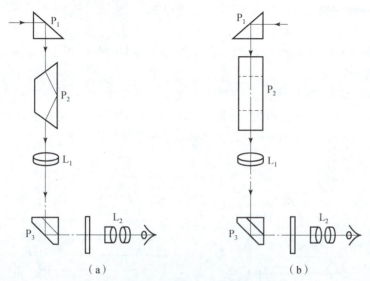

图 3 – 19 周视瞄准镜的工作原理

（a）棱镜未旋转；（b）棱镜旋转

2）二次反射棱镜

这类棱镜相当于双平面镜系统，即夹角为 α 的二次反射棱镜将使光轴转过 2α 角。图 3 – 20 中画出了几种常用的二次反射棱镜，其中图 3 – 20（c）和图 3 – 20（d）是最常用的两种棱镜。前者称五角棱镜，两个反射面是镀银的，垂直入射的光线经棱镜后偏折 90°，当要避免镜像时，常用来代替图 3 – 17（a）的一次反射直角棱镜，后者称为二次反射直角棱镜，常用来组成棱镜倒像系统。图 3 – 20（a）是半五角棱镜；图 3 – 20（b）是 30°直角棱镜，它可以替代图 3 – 17（b）的一次反射棱镜；图 3 – 20（e）称斜方棱镜，可使光轴产生平移。

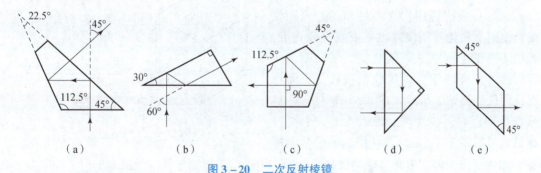

图 3 – 20 二次反射棱镜

（a）半五角棱镜；（b）30°直角棱镜；（c）五角棱镜；（d）二次反射直角棱镜；（e）斜方棱镜

3）三次反射棱镜

最常用的有施密特棱镜，如图 3 – 21 所示，它使出射光轴相对于入射光轴改变 45°的方向，用于瞄准镜中可使结构紧凑。

反射棱镜在光学系统中等价于一块平行平板，我们依次对反射面逐个做出整个棱镜被其所成的像，即可将棱镜展开成为平行干板。

2. 屋脊棱镜

在光学系统中有奇数个反射面时，物体成镜像。为了获得和物一致的像，在不增加反射面的情况下，可以利用两个互相垂直的反射面代替其中的一个反射面，这两个互相垂直的反射面叫作屋脊面，带有屋脊面的棱镜叫作屋脊棱镜。

棱镜

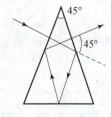

图 3-21　施密特棱镜

现以直角棱镜为例加以说明。图 3-22 所示为一顶角为 90° 的直角棱镜和一直角屋脊棱镜。屋脊棱镜中由两个互相垂直的反射面 $A_2B_2C_2D_2$ 和 $B_2C_2E_2F_2$ 代替了直角棱镜的反射面 $ABCD$。屋脊棱镜的作用就是增加一次反射，以改变物像的坐标关系。

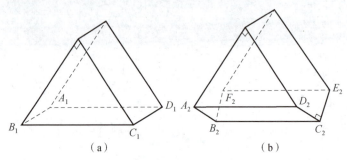

（a）　　　　　　　　　　（b）

图 3-22　直角棱镜和直角屋脊棱镜

(a) 直角棱镜；(b) 直角屋脊棱镜

3. 立方角锥棱镜

这种棱镜是由立方体切下一个角面而形成的，如图 3-23 所示。其三个反射工作面相互垂直，底面是一等边三角形，为棱镜的入射面和出射面。光线以任意方向从底面入射，经过三个直角面依次反射后，出射光线始终平行于入射光线。当立方角锥棱镜绕其顶角旋转时，出射光线的方向不变，仅产生一个位移。

立方角锥棱镜用途之一是和激光测距仪配合使用。激光测距仪发出一束准直激光束，经位于测站上的立方角锥棱镜反射，原方向返回，由激光测距仪的接收器接收，从而算出测距仪到测站的距离。在 1967 年阿波罗 11 号登月飞行时，在月球上曾放置了一个"月球激光反射器"，它是由 100 块这样的棱镜排

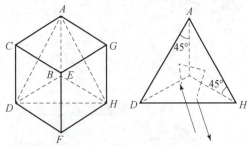

图 3-23　立方角锥棱镜

成的阵列，作为地面射向月球的激光反射器，用以精确地测定月-地距离。

4. 棱镜的组合——复合棱镜

由两个以上棱镜组合起来形成复合棱镜，可以实现一些特殊或单个棱镜难以实现的功能。下面介绍几个常用的复合棱镜。

1）分光棱镜

如图 3-24 所示，一块镀有半透半反膜的直角棱镜与另外一块尺寸相同的直角棱镜胶合在一起，可以将一束光分成光强相等的两束光，且这两束光在棱镜中的光程相等。

2）分色棱镜

如图 3 – 25 所示，白光经过分色棱镜后，被分解为红、绿、蓝三束单色光。其中，a 面镀反蓝透红紫介质膜，b 面镀反红透绿介质膜。分色棱镜主要用于彩色电视摄像机中。

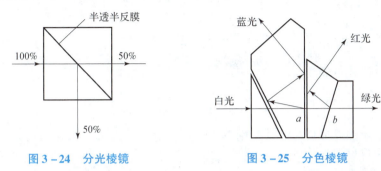

图 3 – 24　分光棱镜　　　　　　　　图 3 – 25　分色棱镜

3.4.2　反射棱镜系统的坐标变化

实际光学系统中使用的平面镜和棱镜系统有时是比较复杂的，正确判断棱镜系统的成像方向对于光学系统设计是至关重要的。如果判断不正确，使整个光学系统成镜像或倒像，会给观察者带来错觉，甚至出现操作上的失误。为了便于分析，物体的三个坐标方向分别取：沿着光轴（如 z 轴）、位于主截面内（如 y 轴）、垂直于主截面（如 x 轴）。按平面镜成像的物像对称性，可以用几何方法判断出棱镜系统对各坐标的变换，现将判断方法归纳如下：

（1）沿着光轴的坐标轴（z 轴）在整个成像过程中始终保持沿着光轴，并指向光的传播。

（2）垂直于主截面的坐标轴（x 轴）在一般情况下保持垂直于主截面，并与物坐标同向。但当遇到屋脊时，每经过一个屋脊面反向一次。

（3）在主截面内的坐标轴（y 轴）由平面镜的成像性质判断，根据反射面具有奇数反射成镜像，偶次反射成一致像的特点，首先确定光在棱镜中的反射次数，再按系统成镜像还是成一致像来决定该坐标轴的方向：成镜像反射坐标左右手系改变，成一致像反射坐标系不变。注意：在统计反射次数时，每一屋脊面被认为是两次反射，按两次反射计数。

1. 单个棱镜坐标变换

如图 3 – 26（a）所示全反射棱镜，物体是一右手坐标系，而像却是一左手坐标系，因而它是一个反演系统。图 3 – 26（b）结构同图 3 – 26（a），只不过在光线进出的面不一样，物为右手坐标系，像也为右手坐标系，但像相对于物实际上是上下倒转了的。

图 3 – 26（c）所示五角棱镜，两个反射面是镀银的，垂直入射的光线经棱镜后偏折90°，物为右手坐标系，像也为右手坐标系。

2. 屋脊棱镜坐标变换

屋脊棱镜的作用就是增加一次反射，以改变物像的坐标关系。

读者可以比较图 3 – 27（a）和图 3 – 27（b）的坐标的不同变化。屋脊棱镜除了能保持与原有棱镜相同的光轴走向外，还能使垂直于主截面的 Ox 轴发生倒转。因此上述的奇数次反射棱镜，用屋脊面代替其中的一个反射面后，就成了偶数次反射的屋脊棱镜，可以单独作为倒像棱镜之用。

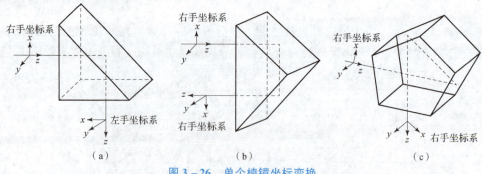

右手坐标系

左手坐标系

右手坐标系

右手坐标系

右手坐标系

（a）　　　　　　　　　　（b）　　　　　　　　　　（c）

图 3-26　单个棱镜坐标变换

图 3-19 所示的周视瞄准镜就是用单块直角屋脊棱镜来起倒像作用的。同样，二次反射的普通棱镜也可做成奇次反射屋脊棱镜，常用的有屋脊五角棱镜和屋脊半五角棱镜。

3. 具有两个互相垂直的主截面的平面棱镜系统

如图 3-28 所示，上述成像方向的规律仍然适用，只是需分两步进行讨论。对棱镜 I，因无屋脊面，故 $O'x'$ 与 Ox 同向；$O'z'$ 为光轴的出射方向；光轴反向，光轴反射次数为二次，故 $O'y'$ 与 Oy 反向。对棱镜 II，$O''y'$ 与棱镜 II 主截面相垂直。因无屋脊面，故 $O''y''$ 与 $O'y'$ 同向；$O''z''$ 为光轴的出射方向；光轴反向，光轴反射次数为二次，故 $O''x''$ 与 $O'x'$ 反向。由图 3-28 可见，$O''x''$ 和 $O''y''$ 对 Ox 和 Oy 均转了 $180°$，即在垂轴平面内，像的上下和左右相对于物均颠倒过来。这种转像系统应用于双筒望远镜，它能将望远镜所成物体的倒像颠倒过来，使观察者看到与原物方位完全一致的像。

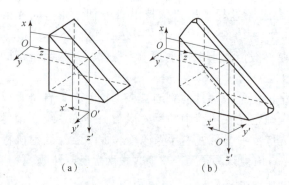

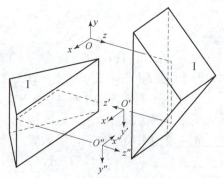

（a）　　　　　　　（b）

图 3-27　屋脊棱镜坐标变换

图 3-28　主截面相互垂直的棱镜系统坐标变换

3.4.3　知识应用

应用案例一：判断图 3-29 所示单反照相机镜头的取景器光路，物体经光学系统后的坐标方向。

判断方法：首先，确定经透镜成像后的坐标。透镜对物体成实像，表明物像倒置，因此经透镜成像后，x、y 坐标均反向。其后，经过平面镜-棱镜系统，共反射 4 次（其中的一个屋脊面被记作 2 次），z 坐标始终按沿着光轴确定其方向，x 坐标因遇到一个屋脊面而反向，y 坐标按偶次反射成一致像确定其坐标方向，如图 3-29 中的标注。最终的像方坐标与原物一致，便于观察取景。

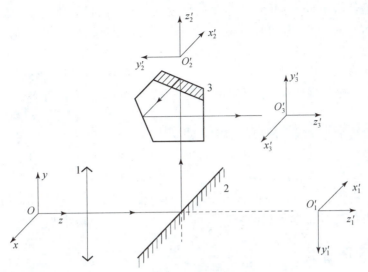

图 3-29　照相机取景光路

应用案例二：判断图 3-30 中物体经光学系统后的坐标方向。

判断方法：如图 3-30（a）所示的棱镜系统，由于系统中无屋脊面，故 $O'x'$ 与 Ox 同向；$O'z'$ 为光轴的出射方向；由于光轴同向，光轴反射次数为七次，故 $O'y'$ 与 Oy 反向。如图 3-30（b）所示，有一对屋脊面的棱镜系统，因有一对屋脊面，故 $O'x'$ 与 Ox 反向；$O'z'$ 为光轴出射方向；由于光轴同向，光轴反射次数为八次，故 $O'y'$ 与 Oy 反向。

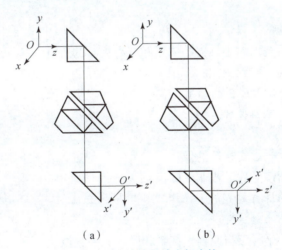

（a）　　　　　　　（b）

图 3-30　棱镜系统坐标变换

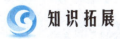 **知识拓展**

不可见光的发现

牛顿发现白光包括彩虹的各种颜色。他不知道的是光也包含其他的颜色以及我们看不见的颜色。

很显然，太阳光给了我们温暖，所以在 1800 年，英国宇航员威廉姆·赫舍尔开始使用一个三棱镜检验什么光的颜色能产生最多的热量。他的想法很简单，他沿着三棱镜移动光隙，依次展示每一种颜色，用温度计测量每一种颜色的温度，他发现光谱的蓝色尾端凉一些，红色尾端热一些。

为了证实包含了所有的红色，威廉姆移动温度计到红色外的阴影处，使他惊讶的是，温度升得更快了。他发现红色之外有一个看不见光的颜色，它发出许多热。威廉姆把它称为红外线。

在红外线发现的几年后，德国科学家约翰·里特尔决定寻找在光谱另一端的看不见的光。他猜想紫色之外的这一端，温度太低以至于温度计不能测定，他想知道是否可以用银色硝酸盐测定不可见的光线，因为硝酸盐暴露在光下会变黑。

他的想法获得了成功。当他把涂了硝酸盐的纸放在紫色之外的阴影下时，纸变黑了，这就证明了这张纸被不可见的光照射到了，这种光后来被称为紫外线。

先导案例解决

太阳光是波长大小不同的各单色光混合而成的复色光，经过三棱镜时，所有单色光反射时遵守反射定律，即反射角与入射角相同，所以各单色光以同一方向反射混合所得的仍是白光，但不同颜色的光在真空中传播速度相同，但折射进入三棱镜后传播速度不同，其中紫光传播速度最慢，折射率最大，向底面偏折最大，而红光传播速度最快，折射率最小，向底面偏折最小。所以折射光会分解成红、橙、黄、绿、蓝、靛、紫七种单色光。

本章小结

1. 平面镜棱镜系统的主要作用

（1）将共轴系统折叠以缩小仪器的体积和减小仪器的质量。

（2）改变像的方向，起到倒像的作用。

（3）改变共轴系统中光轴的位置和方向，以扩大观察范围。

2. 单个平面镜的成像特性

（1）成完善像。

（2）成正立、等大、虚实相反的像。

（3）物和像以平面镜对称，成非一致像。

（4）平面镜的转动具有"光放大作用"。

3. 双平面反射镜的成像特性

（1）二次反射像的坐标系与原物坐标系相同，成一致像。

（2）位于主截面内的光线，不论其入射方向如何，出射线的转角永远等于两平面镜夹角的2倍，其转向与光线在反射面的反射次序所形成的转向一致。

4. 平行平板的成像特性

（1）平行平板不会使物体放大或缩小，对光束既不发散也不会聚，它是一个无光焦度元件。

（2）物体经平行平板成正立像，物像始终位于平板的同侧，且虚实相反。

（3）成像不完善，平行平板厚度越大，轴向位移越大，成像不完善程度也越大。

5. 折射棱镜的色散

由于光学材料随光谱波长有着不同的折射率，当包含多种波长的复色光以某一角度入射时，折射棱镜对不同的谱线将会有不同的偏向角，称为色散现象。

6. 反射棱镜系统的坐标变化

（1）沿着光轴的坐标轴在整个成像过程中始终保持沿着光轴，并指向光的传播。

（2）垂直于主截面的坐标轴在一般情况下保持垂直于主截面，并与物坐标同向。但当遇到屋脊时，每经过一个屋脊面反向一次。

（3）在主截面内的坐标轴由平面镜的成像性质判断，成镜像反射坐标左右手系改变，成一致像反射坐标系不变。注意在统计反射次数时，每一屋脊面被认为是两次反射。

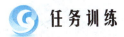

任务 3.1　分光计的调整与玻璃折射率的测定

1. 实验目的

（1）了解分光计的结构并掌握其调节和使用方法。

（2）观察三棱镜对低压钠汞灯的色散现象。

（3）用最小偏向角法测定三棱镜玻璃对各单色光的折射率。

2. 实验仪器及光路图

（1）实验仪器：分光计、低压钠汞灯、双面反射镜、三棱镜等。

（2）分光计结构如图 3–31 所示。

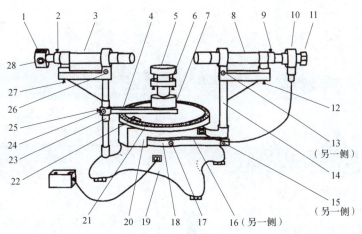

图 3–31　分光计结构

1—平行光管狭缝装置；2—狭缝装置锁紧螺钉；3—平行光管筒；4—游标盘制动架；5—载物台；
6—载物台调平螺钉（3 颗）；7—载物台锁紧螺钉；8—望远镜筒；9—目镜筒锁紧螺钉；
10—阿贝目镜（或高斯目镜）；11—目镜调焦手轮；12—望远镜光轴俯仰调节螺钉；
13—望远镜光轴水平调节螺钉；14—支持臂；15—望远镜方位角微调螺钉；16—刻度盘与望远镜锁紧螺钉；
17—望远镜锁紧螺钉；18—望远镜制动架；19—底座；20—望远镜转座；21—主刻度盘；22—游标内盘；
23—立柱；24—游标盘微调螺钉；25—游标盘紧锁螺钉；26—平行光管光轴水平调节螺钉；
27—平行光管光轴俯仰调节螺钉；28—狭缝宽度调节手轮

（3）观察色散现象及测最小偏向多用光路图，如图 3 – 32 所示。

3. 实验内容及步骤

（1）调整分光计。平行光管和望远镜的光轴均垂直于仪器中心轴，即平行于刻度盘，平行光管出射平行光，望远镜能够接收到平行光，并使之聚焦于分划板上。

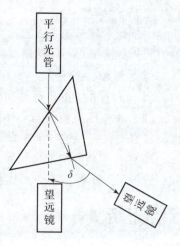

图 3 – 32　光路图

（2）观察三棱镜的色散现象。将三棱镜放在载物平台上，让光线顶角的一面入射，另一面出射，转动望远镜寻找折射偏向后的光束方向，一直到能清楚看到汞灯经棱镜色散所形成的光谱，总结光谱的特点。

（3）测最小偏向角。缓慢转动载物平台以改变入射角，将望远镜的竖直准线对准绿谱线，慢慢地转动载物平台使绿谱线往偏向角减小的方向移动，同时慢慢地转动望远镜，以保证绿谱线不要移出视场。当平台转到某一位置时，可以看到谱线不再移动，也就是说偏向角不再减小。超过这一位置时，谱线向反方向移动，这说明偏向角有一极小值。这条谱线开始反向移动的极限位置就是棱镜对该绿色谱线的最小偏向角的位置，使望远镜竖准线对准该谱线，记下这时望远镜的角度位置，依照上述方法，可测出其他谱线的最小偏向角角度位置。拿掉被测三棱镜，使绿白光与望远镜竖直准线重合，记下这时望远镜的角度位置，即为入射光线的角度位置。

（4）计算折射率。将顶角 α 和最小偏向角 δ_{min} 的值代入式（3 – 12）即可求出折射率 n，将数据记录于表 3 – 1 中。

表 3 – 1　最小偏向角数据记录及数据处理表

三棱镜顶角 α = _____

彩色谱线	出射光角度位置		入射光角度位置		最小偏向角 $\delta_{min} = \dfrac{1}{2}(\ |\theta'_左 - \theta_左| + |\theta'_右 - \theta_右|\ )$	n
	$\theta_左$	$\theta_右$	$\theta'_左$	$\theta'_右$		
绿色						
黄色						
紫色						

 习题

1. 一个系统由一透镜和一平面镜组成，如图 3 – 33 所示平面镜 MM' 与透镜光轴垂直，透镜前方离平面镜 600 mm 有一物体 AB，经透镜和平面镜后，所成虚像 $A''B''$ 距平面镜的距离为 150 mm，且像高为物高的一半，试计算透镜的位置及焦距，并画光路。

2. 如图 3 – 34 所示，根据成像坐标的变化，选择虚框中使用的反射镜或棱镜。

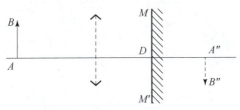

图 3－33　习题 1 用图

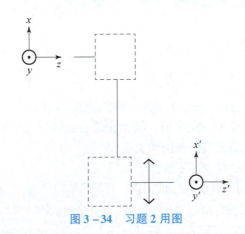

图 3－34　习题 2 用图

3. 一物镜其像面与之相距 150 mm，若在物镜后置一厚度 $d=60$ mm，折射率 $n=1.5$ 的平行平板，求：

（1）像面位置变化的方向和大小。

（2）若欲使光轴向上、向下各偏移 5 mm，平行平板应正转、反转多大的角度？

4. 有一双面镜系统，光线与其中的一个镜面平行入射，经两次反射后，出射光线与另一平面镜平行，问两平面镜的夹角为多少？

5. 有一等边折射三棱镜，其折射率为 1.65，求光线经该棱镜的两个折射面折射后产生最小偏向角时的入射角和最小偏向角值。

第4章

光学系统中的光束限制和像差概论

知识目标

1. 掌握孔径光阑、入射光瞳（入瞳）、出射光瞳（出瞳）、视场光阑、入射窗（入窗）、出射窗（出窗）、角视场、线视场、渐晕和渐晕系数等基本概念。
2. 明确孔径光阑、视场光阑的作用和关系。
3. 掌握光学系统景深的概念，了解其影响因素。
4. 了解物、像方远心光路的定义和作用。
5. 掌握像差的定义、分类。
6. 掌握各种像差的定义、表现，了解其校正方法。

技能目标

1. 会通过计算确定入瞳、出瞳、孔径光阑、入窗、出窗、视场光阑的位置。
2. 会调节平行光管，并用平行光管测量光学系统的像差。

素质目标

1. 实验过程中严格要求学生对实验器材的归放习惯，培养其严谨整理、收纳工具的职业素质。
2. 通过完成较多实验步骤的锻炼，提高学生耐心、细心的职业素质。

先导案例

在摄影创作中为什么有的照片主次分明、有虚有实、虚实相生（图 4 - 1）、层次有序且耐人回味？配眼镜时，销售人员有没有给你介绍有非球面和球面镜片（图 4 - 2）之分？它们有什么区别？

图 4 - 1　虚实相生的摄影作品

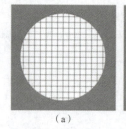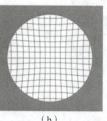

(a)　　　　　　　　(b)

图 4 - 2　非球面和球面镜片成像效果比较图

(a) 非球面镜片；(b) 普通球面镜片

光学系统由透镜、平面镜、棱镜等按照一定要求组合而成，每个光学零件的大小是通过对成像的光束宽度、位置和成像范围的适当选择而确定的。设计光学系统时，根据光学系统的用途、要求来选择其最佳的成像光束位置和大小，继而确定各个光学零件的通光孔径，这就是光学系统中的光束限制问题。

由前面讨论的球面系统和平面系统的光路特征和成像特性可知，只有平面反射镜是唯一能对物体成完善像的光学零件。单个球面透镜或任意组合的光学系统，只能对近轴物点以细光束成完善像。实际光学系统都具有一定大小的孔径和视场，随着视场和孔径的增大，成像光束的同心性将遭到破坏，产生各种成像缺陷，使像变得模糊，像相对于物发生了变形，这些成像缺陷称为像差。

本章先介绍光学系统中孔径光阑和视场光阑的概念，然后进一步介绍单色像差和色差。

4.1　光阑

在光学系统中将限制光束的透镜边框或者特别设计的一些带孔的金属薄片，统称为光阑。光阑的大小和位置决定了光学系统通光能力、成像范围、分辨能力和成像质量。

光阑的内孔边缘就是限制光束的光孔，通常为圆形或矩形，这个光孔对光学零件来说称为通光孔径。光阑的通光孔中心和光轴重合，光阑平面和光轴垂直。有些光阑的内孔尺寸大小是可以调节的，即可变光阑，如图 4 – 3 所示。人眼瞳孔就是可变光阑，瞳孔直径大小 D 随着外界明亮程度的不同而变化，白天最小，$D = 2$ mm，晚上最大，$D = 8$ mm。

按照功能和用途的不同，光阑主要有孔径光阑、视场光阑和消杂光光阑三种。前两种主要用来限制光学系统中的光束。消杂光光阑用来限制来自非成像物体的杂光（例如光学系统各折射面的反射光、仪器内壁的反射光等），不限制成像光束。在成像系统中，杂散光若到达像面，将在像面上产生亮背景，降低了像的衬度，危害像质，为此需要利用消杂光光阑尽量把杂光拦掉。一般的光学仪器只

图 4 – 3　可变光阑

将镜筒内壁车成螺纹并涂黑色消光漆或发黑来消杂光；对某些镜筒很长的光学系统（如天文望远镜、长焦距平行光管等），必须专门设置消杂光光阑；对于强激光系统，多次反射杂光会严重影响光束质量，如果会聚在系统内部关键元件附近还可能损坏元件，危害极大，也必须消杂光。

4.2　孔径光阑

4.2.1　定义和作用

限制轴上物点成像光束宽度、并有选择轴外物点成像光束位置作用的光阑称为孔径光阑。

孔径光阑的作用如下：

（1）孔径光阑的大小和位置限制了轴上物点孔径角的大小。

如图4-4所示，对确定位置的轴上物点 A 设置孔径光阑时，光阑尺寸越大则物点孔径角越大。如图4-5所示，孔径光阑设置在透镜的前面、后面或与透镜边框重合都可以限制轴上物点 A 发出相同的孔径角，但孔径光阑位置不同口径大小不一样。

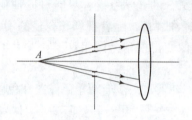

图4-4 光阑尺寸大小对光束限制作用　　　图4-5 光阑处于不同位置对光束的限制作用

（2）孔径光阑的位置对轴外物点成像光束具有选择性。

如图4-6所示，在保证轴上 A 点孔径角不变的情况下，光阑处于不同位置时，轴外物点 B 发出并参与成像的光束通过透镜的部位就不同。孔径光阑在1处时，轴外物点发出并参与成像的光束通过透镜的上部（实线范围）；孔径光阑在2处时，轴外物点发出并参与成像的光束通过透镜的中部（虚线范围）。而且，孔径光阑的位置将影响通过所有成像光束而需要的透镜口径大小，显然孔径光阑置于2处时，所有轴上物点和轴外物点发出的光束参与成像所需要的透镜口径较小。

（3）孔径光阑对光束的限制作用是相对某一固定位置的物点而言的，如果物点的位置发生变化，孔径光阑可能改变。

如图4-7所示，当物点在 A 处时，孔径光阑限制了成像光束的大小，但当物点在 B 处时，光束的大小不是由该光阑限制，而是被透镜的边框限制，所以这时的孔径光阑是透镜的边框。

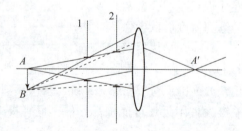

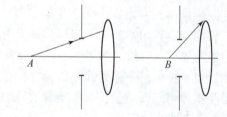

图4-6 孔径光阑对轴外点光束的限制作用　　　图4-7 物点处于不同位置时光阑的作用

4.2.2　入射光瞳和出射光瞳

1. 入射光瞳

孔径光阑经它前面的光学系统所成的像称为入射光瞳，简称入瞳。入瞳决定了物方最大孔径角的大小。如图4-8所示，B 为孔径光阑，B′ 即为该光学系统中的入瞳。若孔径光阑位于系统的最前面，它本身就是入瞳。

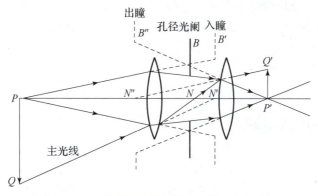

图 4 – 8　光学系统的入瞳、出瞳、主光线

2. 出射光瞳

孔径光阑经它后面的光学系统所成的像称为出射光瞳，简称出瞳。出瞳决定了像方孔径角的大小。如图 4 – 8 中 B'' 即为该光学系统中的出瞳。若孔径光阑位于系统的最后面，它本身就是出瞳。

显然，孔径光阑、入射光瞳、出射光瞳三者是物像关系。根据共轭原理，图 4 – 8 中，由轴上 P 点发出的光束首先被入瞳限制，然后充满整个孔径光阑，最后从出瞳边缘出射会聚到像点 P'。

3. 判断入瞳、出瞳、孔径光阑的方法

将光学系统中所有光学元件边框和开孔屏的内孔经其前（后）方的光学系统成像到整个系统的物（像）空间去，然后比较这些像的边缘对轴上物（像）点张角的大小，其中张角最小者为入瞳（出瞳），与入（出）瞳共轭的实际光阑即为孔径光阑。

4. 主光线

通过入瞳中心的光线称为主光线。显然，任意一条主光线，必定通过与入瞳相共轭的孔径光阑和出瞳的中心。如图 4 – 8 中的轴外物点 Q 发出的光线（其延长线通过入瞳 B' 的中心点 N'）经第一个透镜折射后通过孔径光阑 B 的中心点 N，再经第二个透镜折射后的出射光线的反向延长线通过出瞳 B'' 的中心点 N''。

主光线是物面上各点成像光束的中心光线，它们构成了以入瞳中心为顶点的同心光束，这一光束的立体角决定了光学系统的成像范围。

5. 相对孔径

为了表示孔径光阑尺寸的大小，在光学中经常采用一个称之为相对孔径的物理量，相对孔径定义为光学系统入瞳直径与系统的焦距之比。

$$A = \frac{D}{f'} \tag{4 – 1}$$

当焦距一定时，入瞳直径越大，其相对孔径也越大，表明进入光学系统的光能越多。

4.2.3　知识应用

例 4 – 1　有一光阑其孔径为 2.5 cm，位于透镜前 1.5 cm 处，透镜焦距为 3 cm，孔径为 4 cm，求：入射光瞳和出射光瞳的位置及大小。

解：如图 4 - 9 所示，因光阑前无透镜，直接比较光阑及透镜对物的张角，可知光阑即入射光瞳。出射光瞳是这光阑被其后面透镜所成的像，已知 $l = -1.5$ cm，$f' = 3$ cm，根据公式 $\dfrac{1}{l'} - \dfrac{1}{l} = \dfrac{1}{f'}$，可得 $l' = -3$ cm，即出瞳在透镜左侧 3 cm 处。设光阑孔径 $y = 2.5$ cm，由 $\beta = \dfrac{y'}{y} = \dfrac{l'}{l} = \dfrac{-3}{-1.5} = 2$，得

$$y' = y\beta = 2.5 \times 2 = 5 \,(\text{cm})$$

即出瞳孔径为 5 cm。

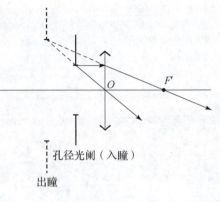

图 4 - 9　例 4 - 1 图

例 4 - 2　孔径都等于 4 cm 的两个薄透镜组成同轴光具组，一个是凸透镜，其焦距为 5 cm；另一个是凹透镜，其焦距为 10 cm。两个透镜中心间的距离为 4 cm，对凸透镜前面 6 cm 处的一个物点，试问：（1）哪一个透镜是孔径光阑？（2）入瞳和出瞳的位置在哪里？入瞳和出瞳的大小各等于多少？

解：（1）作图如图 4 - 10（a）所示，将凹透镜作为物对凸透镜成像，物高 $y = 4$ cm。

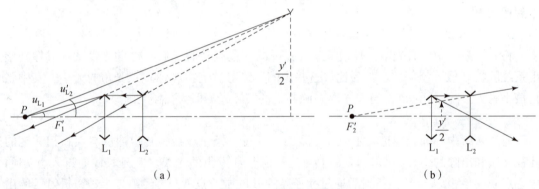

|（a）|（b）|

图 4 - 10　例 4 - 2 图

由于物在 L_1 右方，故 $l = 4$ cm；

因物在 L_1 右方，故像方焦点 F_1' 在 L_1 左方，所以 $f' = -5$ cm；

代入高斯公式 $\dfrac{1}{l'} - \dfrac{1}{l} = \dfrac{1}{f'} \Rightarrow \dfrac{1}{l'} - \dfrac{1}{4} = \dfrac{1}{-5}$，得 $l' = 20$ cm；

成像的高度根据 $\beta = \dfrac{y'}{y} = \dfrac{l'}{l} \Rightarrow \dfrac{y'}{4} = \dfrac{20}{4}$，得 $y' = 20$ cm。

所以，凸透镜 L_1 对物点 P 所张的孔径角 u_{L_1} 为

$$u_{L_1} = \arctan \dfrac{\frac{y}{2}}{6} = \arctan \dfrac{2}{6} = 18.34°$$

凹透镜 L_2 经凸透镜 L_1 所成的像对物点 P 所张的孔径角 u_{L_2}' 为

$$u_{L_2}' = \arctan \dfrac{\frac{y'}{2}}{l' + 6} = \arctan \dfrac{10}{26} = 21.04°$$

因为 $u'_{L_2} > u_{L_1}$，所以凸透镜为同轴光具组的孔径光阑。

（2）凸透镜 L_1 为孔径光阑，也为入瞳，其直径为 4 cm；L_1 经 L_2 成的像为出瞳，作图如图 4 - 10（b）所示，出瞳的位置 l' 及大小 y' 分别计算如下：

$$l = -4 \text{ cm}, \quad f' = -10 \text{ cm}$$

代入高斯公式 $\dfrac{1}{l'} - \dfrac{1}{l} = \dfrac{1}{f'} \Rightarrow \dfrac{1}{l'} - \dfrac{1}{-4} = \dfrac{1}{-10}$，得 $l' = -2.86 \text{ cm}$；

由垂轴放大率 $\beta = \dfrac{y'}{y} = \dfrac{l'}{l} \Rightarrow \dfrac{y'}{4} = \dfrac{-2.86}{-4}$，得 $y' = 2.86 \text{ cm}$。

4.3　视场光阑

4.3.1　定义

实际光学系统能够清晰成像的范围是有限的，能清晰成像的范围称为光学系统的视场。光学设计者根据仪器性能要求用光阑限定视场的大小，这种光阑称为视场光阑。

在光学系统中，视场光阑可以是其中某个光学零件的镜框，也可以是专门设置的光阑，形状多为正方形、长方形。视场光阑的位置是固定的，总设置在系统的物面、实像面或中间实像面上。例如，投影仪中被投影的图片框（物面）是视场光阑，照相、摄影系统中的底片框（实像面）是视场光阑，望远和显微系统中视场光阑则设置在物镜和目镜之间的物镜实像面上（比如分划板）。

4.3.2　入射窗、出射窗

1. 入射窗
视场光阑经其前面的光学系统成的像称为入射窗，简称入窗。
2. 出射窗
视场光阑经其后面的光学系统成的像称为出射窗，简称出窗。
显然，入窗、视场光阑、出窗之间是物像关系。
3. 角视场和线视场
实际光学系统中，孔径光阑和视场光阑是同时存在的。

1）角视场

当物体在无限远时，习惯用角视场表示视场。如图 4 - 11 所示，过入窗边缘两点的主光线间的夹角称为物方视场角，用 2ω 表示；过出窗边缘两点的主光线间的夹角称为像方视场角，用 $2\omega'$ 表示。

2）线视场

当物体在有限距离时，习惯用线视场表示视场。如图 4 - 11 所示，入瞳（或出瞳）中心与入窗（或出窗）边缘连线和物面（像面）交点之间的线距离，称为线视场 $2y$（或 $2y'$）。

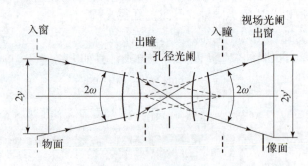

图 4 – 11　角视场和线视场

无论是用角视场还是线视场来表示成像范围，其成像范围的大小均由入窗或出窗的大小决定。

4. 判断入窗和出窗的方法

图 4 – 12 所示为孔径光阑、入瞳和出瞳均为无限小时的原理图，其中透镜 L_2 经过它前面的光学系统成的像为 L_2'。过物平面上不同高度的两点 B 和 C 作主光线 BP 和 CP，它们与光轴的夹角不同，并分别经过光组 L_1 的下边缘和 L_2 的上边缘。由图 4 – 12 可见，主光线 CP 虽能通过光组 L_1，但被光组 L_2 的镜框拦掉，主光线 BP 能通过 L_1，也恰好能通过 L_2。此时 L_2' 对入瞳中心的张角比 L_1 对入瞳中心的张角小，由它所决定的物面上 AB 范围以内的物点都可以被系统成像，而 B 点以外的点，如 C 点，已不能通过系统成像。显然，物面上一点要成像，它发出的主光线应该通过所有光阑在物空间的像，所以物面上的成像范围就由所有光阑在物空间的像中对入瞳中心张角的最小者决定。

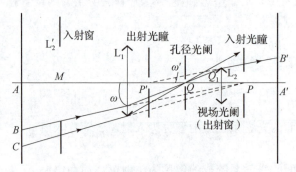

图 4 – 12　判断视场光阑入窗和出窗

由此可知，要在光学系统中的多个光阑中找出哪个是限制光束的视场光阑，只要将光学系统中所有光学元件的通光口径分别对其前（后）面的光学系统成像到系统的物（像）空间去，然后，从系统的入瞳（或出瞳）中心分别向物（像）空间所有的光阑的边缘作连线，其中张角最小的光阑像为入窗（或出窗），与其共轭的实际光阑即为视场光阑。

4.3.3　渐晕

1. 定义

实际上，光学系统的入瞳总有一定大小，此时光学系统的成像范围并不完全由主光线

和入窗 (或出窗) 决定, 还与入瞳 (或出瞳) 有关。如图 4 – 13 所示, 为了便于说明问题, 仅画出物平面、入瞳面和入窗平面来分析物空间的光束被限制的情况。当入瞳为无限小时, 物面上能成像的范围应该是由入瞳中心与入窗边缘连线所决定的 AB_2 区域。但是当入瞳有一定大小时, B_2 点以外的一些点, 虽然其主光线不能通过入窗, 但光束中还有主光线以上一小部分光线可以通过入窗被系统成像, 因而成像范围是扩大了, 图中 B_3 点才是被系统成像的最边缘点。

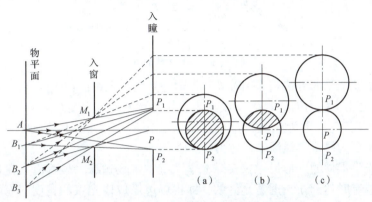

图 4 – 13   孔径光阑为有限大时的渐晕现象

物面上不同区域的物点成像光束的孔径角是不同的, 物面成像部分可以分为三个区域。

(1) 以 B_1A 为半径的圆形区, 其中每个点均以充满入瞳的全部光束成像。此区域的边缘点 B_1 由入瞳下边缘 P_2 和入窗下边缘点 M_2 的连线所确定。在入瞳面上的成像光束截面如图 4 – 13 (a) 所示。

(2) 以 B_1B_2 绕光轴旋转一周所形成的环形区域。在此区域内, 每一点已不能用充满入瞳的光束成像。在子午面内 (即含轴面内) 看光束, 由 B_1 点到 B_2 点, 其能通过入瞳的光束, 由 100% 到 50% 渐变。此区域的边缘点 B_2 由入瞳中心 P 和入窗下边缘 M_2 的连线确定。B_2 点发出的光束在入瞳面上的截面如图 4 – 13 (b) 所示。

(3) 以 B_2B_3 绕光轴旋转一周所得到的环形区域。在此区域内各点能通过入瞳的光进一步变少, 在子午面内看光束, 当由 B_2 点到 B_3 点时, 光束由 50% 渐变到零, B_3 点是可见视场最边缘点, 它由入瞳上边缘点 P_1 和入窗下边缘点 M_2 的连线决定。B_3 点发出的光束在入瞳面上的截面如图 4 – 13 (c) 所示。

以上三个区域只是大致的划分, 实际在物平面上, 由 B_1 到 B_3 点的线渐晕系数由 100% 到 0 是渐变的, 并没有明显的界限。由于光束是光能量的载体, 通过的光束越宽, 其所携带的光能就越多。因此物面上第一个区域所成的像最亮而且均匀, 从第二个区域开始, 像逐渐变暗, 一直到全暗。这样一种由于光轴外物点发出的光束被阻挡而使像面上光能量由中心向边缘逐渐减弱的现象称为渐晕。

2. 渐晕系数

一般以渐晕系数来描述光束渐晕的程度。如图 4 – 14 所示, 把入瞳面上轴外物点通过系统的光束直径 D_ω 与轴上物点通过系统的光束直径 D_0 之比称为线渐晕系数 K_D, 即

$$K_D = \frac{D_\omega}{D_0} \qquad\qquad (4 - 2)$$

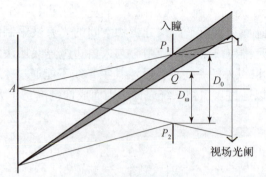

图 4 – 14　线渐晕系数

另有一种描述渐晕的方法是采用轴外物点通过系统的光束面积 S_ω 与轴上物点通过系统的光束面积 S_0 之比，称为面渐晕系数 K_S。为方便计算，多采用线渐晕系数。按此，图 4 – 13 中 B_1 点以内线渐晕系数为 1；由 B_1 点到 B_2 点，线渐晕系数由 1 降到 0.5；由 B_2 点到 B_3 点，光束的渐晕更为严重，线渐晕系数由 0.5 降到 0。

为了缩小光学零件的外形尺寸，实际光学系统中视场边缘一般都有一定的渐晕。视场边缘的渐晕系数有时达到 0.5 也是允许的，即视场边缘成像光束的宽度只有轴上点光束宽度的一半。

3. 消除渐晕的条件

在实际仪器中，总希望整个像面上一样亮，即没有渐晕。为使渐晕现象不存在，必须满足入窗与物平面重合，或者出窗与像平面重合。

4.3.4　知识应用

例 4 – 3　照相镜头焦距 $f' = 35$ mm，底片像幅尺寸为 24 mm × 36 mm，求该相机的最大视场角，视场光阑位于何处？

解：照相镜头的照相范围受底片框限制，底片框就是视场光阑，位于镜头的像方焦平面处。根据视场角 ω 和理想像高 y' 的关系式

$$\tan\omega = \frac{-y'}{f'}$$

式中，y' 等于底片对角线的一半，即 $y' = \frac{1}{2}\sqrt{24^2 + 36^2} = 21.63$（mm）。将 $f' = 35$ mm，$y' = 21.63$ mm 代入上式，得该照相镜头的最大视场角 $2\omega = 63.4°$。

4.4　景深、焦深、远心光路

4.4.1　景深

前面在讨论光学系统的成像性质时，只讨论垂直于光轴的一个物平面的成像情况。但

是，实际的景物都有一定的空间深度，也就是说，需要将一定深度范围的物空间成像在一个平面上。理论上，立体空间经光学系统成像时，只有与像平面共轭的那个平面上的物点能真正成像于该像平面上，其他非共轭平面上的物点在这个像平面上只能得到相应光束的截面，即弥散斑。

如图 4-15 所示，假定像平面 A' 的共轭面是 A，位于 A 平面前后的 A_1 和 A_2 两物平面同样将通过光学系统成像，它们的像平面为 A_1' 和 A_2'，A_1 平面上的 B_1 点通过系统后成像于 A_1' 平面上的 B_1' 点，它在像平面 A' 上形成了一个弥散斑 Z_1'；同理 A_2 平面上的 B_2 点在 A' 平面上也形成一个弥散斑 Z_2'。如果弥散斑的直径足够小，例如，它对人眼的张角小于眼睛的最小分辨角，那么眼睛看起来并无不清晰的感觉，这时，弥散斑可以认为是空间点在平面上成的像，那么在像平面 A' 上仍然能够看清 A_1 和 A_2 物平面上各物点所成的像。显然，它们的大小与入瞳大小和空间点至共轭平面 A 的距离有关。照相机所拍摄的照片就是这种情况，照片上的景物并不都位于一个平面上，在基准物平面（即底片在物空间的共轭面）的前后一定距离范围内的景物，在照片上仍旧可以看清楚。但是，如果距离太远，在照片上就显得模糊不清。

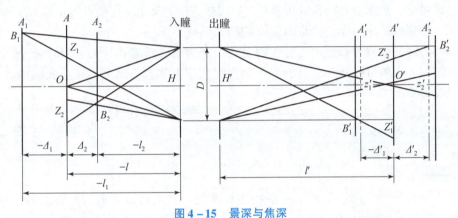

图 4-15　景深与焦深

能在像面上获得清晰像的物空间深度就是系统的景深。

这样能够成足够清晰像的最远平面（如物点 B_1 所在的平面）称为远景面，能够成清晰像的最近平面（如物点 B_2 所在平面）称为近景面。它们离对准平面的距离以 Δ_1 和 Δ_2 表示，称为远景深度和近景深度。Δ_1 和 Δ_2 的符号规则是以对准面作为原点，计算到远景面和近景面。显然图 4-15 中的景深 $\Delta = \Delta_2 - \Delta_1$。远景面、近景面、对准面到光学系统（以主面表示）的距离分别用 l_1、l_2、l 表示，它们的符号规则是以主面为原点，计算到远景面、近景面和对准面。

经计算
$$\Delta = \Delta_2 - \Delta_1 = l_2 - l_1 = -\frac{2Dl\,|\beta|\,Z'}{D^2\beta^2 - Z'^2}$$

可见，景深与光瞳孔径 D、对准距离 l、垂轴放大率 β、允许弥散斑直径 Z' 等诸多因素有关：

（1）光瞳孔径 D 越小，其景深越大。

（2）对准距离 l 越大，其景深越大。

（3）若规定景像平面上的弥散斑直径 Z' 不能超过某一数值，景深就与物镜焦距 f' 有关，

焦距 f' 越小，其景深也越大。

4.4.2 焦深

当物体为一个垂直光轴的平面时，必然有一个理想像平面与它对应，接收像的平面应与理想像平面重合。但在实际仪器中，接收器的接收面总是不可能准确地和理想像面相重合，或在像面之前，或在像面之后。

如图 4-15 所示，O' 点为 O 点的理想像。在理想像前后各有平面 A_1' 和 A_2'，它们与理想像面相距 Δ_1' 和 Δ_2'，Δ_1' 和 Δ_2' 的符号规则同 Δ_1 和 Δ_2。显然，在 A_1' 和 A_2' 面上接收到的将不是物点 O 的理想像点，而是弥散斑 z_1' 和 z_2'，如果弥散斑足够小，小到使接收器感到如同一个"点"像一样，便可认为 A_1' 和 A_2' 面上得到的仍然是物点 O 的清晰的像点，这时，偏离理想像面的 A_1' 和 A_2' 面之间的距离 $\Delta' = \Delta_2' - \Delta_1'$ 就称为焦深。

焦深指的是对于同一物平面，能够获得清晰像的像空间的深度。

经计算
$$\Delta' = \Delta_2' - \Delta_1' = 2z'l'/D$$

由上式可见，焦深与允许弥散斑直径 z'、理想像距 l' 及光瞳孔径 D 有关。在 z' 和 l' 一定的条件下，焦深和景深一样，也是随着 D 的加大而减小。

景深和焦深两个概念都是由孔径光阑引入而产生的，随着孔径光阑尺寸减小，使光学系统中被限制光束的口径减小，从而景深和焦深相应都加大，反之，孔径光阑加大，则使景深和焦深都变小。

4.4.3 远心光路

1. 视差

有相当一部分光学仪器是用于测量物体长度的，如工具显微镜、投影仪等计量仪器。其原理是在物镜的实像平面上放置一个刻有标尺的透明分划板，标尺的格值已考虑了物镜的放大率。当被测物体成像于分划板平面上时，按刻尺读得的物体像的长度即为物体的长度。按以上方法进行测量时往往是标尺分划板与物镜的距离不变，从而使物镜的放大率保持常数，通过调焦使被测物体的像重合于分划板的刻尺平面，以免产生测量误差。但由于存在景深，很难精确调焦到物体的像与分划平面重合，这就难免要产生误差。如图 4-16 所示，如物体 AB 处在其正确调焦位置，通过系统成像于 $A'B'$，测出其像高 y' 根据共轭面的放大率就能求得物体的高度 AB。而当调焦不准，物体 AB 处在图中 A_1B_1 位置时，则相应的像平面 $A_1'B_1'$ 和标尺不重合，$A_1'B_1'$ 两点分别在标尺平面上形成两个弥散斑，显然这时所测得的像高是两个弥散斑中心间的距离 y_1'，它小于 y'。这样按已知放大率求出来的物高也一定小于实际的物高，从而造成误差。反之，当调焦于正确位置之后时，所测长度偏长。像面与分划刻尺平面不重合的现象称为视差，视差越大，光束与光轴的倾斜角越大，测量误差也越大。

2. 物方远心光路

如果适当地控制主光线的方向，就可以消除或大为减少视差对测量精度的影响。这只要把孔径光阑设在物镜的像方焦平面即可。如图 4-17 所示，光阑也是物镜的出瞳，此时，

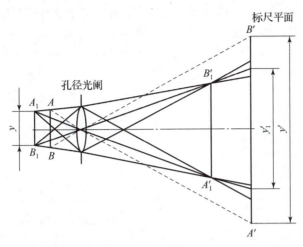

图 4 - 16　视差

由物镜射出的每一光束的主光线都通过光阑中心所在的像方焦点 F'，相应的，物方主光线都平行于光轴。这时即使像面 $A'_1B'_1$ 和标尺不重合，在标尺平面上得到的将是 $A'_1B'_1$ 的弥散斑。但由于物体上同一物点的成像光束的主光线并不随物体的位置而变，因此通过标尺平面上投影像两端的两个弥散中心的主光线仍然通过 A' 和 B' 点，两个弥散斑中心的距离 y'_1 等于 y'。就是说，上述调焦不准并不影响测量结果。因为这种光学系统的物方主光线平行于光轴，主光线的会聚中心位于物方无穷远处，故称为物方远心光路。

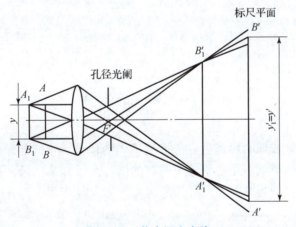

图 4 - 17　物方远心光路

3. 像方远心光路

在某些用于测量物体距离的大地测量仪器中，常常需要把孔径光阑置于物镜的物方焦平处，以消除由于调焦不准，像平面和标尺分划刻线面不重合而造成的测量误差。这类仪器是通过测量已知物的像高，求得放大率，从而得出物距的。因此物面不动，分划板相对于物镜将有移动，同样存在视差导致的测量误差。如图 4 - 18（a）所示，高度为 y 的物体 AB 通过光学系统成像于 $A'B'$，测出 $A'B'$ 的像高 y'，便可由公式 $\beta = \dfrac{y'}{y} = \dfrac{f'}{x}$ 得出物距 x。如果调焦不准，$A'B'$ 和标尺 $A''B''$ 不重合，那么在标尺上形成两个弥散斑，两弥散斑中心间的

距离 $y'' \neq y'$，则造成测距误差。如果把孔径光阑安置在光学系统的前焦面上，如图 4-18（b）所示，光阑也是物镜的入射光瞳，此时，进入物镜光束的主光线都通过光阑中心所在的物方焦点，而像方主光线都平行于光轴，因此，即使像面 $A'B'$ 与标尺分划刻线面 $A''B''$ 不重合，通过标尺平面上投影像两端的两个弥散中心的主光线仍然通过 A'' 和 B'' 点，按此投影像读出的长度 $y'' = y'$ 不会造成测距误差，这样的光路称为像方远心光路。物方远心光路和像方远心光路统称远心光路。

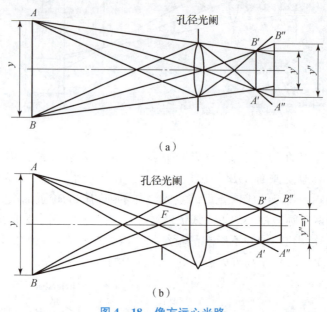

（a）

（b）

图 4-18　像方远心光路

4.5　单色像差

光学系统以单色光成像时可产生五种性质不同的像差，它们是球差、彗差、像散、场曲和畸变，统称为单色像差。这些单色像差有的仅与孔径有关，只有当成像光束孔径角加大时才产生；有的仅与视场有关，只有当成像范围加大时才产生；有的则与孔径和视场都有关系。

4.5.1　球差

1. 定义

球差是轴上点单色像差，是所有几何像差中最简单也是最基本的像差。在 §1.4.2 中我们已知，对于光轴上物点发出近轴光线的光路计算结果 l' 和 u' 与光线的入射高度 h 或 u 无关，即可认为理想成像。而远轴光线经球面折射后所得的像距 L'，随物方孔径角 U 不同而不同；对平行于光轴的入射光线，L' 则随光线的入射高度 h 而发生变化。因此，由轴上某一点发出的同心光束依次经光学系统各个球面折射后，不同物方孔径角 U 的光线或离光轴

不同高度 h 的光线会与光轴交于不同的点，相对于理想像点的位置有不同的偏离，从而使轴上像点被一弥散光斑代替，如图 4 – 19 所示。这是单色光的成像缺陷之一，称为球差，以 $\delta L'$ 表示，具体定义为

$$\delta L' = L' - l' \tag{4-3}$$

式中，$\delta L'$ 可正可负；L' 为与某一物方孔径角相对应的实际的像距；l' 为理想像点对应的像方截距。

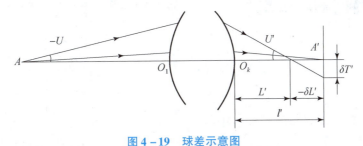

图 4 – 19　球差示意图

显然，与光轴成不同物方孔径角 U 的光线具有不同的球差。

由于球差的存在，在理想像面上的像点已不再是一个点，而是一个圆形的弥散斑，弥散斑的半径用 $\delta T'$ 表示，称为垂轴球差，它与轴向球差的关系为

$$\delta T' = \delta L' \tan U' = (L - l') \tan U' \tag{4-4}$$

2. 球差的校正

像方孔径角越大，球差越大，理想像面上的弥散斑也越大，这将使像模糊不清，所以光学系统为使成像清晰，必须校正球差。

单透镜的球差与焦距、相对孔径、透镜形状及折射率有关。对于给定孔径、焦距和折射率的透镜，通过改变其形状，即其两个工作面的曲率半径 r_1、r_2 可以使球差达到最小。当物体位于无穷远处时，实验表明，一个简单的凸透镜或凹透镜在满足下列条件时将有最小球差：

$$\frac{r_1}{r_2} = -\frac{4 + n - 2n^2}{n(1 + 2n)} \tag{4-5}$$

这种减小球差的方法叫作配曲法。一种理想化的消球差思想是制造一个非球面的曲率半径由中心到边缘渐变的透镜，类似于眼睛中的水晶体的结构，从而达到消球差的目的。

消除球差的另一个方法叫作配对法。对于单正透镜，边缘光线的像方截距 L' 比近轴光线的像方截距 l' 小，根据球差的定义，单正透镜产生负球差。单负透镜的像方截距 L' 也比近轴光线的像方截距 l' 小，但方向与单正透镜相反，所以单负透镜产生正球差，分别如图 4 – 20 和图 4 – 21 所示。

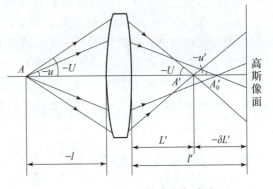

图 4 – 20　单正透镜产生负球差

所以实践中常使用正、负透镜组合来实现球差的校正。每一条光线对应一个球差值，大部分光学系统只能做到对某一孔径角（或孔径高度）的光线校正球差，不能校正所有孔径角（或孔径高度）对应的光线的球差。一般对边缘光孔径校正球差，而此时一般在孔径角为最大孔径角的 0.707 倍处有最大的剩余球差。

图 4 – 22 所示为消球差系统的球差曲线，横坐标为 $\delta L'$，纵坐标为 h/h_m，h 是光线为 U 角时的入射高度，h_m 是光线的最大入射高度。图 4 – 22 中 $h = 0.7h_m$ 的带区具有最大的剩余球差，孔径中央和边缘球差为零。

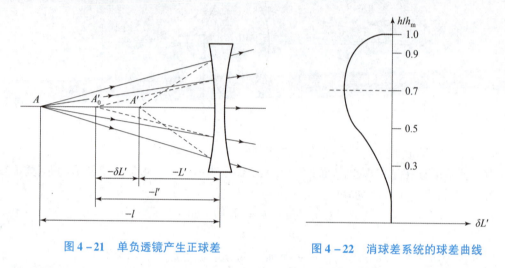

图 4 – 21　单负透镜产生正球差　　　　　图 4 – 22　消球差系统的球差曲线

4.5.2　彗差

1. 定义

共轴光学系统是对称于光轴的，当物点位于光轴上时，光轴就是整个光束的对称轴线，即使出射光束存在球差，仍然对光轴对称。

彗差是物点位在光轴之外时所产生的一种单色像差。当物点位在光轴之外时，如图 4 – 23 所示，将物点 B 发出的主光线 z' 和光轴决定的平面，称为子午面。通过主光线和子午面垂直的面称为弧矢面。子午面内，从 B 点发出的三条通过入瞳上、下边缘和中心的主光线，分别以 a、a'、z' 表示，经折射球面折射时因球差的存在，且球差随孔径角不同而不同，所以这三条光线经球面折射后没有相交于一点，而是失去了对主光线的对称性，称上、下光线的交点到主光线 z' 的垂轴距离叫子午彗差 K'_t。K'_t 的符号规则是以主光线作为原点计算到上、下光线的交点，向上为正，向下为负。计算子午彗差是以上、下光线与高斯像面交点高度平均值与主光线交点高度之差来表征，表示为

$$K'_t = \frac{1}{2}(Y'_a + Y'_{a'}) - Y'_z \tag{4-6}$$

同理，由于对弧矢面前后光线 b、b' 交于同一理想像面上的同一高度，对于弧矢彗差有

$$K'_S = Y'_b - Y'_z \tag{4-7}$$

彗差随视场而变化，对于同一视场，由于孔径不同，彗差也不同。所以说，彗差是和视场及孔径都有关的一种垂轴像差。彗差使轴外物点的像成为一个以主光线和像面交

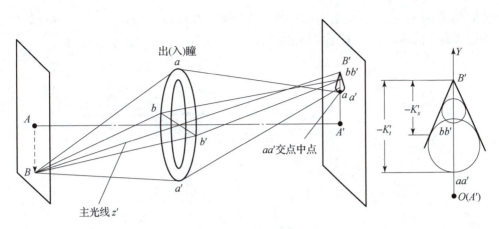

图 4 – 23　彗差示意图

点为顶点的锥形弥散斑,其形状像拖着尾巴的彗星,所以称为彗差。彗差严重破坏成像清晰度。

2. 彗差的校正

(1) 彗差是由于轴外点宽光束的主光线与球面对称轴不重合而由折射球面的球差引起的,所以如果将入瞳设置在球面的球心处 (图 4 – 24),则通过入瞳中心的主光线与辅助光轴重合,此时,轴外点同轴上点一样,入射的上下光线必将对称于该辅助光轴,出射光线也一定对称于辅轴,此时不再产生彗差。

(2) 彗差的大小、正负还与透镜的形状、系统的结构形式有关,如图 4 – 25 所示,采用对称式结构形式可消除彗差。

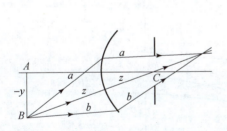

图 4 – 24　入瞳设在球心处不产生彗差

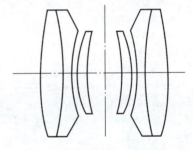

图 4 – 25　全对称结构彗差自动消除

4.5.3　像散

1. 定义

如图 4 – 26 所示,当轴外点以细光束成像时,这时没有彗差。上、下、主光线的共轭光线交于一点 (称子午像点),前、后、主光线的共轭光线交于一点 (称弧矢像点)。因为子午面和弧矢面相对折射球面的位置不同,所以子午像点和弧矢像点并不重合在一起。弧矢面上的光束在子午像点处得到一垂直于子午面的短线,称作子午焦线;子午面上的光束在弧矢像点处得到一垂直于弧矢面的短线,称作弧矢焦线;两条焦线互相垂直。在子午焦线和弧矢焦线中间，物点的像是一个圆斑，其他位置是椭圆形弥散斑。子午焦线与弧矢焦线沿光轴方向上的距离 $X'_t - X'_s$ 称为像散。

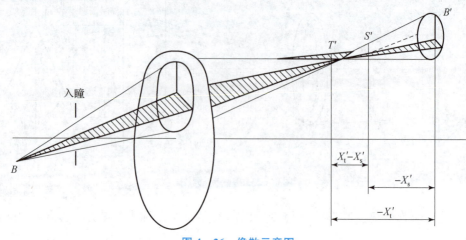

图 4 – 26　像散示意图

2. 像散校正

像散的存在是因为轴外物点发出的细光束在光学球面上所截得的曲面是非对称的，在子午和弧矢面上表现最大的曲率差，从而会聚点不同产生像散。要校正像散则必须是细光束在球面上的截面有相同的曲率半径，折射后能会聚于一点。一般来说，折射球面球心与光阑位于顶点的同一侧，主光线接近光阑中心，子午和弧矢的失对称程度较小，像散也较小。所以，同校正彗差一样，光学系统若采用同心原则，球面弯向光阑，则像散较小。如图 4 – 27 所示，入瞳处于球心处则不存在像散。

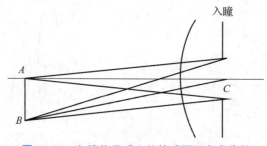

图 4 – 27　入瞳位于球心处的球面不存在像散

4.5.4　场曲

1. 定义

如图 4 – 28 所示，来自同一物平面上离轴远近不同的物点经光学系统折射成像时，由于像散的存在，物点离轴距离不同，子午像点和弧矢像点的位置不同，如果连接所有的子午像点则得到一个弯曲的子午像面，同理，连接所有的弧矢像面将得到一个弯曲的弧矢像面。这样，导致一个平面物体成一个曲面像，我们将这种成像缺陷称为场曲。场曲分为子午场曲及弧矢场曲。偏离光轴最远物点对应的子午像点相对于高斯像面的距离 X'_t 称为该物体子午场曲，偏离光轴最远物点对应的弧矢像点相对于高斯像面的距离 X'_s 称为该物体弧矢场曲。

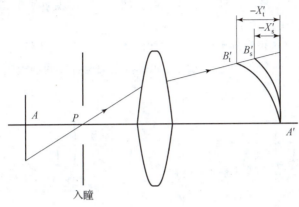

图 4 - 28　场曲示意图

当光学系统存在严重场曲时，就不能使一个较大的平面物体上各点同时清晰成像。若把中心调焦清晰了，边缘就变得模糊。反之，边缘清晰后则中心变模糊。

2. 场曲的校正

（1）用高折射率的正透镜、低折射率的负透镜，并适当拉开距离，即所谓的正负透镜分离。

（2）用厚透镜消除场曲。

4.5.5　畸变

1. 定义

从理想光学系统的成像关系讨论中已经知道，一对共轭物像平面上各部分的垂轴放大率都相等。但是，对于实际光学系统，只有当视场较小时才具有这一性质。而当视场较大时，物像平面上不同部分具有不同的垂轴放大率，这样就会使像相对于物体失去相似性，这种使像变形的成像缺陷称为畸变。

2. 畸变的种类

如图 4 - 29 所示，常见的畸变类型有两种：枕形畸变及桶形畸变。如果离轴越远的物点放大率越大，就会发生枕形畸变（正畸变）；如果离轴越远的物点放大率越小，就会发生桶形畸变（负畸变）。

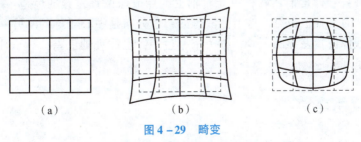

（a）　　　　　　　　（b）　　　　　　　　（c）

图 4 - 29　畸变

（a）无畸变；（b）枕形畸变；（c）桶形畸变

3. 畸变的校正

畸变只引起像的变形，而对像的清晰度无影响。因此，对一般的光学系统，只要接收器感觉不出它所成像的变形，这种畸变像差就无妨碍。但对某些要利用像来测定物体的大小和轮廓的光学系统，畸变就成为主要缺陷了。

（1）采用对称式结构可自动消除畸变，如图 4 – 30 所示，孔径光阑处于透镜之前得到负畸变，处于透镜之后得到正畸变，所以，如果将光阑设置在两透镜之间可能消除畸变。

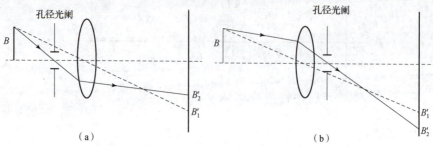

图 4 – 30　孔径光阑分别位于透镜前后得到正负畸变
（a）正畸变；（b）负畸变

（2）如图 4 – 31 所示，如果将光阑设置在球心或与透镜重合可不产生畸变。

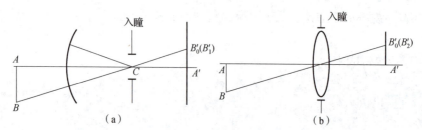

图 4 – 31　光阑设置在球心或与透镜重合不产生畸变
（a）光阑设置在球心；（b）光阑与透镜重合

4.6　色差

绝大部分光学系统都用白光成像。白光中不同波长的光通过透镜后偏折的角度不同，所以，每种颜色的光各自成像，不同颜色的像的大小和位置是不一致的，这样引起的像差叫色差。存在色差的光学系统将使像点不再是一个白色的光点，而成为一个彩色的弥散斑。

色差有两种：一种是描述两种色光对轴上的点成像位置差异的色差，称为位置色差，也称轴向色差；对于轴上像点，这个弥散斑的彩色分布是中心对称的。另一种是指两种色光对轴外物点成像位置差异的色差，称为倍率色差，也称垂轴色差；对于轴外像点，像点在一个方向上呈现彩色。

4.6.1　位置色差

当入射光波为复色光时，由于光中含有许多不同的波长的单色光波，波长越小其像距越小，从而形成按波长由短至长，各自像点离透镜由近及远排列在光轴上形成的位置之差。如图 4 – 32 所示，红（C）、蓝（F）、黄（D）光的像点 A'_C、A'_F、A'_D 分别在轴上不同位置，它们两两之间的像距之差称为位置色差。

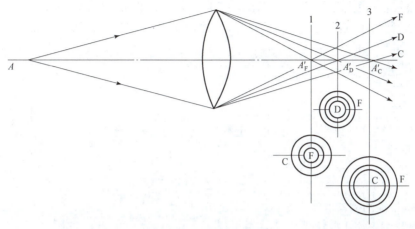

图 4 – 32　位置色差示意图

4.6.2　倍率色差

轴外物点发出的两种色光的主光线在消单色光像差的高斯像面上交点的高度之差，如图 4 – 33 所示。对于目视光学系统是以红、蓝光的主光线在黄光的高斯像面上的交点高度之差来表示。

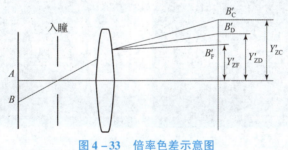

图 4 – 33　倍率色差示意图

4.6.3　色差校正方法

（1）与前面校正场曲相同，利用光阑在球心处或物在顶点处校正色差。
（2）利用正负透镜组合校正色差。

先导案例解决

1. 摄影中的景深

在摄影创作中，仅仅满足于正确曝光、精确聚焦、拍出清晰的照片，是远远不够的。为什么有的照片主次分明、有虚有实、虚实相生、层次有序且耐人回味？为什么有的照片中的景物影纹精细清楚又层次分明？这牵涉到摄影的一个重要技术问题——景深的运用。熟练地掌握和恰到好处地控制景深，是提高照片影像质量的拍摄技巧。

当被摄物体聚焦清晰时，从该物体前景的某段距离到背景的某段距离内的所有景物都清晰，清晰的这一范围叫作景深，如图 4 – 34 所示。前景和背景都非常模糊，只有被摄主体清晰可见时称为小景深效果。前景和背景物体以及被摄主体都很清晰，称为大景深效果。

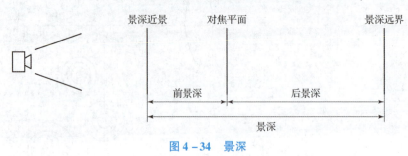

图 4 – 34 景深

1）影响景深的因素

（1）光圈与景深成反比。

光圈在控制景深的作用中，成为一个非常重要的部件。光圈通常用字母"f"后跟一个数字来表示，例如 f2.8、f4 等。数字越小，表示光圈越大，进光量越多；数字越大，表示光圈越小，进光量越少。光圈大，景深小；光圈小，景深大。如图 4 – 35 所示，在相同摄距与相同焦距的镜头下，图 4 – 35（a）为 f1.8 的光圈拍摄的景深效果，图 4 – 35（b）为f22 的光圈拍摄的景深效果。

（a）

（b）

图 4 – 35 大光圈与小光圈的景深区别
（a）f1.8 大光圈；（b）f22 小光圈

拍摄时，若希望主体的前后景物都非常清晰，可将光圈尽量向小处调节，比如 f16、f22；反过来，若希望对焦的物体清晰，虚化前后的另外一些景物，那就尽量将光圈调大，比如 f2.8、f2，甚至 f1.4。在调节光圈的同时，我们还要注意曝光量也会发生变化，应当相应调节快门速度以获得正确的曝光量。为了获得理想的景深，即使在使用程序曝光模式时，我们也应该首先考虑景深所需用的光圈，并在可行的前提下选用最合适的光圈和速度组合。

（2）摄距与景深成正比。

摄距远，景深大；摄距近，景深小。也就是说，当拍摄时的光圈大小不变，所使用的镜头焦距也不改变时，聚焦目标越远，画面中景物的前后清晰范围就越大；反之，聚焦目标越近，前后的清晰范围也就越小，如图 4 – 36 所示。

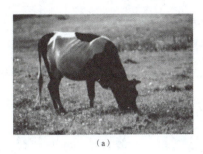

（a）　　　　　　　　　　　　　　　（b）

图 4 – 36　摄距远近的景深区别

（a）摄距近；（b）摄距远

（3）镜头焦距与景深成反比。

长焦距的镜头景深小，短焦距的镜头景深大。也就是说，拍摄时光圈大小不改变，聚焦目标的摄距也不改变时，使用的镜头焦距越短，景深就越大；镜头的焦距越长，景深就越小，如图 4 – 37 所示。

（a）　　　　　　　　　　　　　　　（b）

图 4 – 37　镜头焦距大小的景深区别

（a）短焦；（b）长焦

在拍摄环境和相机其他拍摄参数不变的情况下，长焦段拍摄，背景中的玫瑰花虚化程度明显超过短焦段的效果，从而保证主体的视觉效果更佳。同时，利用长焦镜头可以更好地刻画主体的细节。

2）景深的作用

创作一幅摄影作品，绝非简单地拍照，对景深的控制是确定摄影画面虚实的主要技术之一。

减小景深后，我们可以拍摄主体突出、背景模糊的画面，仅表现为主题服务的重要物体或人物，把周围不必要的物体和人物以及杂乱的背景模糊掉。例如，在商品摄影中，为了使需要表现的商品在众多的同类商品中更加醒目，我们可以使用小景深拍摄，使该商品清晰而其他商品模糊，形成主体突出醒目的画面。小景深还适用于拍摄花卉、人物的特写等。

扩大景深后，我们可以把所有要拍摄的对象都清晰地呈现在画面上。例如，在上述的商品摄影中，为了使主体商品和前后陪衬物以及背景的质感都能清晰地再现，我们可以使用大景深进行拍摄，形成前后都清晰的画面。大景深还适用于拍摄风景、建筑、盛大的场面等。

2. 眼镜的球面镜片和非球面镜片

配眼镜时有没有疑惑：什么是球面镜片，什么是非球面镜片？两者有什么区别？为什么要给我推荐非球面镜片呢？首先来说说两者的区别。

1）镜片形状

球面镜片的表面为球形，镜片中心与边缘的曲率一致；而非球面镜片的表面可以是椭圆形、抛物线形、锥形等非球面，镜片中心与边缘采用不同的曲率。

2）外观

外观上看球面镜片更厚，非球面镜片更薄，所以非球面镜片会更好看一些。

3）视觉质量

球面镜片边缘部分存在畸变，可能导致视觉失真，尤其是在高度数眼镜上，这种畸变较为明显；非球面镜片减少了边缘畸变，看物体更清晰、逼真。

非球面镜片的制造工艺相对复杂，所以其价格相较于球面镜片普遍较高。对于轻度近视的人而言，佩戴球面镜片和非球面镜片都差不多，基本不会出现像差的问题，镜片厚度也差不多，考虑价格因素可以选择球面镜片。一般度数偏高的人建议佩戴非球面镜片。

本章小结

1. 光阑

（1）定义：光学系统中可以限制光束的透镜边框或者特别设计的一些带孔的金属薄片。

（2）分类：孔径光阑、视场光阑和消杂光光阑。

2. 孔径光阑

（1）孔径光阑：光学系统中限制轴上物点成像光束宽度、并有选择轴外物点成像光束位置作用的光阑，其大小决定成像面上的照度。

（2）入瞳：孔径光阑经它前面的光学系统所成的像，决定物方最大孔径角。

（3）出瞳：孔径光阑经它后面的光学系统所成的像，决定像方最大孔径角。

（4）判断孔径光阑的方法：光学系统中各光阑经其前面光学系统所成像对轴上物点的张角最小的光阑。

3. 视场光阑

（1）视场光阑：限制光学系统成像范围的光阑。

（2）入窗：视场光阑经其前面的光学系统所成的像。

（3）出窗：视场光阑经其后面的光学系统所成的像。

（4）判断视场光阑的方法：光学系统中各光阑经其前面光学系统所成像对入瞳中心的张角最小的光阑。

（5）渐晕：由于光轴外物点发出的光束被阻挡而使像面上光能量由中心向边缘逐渐减弱的现象。

4. 景深

（1）定义：能在像面上获得清晰像的物空间深度。

（2）影响因素：

①光瞳孔径 D 越小，其景深越大。

②对准距离 l 越大，其景深越大。

③物镜焦距 f' 越小，其景深越大。

5. 消杂光光阑

用来限制来自非成像物体的杂光，不限制成像光束。为镜筒内壁的螺纹，或专门设计的消杂光光阑。

6. 像差

(1) 定义：光学系统所成实际像与理想像之间存在着偏差，这种偏差称为像差。

(2) 分类：

①单色像差：球差、彗差、像散、场曲和畸变，因大孔径或视场产生的像差。

②色差：位置色差、倍率色差，因光学材料对不同波长的色光折射率不同产生的像差。

7. 球差

(1) 定义：轴上点发出的同心光束，经光学系统折射后不再是同心光束，不同入射高度的光线交光轴于不同位置，相对于近轴像点有不同程度的偏离，称为球差。

(2) 表现：圆形弥散斑。

8. 彗差

(1) 定义：轴外点发出的对称于主光线的入射光束经透镜折射后，折射光束不对称于主光线，其光束交点不交在主光线上的成像缺陷。

(2) 表现：彗星状弥散斑。

9. 像散

(1) 定义：子午像和弧矢像不重合引起的成像缺陷。

(2) 表现：不同轴向位置成像情况不同。

10. 场曲

(1) 定义：像面弯曲的缺陷。

(2) 表现：视场中心与边缘不能同时清晰。

11. 畸变

(1) 定义：物像平面上不同部分具有不同的垂轴放大率。

(2) 表现：像边缘失真，不影响清晰度。

12. 位置色差

(1) 定义：轴上点两种色光成像位置的差异。

(2) 表现：彩色弥散斑，影响像的清晰度。

13. 倍率色差

(1) 定义：由于各色光的垂轴放大率不同，它们的主光线在消单色像差的高斯像面上交点高度差异。

(2) 表现：形成分开的彩色像。

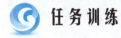 任务训练

任务 4.1　测量光学系统的景深

1. 实验目的

(1) 掌握测量景深的方法；

(2) 理解光学系统景深与孔径光阑的关系；

（3）验证景深与焦距的关系。

2. 实验仪器及光路图

（1）实验仪器：光学导轨、LED 白色背照明光源、节点镜头、可变光阑、显微目镜、A4 分辨率板等。

（2）光路图，如图 4 - 38 所示。

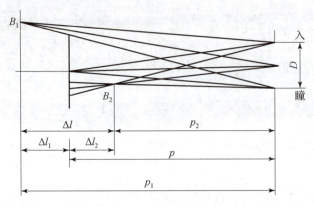

图 4 - 38　景深测量光路

3. 实验内容及步骤

（1）按照实验装配图摆放该实验装置，并调节各器件同轴等高。

（2）将可变光阑贴近节点镜头并将光阑调至最大，将光源处的侧推平移台的位置移动到 15 mm 处。

（3）调整显微目镜与节点镜头间距离，至能在显微目镜中看到 A4 分辨率板所成的清晰像，记录下可以看清的 A4 分辨率板上的最大序号，并查表得到分辨率数值。

（4）前后移动分辨率板至能看清楚的分辨率序号比步骤（3）减少 5 组后［比如步骤（3）里能看清第 15 组，那么认为当只能看到第 10 组的时候为成像模糊位置］，通过分辨率板下的侧推平移台记录成像模糊的前后两个位置 a_1、a_2。

（5）缩小光阑至 10 mm 处，再次重复步骤（3）、（4），并再次记录此时成像模糊的位置 b_1、b_2。

（6）缩小光阑至 5 mm 处，得到对应模糊位置 c_1、c_2 并记录。计算三次的景深，$A = a_1 - a_2$，$B = b_1 - b_2$，$C = c_1 - c_2$。比较不同光圈大小时的景深并分析该光学系统孔径光阑与景深的关系，并填表 4 - 1。

表 4 - 1　光阑与景深测量记录

节点镜头两透镜间距 $d =$（　　　）mm

孔径光阑大小			
远景位置			
近景位置			
景深			

（7）调整可变光阑孔径最大，调节使节点镜头两透镜之间的距离最小，重复步骤（3）、（4），记下此时成像模糊的位置 a_1'、a_2'，计算此时该系统的焦距与景深 $A' = a_1' - a_2'$。

（8）调节节点镜头两透镜之间的光学间距（任取两个位置，可取中间位置和最远位置），重复步骤（7），分析该光学系统焦距与景深的关系，并填表 4-2。

表 4-2　焦距与景深测量记录

孔径光阑口径 $D = 28$ mm

节点镜头间距			
焦距			
远景位置			
近景位置			
景深			

注：节点镜头焦距计算公式

$$f' = \frac{f_1' f_2'}{f_1' + f_2' - d} \tag{4-8}$$

式中，f_1'、f_2' 为节点镜头两光学透镜的焦距（本实验节点镜头 f_1'、f_2' 分别为 200 mm、350 mm）；d 为两镜片间距。

任务 4.2　星点法观测光学系统单色像差及色差的测量

1. 实验目的

（1）掌握平行光管的结构、工作原理及使用方法；

（2）掌握用平行光管测量球差镜头色差的方法；

（3）了解星点检验法的测量原理；

（4）用星点法观测各种像差。

2. 实验仪器与星点检验法

（1）实验仪器：光学导轨、CMOS 相机、80 mm 凸透镜、160 mm 凸透镜、环带光阑、可变光阑、1 mm 小孔光阑、平行光管、9 V 可调电源、彗差镜头等。

（2）星点检验法：通过考查一个点光源经光学系统后，在像面及像面前后不同截面上所成衍射像的形状（通常称为星点像）及光强分布来定性评价光学系统成像质量好坏的一种方法。

3. 实验内容及步骤

熟悉平行光管的结构及工作原理，弄清平行光管中常用分划板的几种形式。

1）球差测量

（1）平行光管里加入针孔，根据装置图安装所有的器件，将所有器件调整至同心等高。

（2）打开平行光管绿色 LED 光源，打开相机的采集程序，调节参数，令软件显示相机中心视野。

（3）将可变光阑放置在平行光管前方尽可能靠近平行光管，光阑孔径调节到最小，调节待测透镜和 CMOS 相机的位置，在采集软件中观察聚焦光斑。微调相机沿光轴方向的距离，使聚焦光斑最小且清晰锐利，此时认为这是透镜的理想焦点，记录此时侧推平移台的读数 l'。

（4）撤下可变光阑，换上 10 mm 环带光阑，此时采集软件上可以看到环形光斑，沿光轴调节相机，光斑的形状逐渐变成圆形亮斑，当亮斑最小且接近圆形时，认为已经到达焦点，记录此时侧推平移台的读数 L'。

（5）依次更换 20 mm 和 30 mm 的环带光阑，重复步骤（4）的测量，数据记入表 4–3。按照公式计算球差：

$$\delta L' = L' - l'$$

表 4 – 3　球差测量数据

分类	L'	$\delta L'$
10 mm 光阑		
20 mm 光阑		
30 mm 光阑		

2）彗差测量

（1）将上实验中的凸透镜和环带光阑取下，装上彗差镜头。

（2）调节相机和镜头距离，使 CMOS 靶面近似位于镜头焦面处，调节相机高度和 Y 轴侧推平移台，使采集软件上可以观察到光斑。微调相机 X 轴侧推平移台，使光斑最小。

（3）稍微转动彗差镜头，同时注意采集软件内光斑的位置，继续转动镜头，调节相机 Y 向平移使光斑保持在视野中央。转动一定角度后，就能观察较明显的彗差现象。

3）像散测量

（1）将上实验中的彗差镜头取下，装上 80 mm 凸透镜和可变光阑，可变光阑尽量靠近平行光管放置，孔径调节至 4～5 mm。

（2）调节透镜和相机之间的距离，使采集软件内能观察到圆形的光斑，并且边缘清晰不模糊。轻微旋转透镜，调节相机 X 轴侧推平移台使相机离焦，注意保持光斑在采集软件中的位置。此时观察到光斑逐渐变椭圆，直至变为一条短线。分别记录两种情况下，相机 X 轴侧推平移台的读数，子午像散的情况记为 X'_{t}，弧矢像散的情况记为 X'_{s}，数据记入表 4–4，按照公式计算像散数据：

$$X'_{ts} = X'_{t} - X'_{s}$$

表 4 – 4　像散测量数据

X'_{t}	X'_{s}	X'_{ts}

（3）将平行光管内的目标物更换为十字缝，观察像散现象，沿导轨方向前后调节相机和透镜的距离，在调节过程中可以发现，十字缝的横线和竖线成像清晰在不同的位置处。

（4）单击采集软件的"停止采集"按钮，然后单击"保存图像"保存效果图。

4）场曲测量

（1）平行光管里加入十字缝，可变光阑尽量靠近平行光管放置，孔径调节为 3～4 mm。

（2）透镜和相机放置在尽量远离平行光管的位置，打开相机采集软件，单击"打开相机"连接相机，设置相机分辨率为 1 280×1 024（默认值），单击"开始采集"采集图像。

（3）将相机移动至透镜焦点附近，调节平行光管俯仰和水平角度，微调可变光阑和透镜的高度和角度，使采集软件中可以观察到无扭曲的正十字像。可打开采集软件的十字线辅助线，调节相机高度和 Y 向侧推平移台，令十字线中心和像中心重合，对比观察像是否存在扭曲。

（4）调节相机 X 向位置，会发现十字缝的中心和边缘无法同时成像清晰，这就是场曲现象，当十字缝中心区域成清晰像时，记录千分尺读数 $X'_{中心}$；边缘成像清晰时，记录千分尺读数 $X'_{边缘}$。

（5）根据以下公式计算场曲，结果记录在表 4－5 中。

$$X'_{中心} - X'_{边缘} = X'$$

表 4－5　场曲测量数据

$X'_{中心}$	$X'_{边缘}$	X'

5）畸变测量

（1）平行光管里加入网格板。打开相机采集软件，单击"打开相机"连接相机，设置相机分辨率为 1 280×1 024（默认值），单击"开始采集"采集图像。

（2）可变光阑（孔径调到最小）尽量靠近平行光管放置，相机和透镜尽量远离平行光管，调节相机位置，使其位于透镜焦点附近，调节平行光管俯仰和水平角度，微调可变光阑和透镜的高度和角度，使网格板的成像尽可能对称，可使用十字线辅助线对比调节，最终形成桶形畸变效果图。

（3）将鼠标指针移至网格中心、中间小矩形的上边缘和网格右上角或左上角的顶点，获取这三个点的像素坐标值。

（4）网格中心坐标减去右上角或左上角顶点的像素坐标即可获得顶点的实测像素高度 y'_z；中心坐标减去小矩形上边缘的像素坐标乘以 6 倍近似为理想无畸变时顶点的像素高度 y'；根据以下公式计算出相对畸变，数据记录在表 4－6 中。

$$q' = \frac{y'_z - y'}{y'}$$

（5）将装置中凸透镜更换为 1 mm 光阑，可变光阑更换为 160 mm 凸透镜。

（6）调节相机位置，使其位于透镜焦点附近，网格板成像清晰，将小孔光阑放置在相机前面约 20 mm 处，调节平行光管俯仰和水平角度，微调小孔光阑和透镜的高度和角度，使网格板的成像尽可能对称，可使用十字线辅助线对比调节。再微调小孔光阑的前后位置，使网格板成像出现枕形畸变，但中心和边缘仍能保持基本清晰。

（7）参考桶形畸变测量的步骤（3）和步骤（4），获取参考点的像素坐标，并计算相对畸变，数据记录在表 4－6 中。

表 4 – 6　畸变测量数据

分类	y_z'	y'	q'
桶形畸变			
枕形畸变			

6）位置色差测量

（1）平行光管里加入针孔，使用 20 mm 环带光阑。

（2）单击"开始采集"连续采集图像。

（3）将 LED 亮度可调旋钮调至最大。拨动平行光管后端 4 挡拨动开关，打开红色照明。

（4）在采集软件中观察光束经过环带光阑和透镜聚焦后的光斑，调节 CMOS 高度和 Y 向位置使光斑位于相机视野中央，单击采集软件"停止采集"后设置采集软件分辨率为 640×512，水平位置 320，垂直位置 256，再单击"开始采集"进行测量。

（5）微调平行光管俯仰角度和水平角度，调节环带光阑和透镜的高度和角度，使离焦的光斑为标准的圆环形状，没有形变。

（6）调整相机滑块沿导轨方向移动，将 CMOS 相机靶面调整到与待测透镜后焦点重合位置，此时光斑聚焦为一个亮斑。

（7）调整平行光管照明亮度，使亮斑亮度在饱和值以下。此时微调 CMOS 相机下面的 X 轴侧推平移台，使焦点亮斑最小且锐利。记录此时平移台千分丝杠的读数值。

（8）变换平行光管照明光源颜色。使用千分丝杠调整待测镜头与 CMOS 相机之间的距离至焦点亮斑最小且锐利。分别记录千分丝杠的读数值，填入表 4 – 7。

（9）根据公式计算出待测镜头的位置色差值。

$$\Delta L_{FC}' = L_F' - L_C'$$
$$\Delta L_{FD}' = L_F' - L_D'$$
$$\Delta L_{DC}' = L_D' - L_C'$$

（10）根据 L_F'、L_C' 和 L_D' 判断波长大小与折射率之间的关系。

表 4 – 7　位置色差测量结果

分类	L_F'	L_C'	L_D'	$\Delta L_{FC}'$	$\Delta L_{FD}'$	$\Delta L_{DC}'$
20 mm 光阑						

7）倍率色差测量

（1）将平行光管 LED 调节为红光，使用 20 mm 环带光阑进行测量。参考位置色差实验步骤（4）～步骤（7）进行调节，使焦点亮斑最小且锐利。

（2）打开采集软件的辅助线功能，调节 CMOS 相机的 Y 轴侧推平移台，使光斑中心位于辅助线垂直线上，将鼠标指针指向光斑和垂直辅助线的上交点处，在采集软件右下角读取像素坐标值，记录在表 4 – 8 中。

表 4 – 8　垂轴色差测量结果

分类	红光 Y'_C	蓝光 Y'_F	$\Delta Y'_{FC}$
20 mm 光阑			

（3）将平行光管 LED 光源调节为蓝光，此时采集软件中的光斑已经发生变化，将鼠标指针移至环形光斑和垂直辅助线的上交点，注意保持像素坐标的 x 值不变，读取像素坐标值，记录在表 4 – 8 中。

（4）根据公式计算出 y 坐标的差值，再乘以 CMOS 相机的像素尺寸（5.2 μm）即可求出垂轴像差 $\Delta Y'_{FC}$。

$$\Delta Y'_{FC} = Y'_F - Y'_C$$

 习题

1. 两个薄透镜 L_1、L_2 的孔径为 4.0 cm，L_1 为凹透镜，L_2 为凸透镜，它们的焦距分别为 8 cm 和 6 cm，镜间距离为 3 cm，光线平行于光轴入射。求系统的孔径光阑、入瞳和出瞳及视场光阑。

2. 已知物点 A 在透镜前距其 30 mm 处，透镜的通光口径 D_1 为 30 mm，在透镜后 10 mm 处有一个通光孔，其直径 D_2 为 22 mm，像点 A′ 位于透镜之后 60 mm 位置，试求这个系统的孔径光阑、入瞳和出瞳。

3. 有一薄透镜焦距为 50 mm，通光口径为 40 mm，在透镜左侧 30 mm 处放置一个直径为 20 mm 的圆孔光阑，一轴上物点位于光阑左方 200 mm 处。求：

（1）限制光束口径的是圆孔光阑还是透镜框？

（2）此时该薄透镜的相对孔径多大？

（3）出瞳离开透镜多远？出瞳直径多大？

4. 照相物镜的焦距等于 75 mm，底片尺寸为 55 mm × 55 mm，求视场光阑位于何处？该照相物镜的最大视场角等于多少？

5. 设照相物镜的焦距为 50 mm，相对孔径 $\dfrac{D}{f'} = \dfrac{1}{2.8}$，底片尺寸为 24 mm × 36 mm，求该照相物镜的最大视场角和入射光瞳直径。若拍照时换用 $f' = 28$ mm 的广角镜头和 $f' = 75$ mm 的远摄镜头，其视场角分别为多少？

6. 为了保证测量精度，测量仪器一般采用什么光路？为什么？

7. 试问为什么在简单放大镜中会产生色差，而在平面镜成像时不会产生色差？

8. 玻璃透镜对蓝光的焦距与对红光的焦距相比哪一个更大些？试分别对凸透镜和凹透镜讨论。

9. 在七种像差中，哪些像差影响成像的清晰度？哪些不影响？哪些像差仅与孔径有关？哪些像差仅与视场有关？哪些像差与孔径和视场都有关？

第 5 章

光度学与色度学基础

🌀 知识目标

1. 掌握光度学相关基本概念，如辐射度量、光谱辐射度量、光度量等概念及单位。
2. 掌握光度学朗伯余弦定律。
3. 掌握色度学基础相关知识，包括眼睛的感光结构与成像原理、色彩基础、色彩混合方法。
4. 掌握色彩波长、色彩色温、色彩色域。
5. 了解常用的光度学和色度学的测量仪器。

🌀 技能目标

1. 能简单区分光度学中光亮度、光照度、光辐射度等相关概念，并能进行实际问题的简单计算和判断。
2. 能够利用加色法原理形成各种色光。
3. 能够利用减色法原理进行色料混合形成新的颜色。
4. 能举例说明多种光源的色温大小与颜色及色调的对应关系。
5. 能对一些常用的光度学测量仪器和色度学测量仪器进行识别和了解。

🌀 素质目标

1. 通过将行业标准引入教学，培养学生规则意识，提升学生岗位胜任力。
2. 通过完成光度学、色度学的学习与测试任务，培养注重细节、精益求精的品质精神。

先导案例： 把一张红纸、一张白纸、一张绿纸在太阳光下，进行重叠放置和单张放置。观察每张纸各自透光颜色和重叠放置后透光颜色；观察改变光亮度的观察空间时，红纸、绿纸与白纸的色彩三属性的变化，请记录结果并做简单的说明。

光度学是研究光能的计算和测量的学科，1760 年由朗伯建立，光度学定义了光能量、发光强度、照度、亮度等主要光度学参量，并用数学方法阐明了它们之间的关系和光度学的多个重要定律，光度学在照明工程技术、计量技术及能量测量技术等方面有重要应用。

光能的量度有两种标准：一种以引起人眼视觉强弱为标准的视觉标准，如照明系统的设计中灯光亮暗、手机显示屏幕的显示亮暗、手术显微镜的照明系统的明暗等；另一种是以客观的能量值为标准的能量标准，如研究太阳辐射以及光对生物作用的应用。

5.1 光度学基础

5.1.1 辐射度量

辐射在本质上是一种能量的基本形式，如光辐射、热辐射、磁辐射等，辐射体现了能量的转移，辐射度量通常用一些基本参量来描述。

1. 辐射能 Q_e

以辐射的形式发射、传播或接收的能量称为辐射能。辐射能是指电磁波中电场能量和磁场能量的总和，也叫作电磁波的能量，辐射能的计量单位是焦耳（J）。

如太阳以辐射形式不断向周围空间释放的能量就是辐射能。太阳辐射能的主要形式是光和热。太阳每秒钟发出的太阳能为 3.86×10^{26} J，而到达地球的却只占太阳能的 22 亿分之一。

2. 辐射通量 Φ_e

辐射通量又称辐射功率，指单位时间内向周围空间辐射的总能量，单位为瓦（W）。它也是辐射能随时间的变化率，具体计算表达式如下：

$$\Phi_e = \frac{\mathrm{d}Q_e}{\mathrm{d}t} \tag{5-1}$$

3. 辐射强度 I_e

辐射强度是每日在给定方向上的单位立体角（图 5-1）内，离开点辐射源（或辐射源的面元）的辐射通量，单位是瓦/球面度（W/sr）。

辐射强度表达为

$$I_e = \frac{\mathrm{d}Q_e}{\mathrm{d}\Omega} \tag{5-2}$$

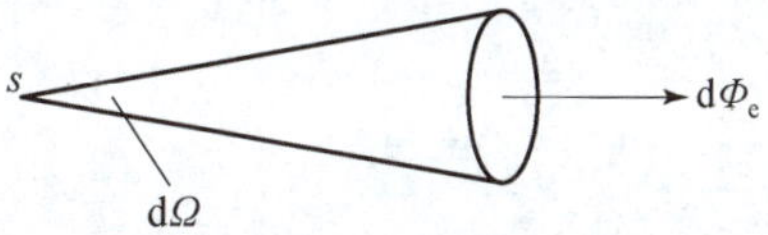

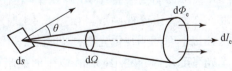

图 5-1 单位立体角示意图

4. 辐射出射度 M_e

辐射体在单位面积内所辐射的通量或功率称为辐射出射度，单位是瓦/米²（W/m²）。这是用来度量物体辐射能力的物理量，其表达式为

$$M_e = \frac{\mathrm{d}Q_e}{\mathrm{d}A} \tag{5-3}$$

5. 辐射亮度 L_e

辐射亮度简称辐亮度，是面辐射源在单位时间内通过垂直面元法线方向上单位面积、单位立体角上辐射出的能量，如图 5-2 所示，即辐射源在单位投影面积上、单位立体角内的辐射通量，单位是瓦/（球面度·米²）［W/（sr·m²）］。

$$L_e = \frac{\mathrm{d}I_e}{\mathrm{d}A\cos\theta} \tag{5-4}$$

图 5-2 辐射亮度示意图

6. 辐射照度 E_e

辐射照度为接收面上单位面积上所照射的辐射通量，单位是瓦/米² （W/m²），其表达式为

$$E_e = \frac{\mathrm{d}\varPhi_e}{\mathrm{d}A} \tag{5-5}$$

5.1.2 光谱辐射度量（辐射量的光谱密度）

光谱辐射度量是单位波长间隔内的辐射度量。对应的光谱辐射度量可以表示为光谱辐射能 $Q_{e,\lambda}$、光谱辐射通量 $\varPhi_{e,\lambda}$、光谱辐射亮度 $L_{e,\lambda}$ 和光谱辐射照度 $E_{e,\lambda}$。具体的光谱辐射度量相关概念及表达式如表 5-1 所示。

表 5-1 光谱辐射度量相关概念及表达式

度量的名称	符号	定义式	单位	单位符号
光谱辐射通量	$\varPhi_\lambda$	$\mathrm{d}\varPhi_e/\mathrm{d}\lambda$	瓦/微米	$W/\mu m$
光谱光通量	$\varPhi_v$	$\mathrm{d}\varPhi_e/\mathrm{d}v$	瓦/赫兹	W/Hz
光谱辐射出射度	M_λ	$\mathrm{d}M_e/\mathrm{d}\lambda$	瓦/（米²·微米）	$W/(m^2 \cdot \mu m)$
光谱辐射照度	E_λ	$\mathrm{d}E_e/\mathrm{d}\lambda$	瓦/（米²·微米）	$W/(m^2 \cdot \mu m)$
光谱辐射强度	I_λ	$\mathrm{d}I_e/\mathrm{d}\lambda$	瓦/（球面度·微米）	$W/(sr \cdot \mu m)$
光谱辐射亮度	L_λ	$\mathrm{d}L_e/\mathrm{d}\lambda$	瓦/（米²·球面度·微米）	$W/(m^2 \cdot sr \cdot \mu m)$

5.1.3 光度量

大量的光源主要是作为照明使用。照明的目的是以人眼来评定或者通过仪器接收最后到人眼来观察，因此照明光源的光学特性必须用基于人眼视觉的光学参量，为了描述人眼所能够感受到的光辐射的强弱，必须在辐射量的基础上再建立一套参数来描述可见光辐射的强弱，这就是光度量。光度量包括光通量、光出射度、光照度、发光强度、光亮度等，光度学量是辐射度量的特例，光度量只有光谱的可见波段才有意义。两种物理量在概念上是相同的，并且一一对应。不同的是辐射度量是对辐射能本身的客观度量，是纯粹的物理量，而光度学量还包括生理和心理因素的影响。

国际照明委员会（CIE）用平均值的办法，确定了人眼对各种波长的光的平均相对灵敏度，称为光谱光视函数，如图 5-3 所示，图中实线是光亮度在几个 cd/m²（光亮度的单位）以上时的明视觉光谱视见函数，用 $V(\lambda)$ 表示，$V(\lambda)$ 的最大值在 $\lambda = 555\ \mathrm{nm}$ 处；虚线是光亮度在百分之几 cd/m² 以下时的暗视觉光谱视见函数，用 $V'(\lambda)$ 表示，其最大值在 $\lambda = 507\ \mathrm{nm}$。

下面具体介绍光度量的基本常用概念及单位。

1. 光通量 Φ

光通量是辐射通量（辐射功率）能够被人眼视觉系统所感受的那部分有效当量，用 Φ 或 Φ_v 表示。

光辐射对人眼锥状细胞或杆状细胞的刺激程度，是从生理上评价所有的辐射参量 $X_{e,\lambda}$ 与所有的光度参量 $X_{v,\lambda}$、$X'_{e,\lambda}$ 关系，对于明视觉，刺激程度平衡条件为

$$X_{v,\lambda} = K_m V(\lambda) X_{e,\lambda} \qquad (5-6)$$

式中，K_m 为明视觉最大光视效能，是光度量对辐射度量的转换常数，其值为 683 lm/W，表示人眼对于波长为 555 nm$[V(555)=1]$ 的光辐射产生光感觉的效能。

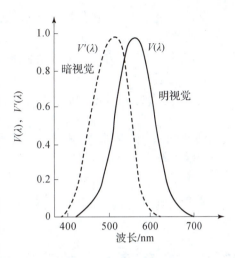

图 5 – 3　光谱光视函数

暗视觉则有

$$X'_{v,\lambda} = K'_m V(\lambda) X_{e,\lambda} \qquad (5-7)$$

式中，K'_m 为人眼的暗视觉最灵敏波长 λ'_m 的光度量对辐射度量的转换常数，其值为 1 725 lm/W。

根据上式可分别推导出人眼的光谱光视效能的表达式，分别如下：

人眼的明视觉的光谱光视效能为

$$K(\lambda) = K_m V(\lambda) \qquad (5-8)$$

人眼的暗视觉的光谱光视效能为

$$K'(\lambda) = K'_m V(\lambda) \qquad (5-9)$$

有了光谱光效率函数，就可以确定光的度量单位与辐射度量单位在数值上的关系，在波长 λ 附近的 dλ 内，明视觉时其辐射通量与光通量关系为

$$d\Phi_v(\lambda) = K_m V(\lambda) \Phi_e(\lambda) d\lambda \qquad (5-10)$$

在可见光区的总光通量：

明视觉时：

$$\Phi_v = K_m \int_{380}^{780} \Phi_e(\lambda) V(\lambda) d\lambda \qquad (5-11)$$

暗视觉时：

$$\Phi'_v = K'_m \int_{380}^{780} \Phi_e(\lambda) V'(\lambda) d\lambda \qquad (5-12)$$

光通量的单位为流明（lm），定义波长为 555 nm 的单色光，辐射通量为 0.001 5 W 的光通量为 1 lm。

2. 发光强度 I

光源在给定方向的单位立体角中发射的光通量定义为光源在该方向的发光强度，简称光强。研究对象是发光体的发光强度。

$$I = \frac{d\Phi}{d\omega} \qquad (5-13)$$

发光强度的单位为坎德拉（cd），它是国际单位制中7个基本单位之一。具体的物理意义为：坎德拉（cd）是一光源在给定方向上的发光强度，该光源发出频率为 540×10^{12} Hz 的单色辐射，且在此方向上的辐射强度为 1/683 W/sr。

3. 光出射度 M

光源表面给定点处单位面积向半空间内发出的光通量，称为光源在该点的光出射度。

$$M = \frac{\mathrm{d}\Phi}{\mathrm{d}A} \qquad (5-14)$$

光出射度的单位为流明每平方米（$\mathrm{lm/m^2}$）。

4. 光照度 E

被照明物体给定点处单位面积上的入射光通量称为该点的照度，研究对象是受照体。

$$E = \frac{\mathrm{d}\Phi}{\mathrm{d}A} \qquad (5-15)$$

照度的单位为勒克斯（lx，也可写为 $\mathrm{lm/m^2}$）。

5. 光亮度 L

光源表面一点处的面元 $\mathrm{d}A$ 在给定方向上的发光强度 $\mathrm{d}I$ 与该面元在垂直于给定方向的平面上的正投影面积之比，称为光源在该方向上的亮度。研究对象是发光体或者反射体，具体表达式为

$$L = \frac{\mathrm{d}I}{\mathrm{d}A\cos\theta} \qquad (5-16)$$

明暗视觉下的亮度对比示意图如图 5-4 所示。

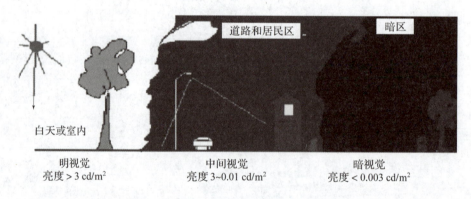

图 5-4　明暗视觉下的亮度对比示意图

6. 光源的发光效率

光源的发光效率是光源发出的光通量与所消耗的电功率之比，用 η 表示，即 $\eta = \dfrac{\Phi_v}{\Phi_e} \approx \dfrac{\Phi_v}{P}$，$P$ 为电光源的电功率，发光效率是发光功效与 683 的比值。对照明用光源来说，要求光源所发射的光辐射尽可能多地落在可见光范围内，尤其是要在光谱光效率较大值的位置，由此来提高发光效率。

常用光源的光效统计如表 5-2 所示。

表 5 - 2　常用光源的光效统计

名称		发光功效/($\mathrm{lm} \cdot \mathrm{W}^{-1}$)	发光效率/%
蜡烛		0.3	0.04
白炽灯		10 ~ 15	1.4 ~ 2.2
卤钨灯		15 ~ 30	2.2 ~ 4.4
荧光灯	卤磷酸钙粉	50 ~ 70	7.3 ~ 10.3
	三基色粉	80 ~ 104	12 ~ 15.6
高压汞灯		54	7.9
高压钠灯		70 ~ 150	10.3 ~ 22
金卤灯		60 ~ 90	8.8 ~ 13.2
氙灯		40 ~ 60	5 ~ 8.8
镝灯		80	12
陶瓷金卤灯		85 ~ 100	12.8 ~ 15
日亚白光 LED（2009）		249	36
白光功率型 LED（2014）		303	43.8

7. 辐射度量与光度量的关系

辐射度量与光度量之间存在着一定的转换关系，掌握了这些转换关系，就可以对不同度量标定的光电器件灵敏度等特性参数进行比较和计算。辐射度量与光度量术语统计如表 5 - 3 所示。

表 5 - 3　辐射度量与光度量术语统计

辐射度量	符号	单位	光度量	符号	单位
辐射能	Q_e	J	光量	Q	$\mathrm{lm} \cdot \mathrm{s}$
辐射通量	Φ_e	W	光通量	Φ	lm（流明）
辐射强度	I_e	W/sr	发光强度	I	cd（坎德拉）= lm/sr
辐射照度	E_e	W/m^2	光照度	E	lx（勒克斯）= $\mathrm{lm/m}^2$
辐射出射度	M_e	W/m^2	光出射度	M	$\mathrm{lm/m}^2$
辐射亮度	L_e	W/（sr·m^2）	光亮度	L	$\mathrm{cd/m}^2$

5.1.4　光度学中的朗伯余弦定律

对于均匀发光的物体，无论其发光表面的形状如何，在各个方向上的亮度都近似相等。

在光度学计算中，假定光源向各个方向以同样亮度进行辐射，讨论不同方向上的发光强度规律，如图 5 – 5 所示。

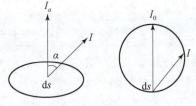

设 $\mathrm{d}s$ 为一发光面或漫反射光表面，由亮度定义可知，在与法线成 α 角方向的亮度为

$$L_\alpha = \frac{I_\alpha}{\mathrm{d}S\cos\alpha} \qquad (5-17)$$

图 5 – 5　朗伯发光体向不同方向发光的示意图

式中，I_α 为 α 方向上的发光强度。同样，在法线方向上的亮度为

$$L_0 = \frac{I_0}{\mathrm{d}s} \qquad (5-18)$$

如果发光面或漫射表面的亮度不随方向改变，则在法线方向和成 α 角方向的亮度相等，因此有

$$L_\alpha = L_0 = \frac{I_\alpha}{\mathrm{d}s\cos\alpha} = \frac{I_0}{\mathrm{d}s} \qquad (5-19)$$

$$I_\alpha = I_0\cos\alpha \qquad (5-20)$$

上式即为朗伯余弦定律（简称朗伯定律）的表达式。具体的物理意义：指理想漫反射源单位表面积向空间指定方向单位立体角内发射（或反射）的辐射功率和该指定方向与表面法线夹角的余弦成正比。

遵从朗伯定律的光源称为朗伯光源，也叫朗伯辐射体或余弦辐射体，它的亮度是不随观察的方向改变而变化的，它是一种具有各向同性光亮度的光源，辐射强度随观察方向与面源法线之间的夹角 α 的变化遵守余弦规律的辐射源。理想的余弦发射体（朗伯光源）为绝对黑体。黑体辐射能在空间不同方向上的分布不均匀，法向最大，切向最小为零，如图 5 – 6 所示。

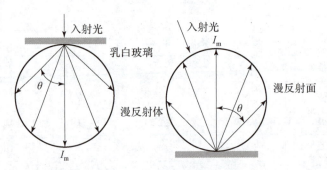

图 5 – 6　余弦辐射体发光面

实际中的光源，只要其光亮度看起来是均匀的，都可以近似看成朗伯光源，如太阳、套上理想毛玻璃罩的白炽灯等。

理想的漫反射表面自身不发光，但却能按照朗伯定律向各个方向反射不管来自何方入射的光，从而使反射光的亮度沿各个方向相同。如积雪、粉刷的白墙，以及某些十分粗糙的白纸表面等，这些理想的漫反射面称为朗伯反射体。本身并不发光，受发光体光照射经投射或反射形成的余弦辐射体，称为漫透射体和漫反射体，漫反射体称为朗伯散射表面或全扩散表面。

5.1.5　知识应用

例 5-1　一个功率（辐射通量）为 60 W 的钨丝充气灯泡，假定它在各方向上均匀发光，求它的发光强度。

思路：先求总光通量 Φ；再求发光强度 I。

解：根据：$\Phi = K\Phi_e = 15 \times 60 = 900(\text{lm})$；总立体角为 4π，根据：$I = \dfrac{\Phi}{\Omega} = \dfrac{900}{4\pi} = 71.62(\text{cd})$；所以发光强度 I 为 71.62 cd。

例 5-2　如图 5-7 所示，照明器在 15 m 的地方照亮直径为 2.5 m 的圆，要求达到的照度为 50 lx，聚光镜焦距为 150 mm，通光直径为 150 mm，求：（1）灯泡发光强度；（2）灯泡通过聚光镜后在照明范围内的平均发光强度，以及灯泡的功率和位置。

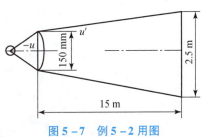

图 5-7　例 5-2 用图

解：像方接收总光通量：

$$\Phi = E \cdot S = 50 \times \pi \times 1.25^2 \approx 245(\text{lm})；$$

像方光锥角：$\tan(-u') = \dfrac{1.25 - 0.075}{15} \approx 0.078\,3$；

立体角为

$$\Omega' = 4\pi \sin^2 \frac{u'}{2} \approx 0.019\,5 \text{ sr}$$

由理想光学系统光路计算公式：$n'\tan u' - n\tan u = hn'l f$；进而 $\tan u = -0.578$；

立体角为

$$\Omega = 4\pi \sin^2 \frac{u}{2} = 0.845 \text{ sr}；$$

照明空间平均发光强度：$I' = \dfrac{\Phi}{\Omega'} = 1.26 \times 10^4 \text{ cd}$；假定忽略聚光镜光能损失，灯泡发光强度为

$$I = \frac{\Phi}{\Omega} = 292 \text{ cd}$$

若各向均匀发光，灯泡发出的总光通量为：$\Phi_总 = 4\pi d = 3\,670 \text{ lm}$；采用钨丝灯照明时，功率为

$$\Phi_e = \frac{\Phi}{K} = 245 \text{ W}$$

灯泡位置：$l = \dfrac{h}{\tan u} \approx -130 \text{ mm}$。

例 5-3　有一均匀磨砂球形灯，直径为 17 cm，光通量为 2 000 lm，求该灯的光亮度。

解：根据光亮度与发光强度的关系来求：$L = I/\mathrm{d}S_n$。

$$I = \frac{\Phi}{\Omega} = \frac{2\,000}{4\pi} \approx 159.15 \text{ (cd)}$$

$$\mathrm{d}S_n = \pi R_{\text{lamp}}^2 = \pi \left(\frac{0.17}{2}\right)^2 \approx 2.27 \times 10^{-2} \text{ (m}^2)$$

$$L = \frac{159.15}{2.27 \times 10^{-2}} = 7 \times 10^3 \text{ (cd/m}^2)$$

5.2 色度学基础

色度学是研究人眼的颜色视觉规律、颜色测量理论与技术的学科，它是一种以光学、视觉生理、视觉心理及心理物理等学科为基础的综合性科学，在液晶显示器技术、OLED 显示技术、PDP 显示技术、量子显示技术等领域都有充分的应用。

5.2.1 眼睛的颜色特性

1. 人眼感光结构

人眼结构如图 5 – 8 所示。

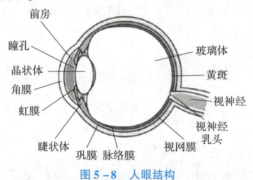

图 5 – 8 人眼结构

人眼眼底视网膜是一个十分重要的视觉接收器，它也是一个复杂的神经中心。视网膜上的感光细胞有视杆细胞和视锥细胞，人眼视网膜上的感光细胞结构如图 5 – 9 所示。

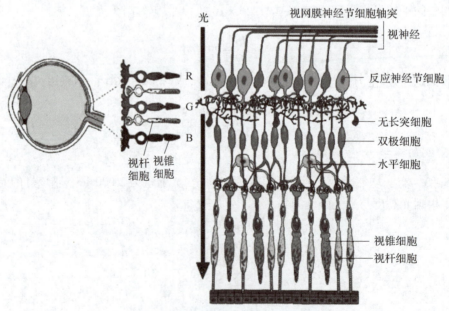

图 5 – 9 人眼视网膜上的感光细胞结构

视锥细胞一般分为感红、感绿和感蓝三种，在光亮的条件下能够分辨物体的颜色和细节。感红、感绿、感蓝三种细胞相当于人眼的视网膜上有着不同光谱响应度的三种接收器，其光谱响应度最大值分别在红光、绿光和蓝光区域。当光照射到人眼的视网膜后，可以同时引起三种感光细胞的反应。波长不同，反应程度也不同，人眼就产生不同的颜色感觉，三种视锥细胞对不同光波长敏感度及百分比如图 5 – 10 所示。

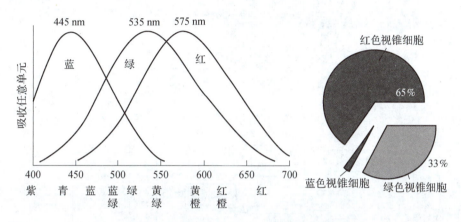

图 5 – 10　三种视锥细胞对不同光波长敏感度及百分比

视杆细胞内一般只有一种感光色素，它只有在暗处才能起作用，能够感知物体的明暗。视杆细胞能感受弱光刺激，能分辨物体的亮度，但不能分辨颜色。视杆细胞光敏感度比视锥细胞高 500 倍，人眼对亮度变化比色彩变化更敏感。

由于视锥细胞和视杆细胞具有对光的感受能力，因此把它们称为感光元或光感受器。人眼可轻松区分上千种颜色，但在固定的光照条件下，只能区分约几十个灰度级。视杆细胞与视锥细胞的感光能力的区别如表 5 – 4 所示。

表 5 – 4　视杆细胞与视锥细胞感光的感光能力的区别

细胞类型	功能	数量	位置	分辨波长/nm	分辨细节	感光灵敏度
视锥细胞	分辨颜色	700 万	中央黄斑和中央凹	400 ~ 700	能力精细	低（明视觉）
视杆细胞	分辨亮度	1.2 亿	黄斑（2 mm）外	400 ~ 600	能力低	高（暗视觉）

2. 人眼感色的成像原理

人眼视觉可以等同于"视"＋"觉"，人眼观察物体时，发光物体或者被照亮的物体通过角膜、瞳孔、前房、晶状体、玻璃体等，直接成像在眼底视网膜上，这可以归结为几何光学成像，然后再经过视网膜上的感光细胞的作用，把光信息传输给大脑，经过一系列的生理作用，人能感受到物体的颜色和形状，这是生理与心理过程。眼睛如果要识别外界事物，这两个部分缺一不可，必须先经过光学成像，再经过生理处理过程，才能达到识别物体的颜色、亮度、形状、运动及远近知觉。人眼观察物体时物体在眼底的光学成像过程如图 5 – 11 所示，人眼识别物体的光学成像与生理结构处理过程如图 5 – 12 所示。

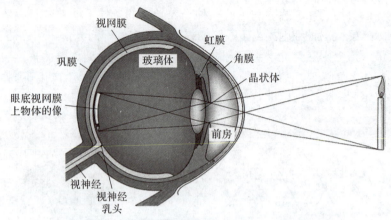

图 5 – 11　人眼观察物体时物体在眼底的光学成像过程

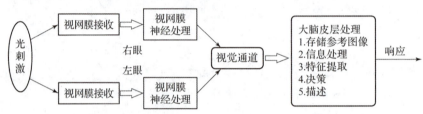

图 5 – 12　人眼识别物体的光学成像与生理结构处理过程

　　由于人眼有两种感光细胞——视锥和视杆细胞，人眼的视觉根据亮度的变化可分为明视觉、暗视觉和中间视觉。根据国际照明学会（CIE）1983 年的定义，明视觉指亮度超过几个 cd/m^2 的环境，此时视觉主要由视锥细胞起作用，最大的视觉响应在光谱蓝绿区间的 555 nm 处。暗视觉指环境亮度低于 10^{-3} cd/m^2 时的视觉，此时视杆细胞起作用，光谱光视效率的峰值约在 507 nm，中间视觉介于明视觉和暗视觉亮度之间，此时人眼视锥和视杆细胞同时响应，随亮度的变化，两种细胞的活跃程度也发生变化。一般从白天太阳光到晚上台灯照明，都是在明视觉范围，而道路照明和明朗月夜下为中间视觉照明，昏暗的星空下就是暗视觉。人眼的明视觉和暗视觉的特征如表 5 – 5 所示，中间视觉介于明视觉与暗视觉之间。

表 5 – 5　人眼明视觉和暗视觉的特征

特征	明视觉	暗视觉
光感应器	视锥细胞	视杆细胞
光化学物质	锥体色素	视紫红质
色觉	正常的三原色	无色
所在视网膜区域	中心	周边
暗适应速度	快（8 min 或更少）	慢（30 min 或更多）
空间分辨能力	高	低
时间辨别	反应快	反应慢
照明水平光谱灵敏峰值	昼光（>3 cd/m^2）555 nm	夜光（<0.001 cd/m^2）507 nm

5.2.2　色彩基础

1. 色彩感觉形成途径

色彩是光线的一部分经有色物体反射刺激我们的眼睛，在大脑中所产生的一种生理和心理反应，使人产生一系列的对比与联想。人们观察物体时，视觉神经对色彩反应最快，其次是形状，最后才是物体表面的质感和细节。人的色彩感觉信息传输途径是光源、彩色物体、眼睛和大脑。色彩形成的过程如图 5-13 所示。

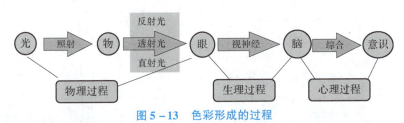

图 5-13　色彩形成的过程

2. 色彩分类

色彩可分为彩色和非彩色两类。彩色是把两种或两种以上的色彩混合起来后形成的，色彩的应用过程就是对颜色的混合和配置。

非彩色指白色、黑色和各种深浅不同的灰色组成的系列，称为白黑系列。对于发光物体来说，白黑的变化相当于白光的亮度变化，亮度高时人眼感到是白色，亮度很低时人眼感到是灰色，无光时是黑色，非彩色只有明亮度的差异，没有色调饱和度特性。黑白间的灰度变化如图 5-14 所示。

图 5-14　黑白间的灰度变化

3. 色彩的三种基本属性

彩色色度学中，某种颜色是由三原色（红绿蓝）按一定的比例混合而成的。色彩三属性包括色调（色相）、明度和饱和度。色彩的三属性是各自独立又相互制约的。一个颜色的某一个属性发生了改变，那么这个颜色必然要发生改变。

1) 色调

色调是表明不同波长的光刺激所引起的不同颜色的心理反应。色调也是表示各种不同颜色的区分特性，如红绿蓝等颜色的外观相貌，通常指物体反射的光线中以哪种波长占优势决定的，不同波长产生不同颜色的感觉。在可见光光谱中，红橙黄绿青蓝紫以及许多中间过渡波长，在人眼的视觉上都表现为各种色调。

光源的色调是由其辐射的光谱组成对人眼所产生的感觉所决定的。物体的色调，除与照明光源的光谱成分有关外，还与物体的光谱反射和透射特性有关。在明视觉条件下，人

眼的锥体细胞起作用，能分辨物体的细节，很好地区分不同颜色，如图 5 – 15 所示。图 5 –
16 所示为光强变化时引起的色调变化（不变点 572 nm、503 nm、478 nm 除外）。

图 5 – 15　色调示意图（书后附彩插）

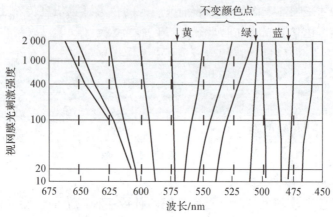

图 5 – 16　光强变化引起的色调变化

2）明度

明度即人眼感觉到的物体的亮暗程度，是颜色的亮度在人们视觉上的反应，是表示物
体颜色深浅明暗的特征量。

明度的高低与亮度有关，发光光源的亮度越大，明度越高。不发光的彩色物体，在照
明光源一定的情况下，光谱反射比与光谱透射比越高，则明度越高。除此以外，明度还受
色调和背景的影响。如相同的能量，绿光引起人眼的视觉感觉强度大，同一彩色物体，亮
背景的明度远高于在暗背景的明度，如图 5 – 17、图 5 – 18 所示。

（a）　　　　　　　　　　　　　　　　　　（b）

图 5 – 17　提高亮度的颜色明度变化（书后附彩插）

图 5 – 18　明度变化受色调的影响（书后附彩插）

3）饱和度

饱和度表示一种颜色的纯洁度，也称纯度，饱和度高，颜色深且鲜艳；饱和度低，颜色浅且暗淡。可见光谱的各种单色光是最饱和最纯的彩色。当光谱色在单色光中加入白光成分时，就变得不饱和、纯度将下降。因此色彩的饱和度，通常以色彩白度的倒数表示。

当物体对可见光中各种波长反射均在 80% 以上时，此物体呈现为白色，当 100% 反射时，称为纯白色。光谱色取决于光谱成分，物体色取决于物体表面对光谱透过或反射的选择性。颜色有引起视觉相对浓淡的特性，具体如图 5 – 19 所示。

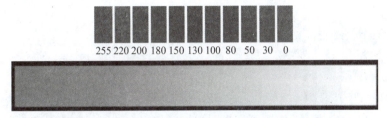

图 5 – 19　颜色的浓淡与颜色的饱和度有关（书后附彩插）

饱和度还受物体的表面状况的影响。在光滑的物体表面上，光线的反射是镜面反射，在观察物体颜色时，我们可以避开这个反射方向上的白光，观察颜色的饱和度。粗糙的物体表面反射是漫反射，无论从哪个方向都很难避开反射的白光，因此光滑物体表面上的颜色要比粗糙物体表面上颜色鲜艳、饱和度大些。人眼可分辨的光谱的饱和度等级中，最不敏感的是对黄色的饱和度，可区分 4 级；而对红色的饱和度可区分 25 级。颜色三属性的变化关系如图 5 – 20 所示。

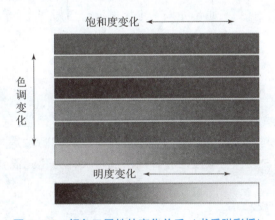

图 5 – 20　颜色三属性的变化关系（书后附彩插）

4. 同色异谱现象

同色异谱现象是颜色相同光谱组成不同的现象。某两种物质在一种光源下呈现相同的颜色，但在另一种光源下，却呈现不同的颜色，这种现象就叫同色异谱现象，如图 5 – 2 所示。

图 5 – 21   同色异谱现象（书后附彩插）

5.2.3   色彩的混合方法

1. 颜色的三原色

1931 年国际照明委员会规定了光的三原色的波长分别为 $\lambda_R = 700.0$ nm，$\lambda_G = 546.1$ nm，$\lambda_B = 435.8$ nm，三原色可与人眼视神经细胞中的感红、感绿和感蓝细胞相匹配。各种颜色的光都可以由以上红绿蓝三种颜色的光按一定的比例混合而得到，三原色具有独立性，其中任何一色都不能用其余两种合成。

2. 颜色匹配实验

任何色都可以用 2 ~ 3 个原色配得，人眼不能分解混合色光的各个分量。色光匹配满足加法律、减法律和转移律等。把两种颜色调节到视觉上相同或相等的过程叫作颜色匹配，常用的颜色匹配方法有光谱匹配、时间混合、空间混合。

在颜色匹配实验中，让待配色源发射的光照射白色屏幕，形成某种特定颜色的光，然后调节红绿蓝光的强度，直到三原色光以一定比例混合后所产生的颜色与待配色源所发射的光的颜色相同。此时，视场中的分界线消失，说明待配光的颜色与三原色的混合光色达到颜色匹配。

3. 色光的混合类型

1）视觉外混合

视觉外混合是指色光在进入人眼之前就已经混合成新的色光，在进入人眼之前各色光的能量就已经叠加在一起。混合色光中的各原色光对人眼的刺激是同时开始的，是色光的同时混合的结果。如加法混合与减法混合，加法混合又称为色光混合，减法混合又称为色料混合。

2）视觉器官内的加色混合

色彩还可以在进入视觉之后才发生混合，称为中性混合，也叫视觉内混合，即指参加混合的各单色光，分别刺激人眼的三种感色细胞，使人产生新的综合色彩感觉，视觉内混合是基于人的视觉生理特征所产生的视觉色彩混合，而并不改变原色色光或发光材料本身，混合后的色彩效果类似于它们的中间色，亮度既不增加也不降低，因此称为"中性混合"。中性混合与色光混合有相同之处，中性混合主要是空间混合和旋转混合。混合色的总亮度等于组成混合色的各色光的亮度和（亮度相加定律），它包括静态混合与动态混合。

（1）静态混合。

静态混合属于直接混合，是指各种颜色处于静态时，反射的色光同时刺激人眼而产生的混合，如细小色点的并列与各单色细线的纵横交错，所形成的颜色混合均属静态混合，各色反射光是同时刺激人眼的，也是色光的同时混合。如印刷、彩色图片、晚会现场的彩色灯光等都属于静态混合，如图 5-22 所示。

图 5-22　红绿点相间图案、晚会现场灯光、品红与青色的小点静态混合前后（书后附彩插）

（2）动态混合。

动态混合属于间接混合，是指各种颜色处于动态时，反射的色光在人眼中的混合，如彩色转盘的快速转动，各种色块的反射光不是同时在人眼中出现，而是一种色光消失，另一种色光出现，先后交替刺激人眼的感色细胞，由于人眼的视觉暂留现象，使人产生混合色觉。电影、电视上动态画面的显示都是属于动态混合。

人眼的视觉暂留现象是色光动态混合呈色的生理基础，如图 5-23 所示的彩色转盘。将色彩等面积地涂在色盘上，旋转后混合成新的色彩效果，称为色盘旋转混合。

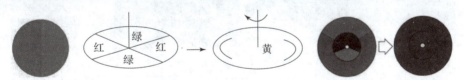

图 5-23　色光动态混合（书后附彩插）

动态混合是由参加混合的色光先后交替连续刺激人眼，因此又称为色光的先后混合。通常情况下，人眼可以正确地观察及判断外界事物的状态，如大小、形状、颜色等，但如果商品包装的颜色分布太杂、颜色面积太小或多种颜色的交替速度过快，人眼的分辨能力则受到影响，就会使所观察到的颜色与实际有所差别，如图 5-24 所示。

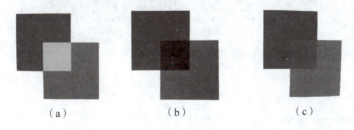

（a）　　　　　　　　　　（b）　　　　　　　　　　（c）

图 5-24　加色法（色光混合）、减色法（色料叠加）、中间混合（书后附彩插）
（a）加色法；（b）减色法；（c）中间混合

3）时序混色

将两种以上的颜色以 40～50 Hz 以上的交替频率作用于人眼，利用人眼的视觉惰性（视觉暂留）形成混色状态，这种混色称为时序混色，也叫时间混色，如图 5 – 25 所示。

半导体器件 LCOS 显示器就是利用时序混色实现彩色的。红绿蓝三基色组成光源，在时序时钟信号的作用下，配合 LCOS 芯片电路动作，依次产生红绿蓝色光脉冲，利用人眼的视觉惰性合成彩色。这样既减少了制作滤色膜的复杂工艺，又避免了滤色膜对光线的衰减，非常有利于提高显示器分辨率和亮度。

图 5 – 25　时间混色示意图
（书后附彩插）

4）空间混色

红绿蓝三个发光点，当它们互相靠得很近、人眼不能分辨时，这三个发光点便在人眼中产生混色效应。这主要在显示器上，如 LCD 彩色滤色膜上红绿蓝的线宽、线间距都在 10 μm 以下，在一定距离时，人眼无法辨别透过滤色膜的红绿蓝各个光束，只能看到混合后的彩色点。图 5 – 26 所示为人观察电视机画面的空间混色，亮度会变暗些。

图 5 – 26　电视机显示的空间混色（书后附彩插）

5）区域混色

把两种或两种以上的颜色点或色线非常密集地并置、交织在一起，在一定的视觉距离外，眼睛无法分辨颜色反射的光束，从而形成一种视网膜上区域性混合。这种混合也等同于空间混合，如图 5 – 27 所示。

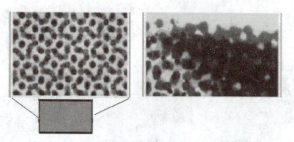

图 5 – 27　区域混色的效果图（书后附彩插）

4. 光的加色法（色光混合法）

加色法是色光与色光混合生成新色光的呈色方法。国际照明委员会（CIE）进行颜色匹配试验表明：当红、绿、蓝三原色的亮度比例为 1.000 0：4.590 7：0.060 1 时，就能匹配出中性色的等能白光，尽管这时三原色的亮度值并不相等，但 CIE 把每一原色的亮度值作为一个单位看待，所以色光加色法中红、绿、蓝三原色光等比例混合得到无彩色的白光。其表达式为 $(R) + (G) + (B) = (W)$。红光和绿光等比例混合得到黄光，即 $(R) + (G) = (Y)$；红光和蓝光等比例混合得到品红光，即 $(R) + (B) = (M)$；绿光和蓝光等比例混合得到青光，即 $(B) + (G) = (C)$，如图 5 – 28 所示。

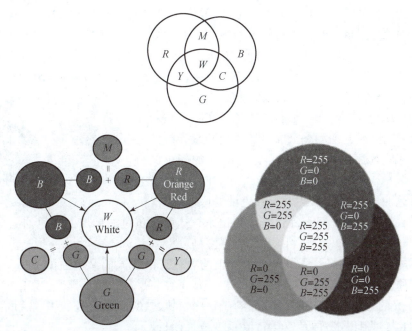

图 5 – 28 加色混色图

如果不等比例混合，则会得到更加丰富的混合效果，如黄绿、蓝紫、青蓝等。

从色光混合的能量角度分析，色光加色法的混色方程为

$$C(C) = R(R) + G(G) + B(B) \tag{5-21}$$

式中，C 为混合色光总量；(R)、(G)、(B) 为三原色的单位量；R、G、B 为三原色分量系数。此混色方程十分明确地表达了复色光中的三原色成分。

从人眼对色光物理刺激的生理反应角度分析，色光加色混合的数学形式为

$$C_\lambda = \vec{r}(R) + \vec{g}(G) + \vec{b}(B) \tag{5-22}$$

式中，C_λ 为混合色觉；为了匹配相等能量（简称等能）光谱色的三原色数量称为光谱三刺激值，用 $\vec{r}$、$\vec{g}$、$\vec{b}$ 表示，其值可能为负。

色光中的各色相混，如果比例不同、亮度不同、纯度不同会产生不同的色彩。彩色光可以被无彩色光冲淡并变亮，例如红光与白光相遇，所得的光是更加明亮的淡粉红色光。

自然界和现实生活中，存在很多色光混合加色现象。例如太阳初升或降落时，一部分色光被较厚的大气层反射到太空中，一部分色光穿透大气层到地面，由于云层厚度及位置不同，人们有时可以看到透射的色光，有时可以看到部分透射和反射的混合色光，使天空出现了丰富的色彩变化。

加色法中参加混合的每一种色光都具有一定的能量，这些具有不同能量的色光混合时，

可以导致混合色光能量的变化。色光直接混合时产生新色光的能量是参加混合的各色光的能量之和，如图 5-29 所示。

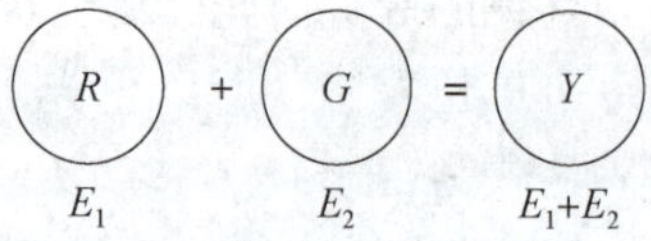

图 5-29　色彩混合能量叠加

5. 减色法（色料混合法）

1）色料混合原理

两种或两种以上的色料混合后会产生另一种颜色的现象叫色料减色法。色料的三原色是品红（M）、黄色（Y）和青色（C）。

色料三原色等量混合时，可得到 $C+M=B$、$C+Y=G$、$M+Y=R$、$C+M+Y=BK$，如图 5-30 所示，也可以用下面的色料配置方法得到新的颜色。具体如下：$Y+M+C=BK=M-R-G-B$（此为黑色）、$Y+M=R=W-G-B$（此为红色）、$M+C=B=W-R-G$（此为蓝色）、$Y+C=G=W-R-B$（此为绿色）。

如印刷三原色（CMY）：印刷的颜色，实际上是看到的纸张反射的光线，油墨是吸收光线，而不是光线的叠加，因此印刷的三原色就是能够吸收 RGB 的颜色的"青、品、黄（CMY）"，它们就是 RGB 的补色。把黄色油墨和青色油墨混合起来，因为黄色油墨吸收蓝光，青色油墨吸收红光，因此只有绿色光反射出来，这就是黄色油墨加上青色油墨形成绿色的道理。

图 5-30　色料减色法

在实际的印刷当中，无法得到一种纯正的黑色，由此人们又单独添加了一种黑油墨，因此印刷三原色就由原来的"青、品、黄"变成了"青、品、黄、黑"。"黑色"的英文为"black"，在光的三原色"RGB"中已经有了一个字母"B"，故此处的黑色就取了"black"的尾字母"K"，即印刷三原色（CMY）就变成（CMYK）。

印染的染料、绘画的颜料、印刷的油墨等色料的混合或透明色的重叠都属于减色混合。人们平时在绘画、设计、染色、粉刷中的色彩调和，都属减色法应用。

2）色光混合和色料混合比较

色光加色混合和色料减色混合的比较如表 5-6 所示。

表 5-6　色光加色混合和色料减色混合的比较

混合方法 / 比较项目	加色法	减色法
原色	色光	色料
三原色	红（R）、绿（G）、蓝（B）	黄（Y）、品红（M）、青（C）
原色与光谱关系	每一原色仅辐射一个光谱区色光	每一原色吸收一个光谱区色光，反射两个光谱区色光
色彩法则	$R+G=Y$、$B+R=M$、$G+B=C$、$R+B+G=W$	$M+Y=R$、$M+C=B$、$Y+C=G$、$M+C+Y=BK$
混合效果	新混合光的亮度为原色光的亮度，混合后亮度增加，能量增大，颜色艳丽	两原色叠合成新颜色的能量减少、亮度降低，颜色变暗，饱和度下降

续表

混合方法 比较项目	加色法	减色法
呈色方法	视觉器官以外加色混合、视觉器官以内加色混合、同时加色法、继时加色法、空间加色法	透明色料叠合呈色法、混合呈色法、网点呈色法
补色关系	补色光增加，越加越亮	补色料相加，越加越暗
用途	颜色的测量和匹配，彩色电视、电影、剧场照明、测色计	对彩色原稿的分色、彩色绘画、摄影、印染、染色、彩色印刷、颜色混合

6. 显色（减色）系统

颜色的显色系统（Color order system）是根据色彩的外貌，按直观颜色视觉的心理感受，将颜色进行有系统、有规律地归纳和排列；并给各色样以相应的文字和数字标记，以及固定的空间位置，做到"对号入座"的方法。它是建立在真实样品基础上的色序系统，是基于心理主观感觉。

如图 5-31 所示，用三维空间的立体来表示颜色的三属性即色相、明度和饱和度，用颜色的心理属性描述颜色的体系称为颜色感受空间几何模型等。目前有 HLS 心理三属性模型如孟塞尔（Munsell）HV/C 系统，R-G、Y-B 和 W-BK 感觉对立模型如自然颜色系统（NCS），双锥型模型、柱形模型、空间坐标模型和理想的颜色立方体模型等。

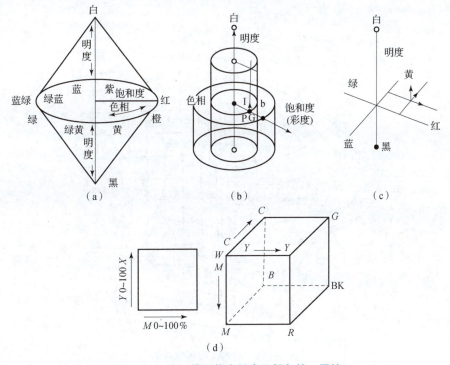

图 5-31　用三维立体空间表示颜色的三属性

（a）双锥体模型；（b）柱形模型；（c）空间坐标模型；（d）理想的颜色立方体模型

具体的表色系统有：孟塞尔表色系统、瑞典自然色系统、奥斯瓦尔德（Ostwald）表色系统、中国颜色体系、色谱、Pantone 色库、HSV、HLS 和 HIS 表色系等。

1）孟塞尔颜色系统

孟塞尔的颜色系统是用颜色立体模型表示颜色的方法。它是一个三维类似球体的空间模型，把物体各种表面色的三种基本属性色相、明度、饱和度全部表示出来，具体如图 5 – 32 所示。

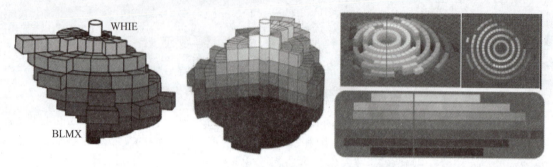

图 5 – 32　孟塞尔颜色立体图（书后附彩插）

（1）孟塞尔颜色立体图明度的表示（垂直方向）。

在孟塞尔颜色立体图中，中央轴代表色彩的明度，颜色越靠近上方，明度越大，最上方是白色（明度最大），最底部是黑色（明度最小）；垂直于中央轴的圆平面周向代表颜色的色相；在垂直于中央轴的圆平面上，距离中央轴越近的颜色彩度越小，反之越大，如图 5 –33 所示。

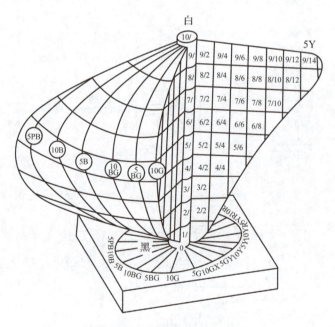

图 5 – 33　孟塞尔颜色立体图

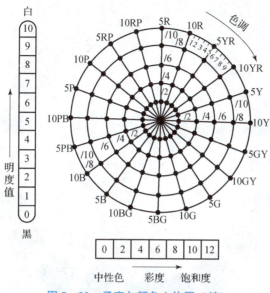

图 5 – 33　孟塞尔颜色立体图（续）

（2）孟塞尔体系中饱和度（Chroma，C，也叫彩度）的确定。

饱和度表示颜色离开相同明度值灰色的程度。从 0~20 按等视觉原则划分，用 2、4、6 等表示，具体如图 5 – 34、图 5 – 35 所示。

图 5 – 34　孟塞尔颜色体系饱和度的确定（书后附彩插）

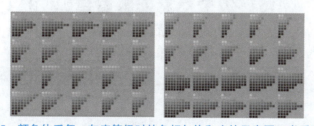

图 5 – 35　颜色体系每一灰度等级时的色相与饱和度的示意图（书后附彩插）

（3）孟塞尔系统表色法（HV/C 表色法）。

孟塞尔颜色板色彩表示方法：HV/C = 色相明度值/饱和度，H 为色调、V 为明度、C 为饱和度。图 5 – 36 中，红（R）、黄（Y）、绿（G）、蓝（B）、紫（P）等为 5 个主色调，在圆形色环中分成 5 个等距离的位置，每个相隔 72°，在 5 个主色调中间插入 5 个色调，YR、GY、BG、PB、RP 共计 10 个主色调，每个色调又分成 10 等份，形成 100 个刻度的色相环，叫作国际照明委员会色系。如 1R、2R、3R、…、10R，规定每种主要色调和中间色调的标号为 5.1 0 Y8/12，10 表示色相，Y8 表示明度，12 表示饱和度。如 7.5R6/4 表示色调为红，明度为 6，饱和度为 4 的淡灰红色。中性色表示方法：N5/，中性色的饱和度为 0 表示为 N5/0，N 表示中性色，5 为明度，饱和度为 0。XYZ 表色系与孟塞尔表色系的比较如表 5 – 7 所示。

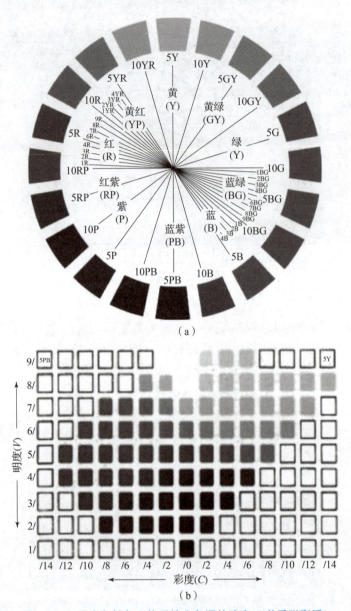

（a）

（b）

图 5 - 36　孟塞尔颜色立体系统中色调的确定（书后附彩插）

表 5 - 7　*XYZ* 表色系与孟塞尔表色系的比较

色名	*XYZ* 表色系			孟塞尔标号			
	基准值			基准值	允许色差范围		
	X	*Y*	*Z*	*HV/C*	Δ*H*	Δ*V*	Δ*C*
红	0.635 4	0.325 6	0.104 7	10R　4/15	+0.1　−2.5	+0.2　−0.4	±0.1
蓝	0.166 3	0.165 5	0.050 5	2.5PB 3/19	±2.5	+0.3　−0.2	+2　−1
黄	0.480 5	0.476 7	0.490 0	5.0Y　8/14	+0.2　−2	8 以上	±1

续表

色名	XYZ 表色系			孟塞尔标号			
	基准值			基准值	允许色差范围		
	X	Y	Z	HV/C	ΔH	ΔV	ΔC
绿	0.229 1	0.469 0	0.125 9	4C　4/9	+1　−0.5	+0.3　−0.1	+1.0　−1.5
白	0.318 7	0.332 5	0.867 6	N9.5		9 以上	
黑	0.330 0	0.330 0	0.001 0	N0.1		0.5 以下	

2）自然色彩系统 NCS

自然色彩系统（National Color System），简称 NCS，是以颜色视觉对立学说为基础用待测颜色与红、绿、黄、蓝、黑、白六个心理对立原色的相似度来表示该颜色的。图 5 − 37 所示为自然色彩系统的立体模型，图 5 − 38 所示为介于四个色彩基准色间的自然色彩，图 5 − 39 所示为白色、黑色和彩色之间叠加后的视觉色彩。

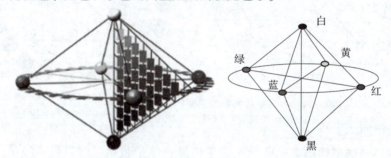

图 5 − 37　自然色彩系统的立体模型（书后附彩插）

图 5 − 38　介于四个色彩基准色间的
自然色彩（书后附彩插）

图 5 − 39　白色、黑色和彩色之间
叠加后的视觉色彩（书后附彩插）

3）奥斯特瓦尔德（Ostwald）表色系统

奥斯特瓦尔德表色立体模型如图 5 − 40 所示。

奥斯特瓦尔德色相环以黄、橙、红、紫、蓝、蓝绿、绿、黄绿为 8 个基本色相，每一个基本色相再分为三个色相，编成 24 色相环，从 1 号排列到 24 号，其中以第 2 个色相为该色的代表色，如图 5 − 41 所示。

奥斯瓦尔德的全部色块都是由纯色与适量的白黑混合而成的，其关系为

$$白量\ W + 黑量\ B + 纯色量\ C = 100 \tag{5 − 23}$$

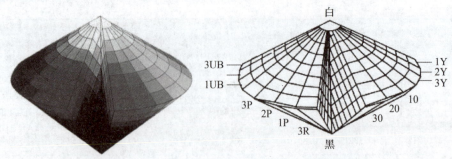

图 5 – 40　奥斯特瓦德表色系统立体模型（书后附彩插）

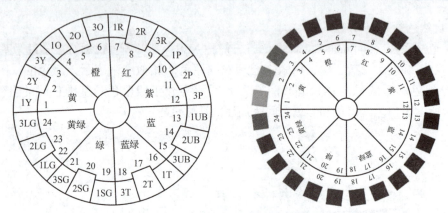

图 5 – 41　奥斯特瓦德表色系统色相环（书后附彩插）

4）中国颜色体系

中国颜色体系模型如图 5 – 42 所示。中国颜色体系包括：无彩色系和有彩色系。无彩色系由绝对白色及白色、绝对黑色和黑色、由白色和黑色两者按不同比例混合合成的灰色所组成，统称中性色。为一维的垂直轴，用 N 表示。其值范围为 0.0 ~ 10.0。

彩色系：由颜色三属性色调（色相）、明度和彩度组成。色相用 H 表示。色相环以红（R）、黄（Y）、绿（G）、蓝（B）、紫（P）5 色为主色，以相邻两主色的中间颜色为中间色，即红黄（YR）、黄绿（GY）、绿蓝（BG）、蓝紫（PB）、紫红（RP）5 色，共组成 10 个基本色。又在 10 种基本色的相邻色之间划分为 4 等份，因而共有 40 种色相。色调标号方式为数值 10→2.5→5→7.5→10，前一个 10 是本色调的起点 0，也是上一个色调的终点，后一个 10 是本色调的终点，也是下一个色调的起点 0，如图 5 – 43 所示。

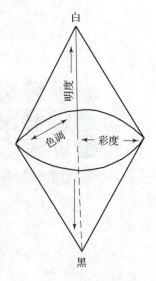

图 5 – 42　中国颜色
体系模型

彩度以符号 C 表示。彩度是区别颜色浓淡程度（饱和度）的一种颜色属性。相邻彩度之间在目视上是等距的。彩度以色立体的中心轴作为起点 0，随着色调环的扩大，彩度也随之趋大。以每隔 2 作为标记，即 0、2、4、6、8、…，如 2.5R 5/10，中性色为 N5，明度标尺及彩度标尺如图 5－44 所示。

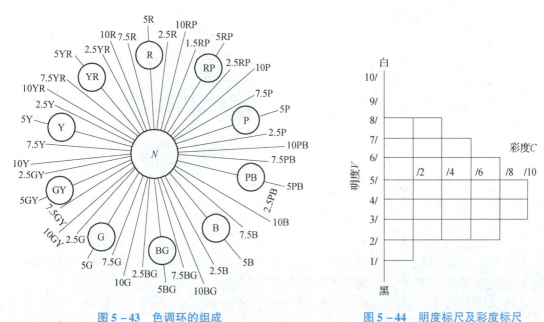

图 5－43 色调环的组成   图 5－44 明度标尺及彩度标尺

5）HSV/HSB 表色系

HSV（Hue Saturation Value）/HSB（Hue Saturation Brightness）表色系，如图 5－45 所示。借鉴 Munsell 表色系，从 CIE－RGB 变换而来。色调（H）、饱和度（S）、亮度（V）常用于图形图像处理。如最早期的 CRT（阴极射线管）彩色电视机彩色重现的色度学原理是显像三基色 R、G、B，RGB 荧光粉发出的非谱色光，白基准 NTSC 电视标准是 C 光源，PAL 电视标准是 D65 光源，色饱和的情况是：显像基色三角形的顶点和边上为 100% 重心处为 0。NTSC 选择荧光粉重现色域稍大，但光源选择红、绿基色发光效率高，利于重现引起美感的颜色。图 5－45（c）所示为当代的一些品牌手机的色域图。

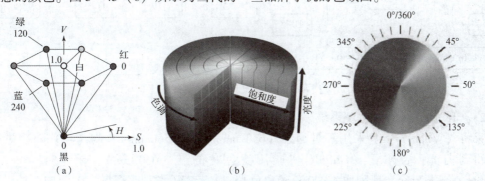

（a）   （b）   （c）

图 5－45 HSV 表色系立体空间色彩图（书后附彩插）

6）HLS 颜色空间系统

HLS（Hue Lightness Saturation），色调亮度和饱和度，图 5－46 所示为其立体模型。

7. 混色系统——CIE 标准色度系统

混色系统是根据色度学理论和实验证明任何色彩都可以由色光或色料三原色混合得到而建立。混色表色系统是基于心理感觉与物理量的对应关系构建的。

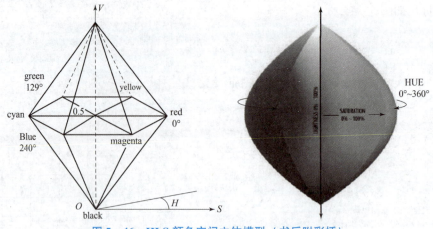

图 5 - 46　HLS 颜色空间立体模型（书后附彩插）

1）CIE 标准色度系统

CIE 标准色度系统：CIE 所规定的一系列颜色测量原理、条件、数据和计算方法称为 CIE 标准色度系统。CIE 色度系统以两组实验数据为基础。

（1）CIE 1931 标准色度观察者光谱三刺激值：适用于小于 4° 视场颜色测量；

（2）CIE 1964 补充标准色度观察者光谱三刺激值：适用于 4° ~ 10° 视场颜色测量。

所有的表色系统类型及相互之间的对应关系如图 5 - 47 所示。

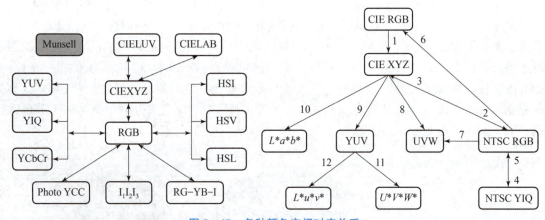

图 5 - 47　各种颜色空间对应关系

2）CIE 1931 - RGB 色度系统

莱特（Wright）实验采用等量的红（650 nm）、绿（560 nm）、蓝（460 nm）进行混合，得到白光；吉尔德（Guild）实验用滤色片的红（630 nm）、绿（542 nm）、蓝（460 nm）等量混合，匹配成 4 800 K 的白色光，二者实验的观察视场为 2° 以内，如果把三原色调整为 700 nm、546.1 nm、435.8 nm，且等量匹配出等能白光，则两人的实验结果一致，统一而成 CIE 1931 - RGB 系统。

在两人的实验数据基础上，通过转换得到 CIE 1931 三原色的三刺激值，并命名为 "CIE 1931 - RGB 系统标准色度观察者光谱三刺激值"，用 $\vec{r}(\lambda)$、$\vec{g}(\lambda)$、$\vec{b}(\lambda)$ 表示，具体数据如表 5 - 8 所示。

表 5 – 8　光谱三刺激值的数据

波长/nm	光谱三刺激值			色度坐标			波长/nm	光谱三刺激值			色度坐标		
	$\vec{r}(\lambda)$	$\vec{g}(\lambda)$	$\vec{b}(\lambda)$	$r(l)$	$g(l)$	$b(l)$		$\vec{r}(\lambda)$	$\vec{g}(\lambda)$	$\vec{b}(\lambda)$	$r(l)$	$g(l)$	$b(l)$
380	0.000 03	– 0.000 01	0.001 17	0.027 2	– 0.011 5	0.984 3	585	0.279 89	0.116 86	– 0.000 93	0.707 1	0.295 2	– 0.002 3
385	0.000 05	– 0.000 02	0.001 89	0.026 8	– 0.011 4	0.984 6	590	0.309 28	0.097 54	– 0.000 79	0.761 7	0.240 2	– 0.001 9
390	0.000 10	– 0.000 04	0.003 59	0.026 3	– 0.011 4	0.985 1	595	0.331 84	0.079 09	– 0.000 63	0.808 7	0.192 8	– 0.001 5
395	0.000 17	– 0.000 07	0.006 47	0.025 6	– 0.011 3	0.985 7	600	0.344 29	0.062 46	– 0.000 49	0.847 5	0.153 7	– 0.001 2
400	0.000 30	– 0.000 14	0.012 14	0.024 7	– 0.011 2	0.986 5	605	0.347 56	0.047 76	– 0.000 38	0.880 0	0.120 9	– 0.000 9
405	0.000 47	– 0.000 22	0.019 69	0.023 7	– 0.011 1	0.987 4	610	0.339 71	0.035 57	– 0.000 30	0.905 9	0.094 9	– 0.000 8
410	0.000 84	– 0.000 41	0.037 07	0.022 5	– 0.010 9	0.988 4	615	0.322 65	0.025 83	– 0.000 22	0.926 5	0.074 1	– 0.000 6
415	0.001 39	– 0.000 70	0.066 37	0.020 7	– 0.010 4	0.989 7	620	0.297 08	0.018 28	– 0.000 15	0.942 5	0.058 0	– 0.000 5
420	0.002 11	– 0.001 10	0.115 41	0.018 1	– 0.009 4	0.991 3	625	0.263 48	0.012 53	– 0.000 11	0.955 0	0.045 4	– 0.000 4
425	0.002 66	– 0.001 43	0.185 75	0.014 2	– 0.007 6	0.993 4	630	0.226 77	0.008 33	– 0.000 08	0.964 9	0.035 4	– 0.000 3
430	0.002 18	– 0.001 19	0.247 69	0.008 8	– 0.004 8	0.996 0	635	0.192 33	0.005 37	– 0.000 05	0.973 0	0.027 2	– 0.000 2
435	0.000 36	– 0.000 21	0.290 12	0.001 2	– 0.000 7	0.999 5	640	0.159 68	0.003 34	– 0.000 03	0.979 7	0.020 5	– 0.000 2
440	– 0.002 61	0.001 49	0.312 28	– 0.008 4	0.004 8	1.003 6	645	0.129 05	0.001 99	– 0.000 02	0.985 0	0.015 2	– 0.000 2
445	– 0.006 73	0.003 79	0.318 60	– 0.021 3	0.012 0	1.009 3	650	0.101 67	0.001 16	– 0.000 01	0.988 8	0.011 3	– 0.000 1
450	– 0.012 13	0.006 78	0.316 70	– 0.039 0	0.021 8	1.017 2	655	0.078 57	0.000 66	– 0.000 01	0.991 8	0.008 3	– 0.000 1
455	– 0.018 74	0.010 46	0.311 66	– 0.061 8	0.034 5	1.027 3	660	0.059 32	0.000 37	0.000 00	0.994 0	0.006 1	– 0.000 1
460	– 0.026 08	0.014 85	0.298 21	– 0.090 9	0.051 7	1.039 2	665	0.043 66	0.000 21	0.000 00	0.995 4	0.004 7	– 0.000 1
465	– 0.033 24	0.019 77	0.272 95	– 0.128 1	0.076 2	1.051 9	670	0.031 49	0.000 11	0.000 00	0.996 6	0.003 5	– 0.000 1
470	– 0.039 33	0.025 38	0.229 91	– 0.182 1	0.117 5	1.064 6	675	0.022 94	0.000 06	0.000 00	0.997 5	0.002 5	0.000 0
475	– 0.044 71	0.031 83	0.185 92	– 0.258 4	0.184 0	1.074 4	680	0.016 87	0.000 03	0.000 00	0.998 4	0.001 6	0.000 0
480	– 0.049 39	0.039 14	0.144 94	– 0.366 7	0.290 6	1.076 1	685	0.011 87	0.000 01	0.000 00	0.999 1	0.000 9	0.000 0
485	– 0.053 64	0.047 13	0.109 68	– 0.520 0	0.456 8	1.063 2	690	0.008 19	0.000 00	0.000 00	0.999 6	0.000 4	0.000 0
490	– 0.058 14	0.056 89	0.082 57	– 0.715 0	0.699 6	1.015 4	695	0.005 72	0.000 00	0.000 00	0.999 9	0.000 1	0.000 0
495	– 0.064 14	0.069 48	0.062 46	– 0.945 9	1.024 7	0.921 2	700	0.004 10	0.000 00	0.000 00	1.000 0	0.000 0	0.000 0
500	– 0.071 73	0.085 36	0.047 76	– 1.168 5	1.390 5	0.778 0	705	0.002 91	0.000 00	0.000 00	1.000 0	0.000 0	0.000 0
505	– 0.081 20	0.105 93	0.036 88	– 1.318 2	1.719 5	0.598 7	710	0.002 10	0.000 00	0.000 00	1.000 0	0.000 0	0.000 0
510	– 0.089 01	0.128 60	0.026 98	– 1.337 1	1.931 8	0.405 3	715	0.001 48	0.000 00	0.000 00	1.000 0	0.000 0	0.000 0
515	– 0.093 56	0.152 62	0.018 42	– 1.207 6	1.969 9	0.237 7	720	0.001 05	0.000 00	0.000 00	1.000 0	0.000 0	0.000 0
520	– 0.092 6	0.174 68	0.012 21	– 0.983 0	1.853 8	0.129 6	725	0.000 74	0.000 00	0.000 00	1.000 0	0.000 0	0.000 0
525	– 0.084 73	0.191 13	0.008 30	– 0.738 6	1.666 2	0.072 4	730	0.000 52	0.000 00	0.000 00	1.000 0	0.000 0	0.000 0
530	– 0.071 01	0.203 17	0.005 49	– 0.515 9	1.476 1	0.039 8	735	0.000 36	0.000 00	0.000 00	1.000 0	0.000 0	0.000 0
535	– 0.051 36	0.210 83	0.003 20	– 0.330 4	1.310 5	0.019 9	740	0.000 25	0.000 00	0.000 00	1.000 0	0.000 0	0.000 0
540	– 0.031 52	0.214 66	0.001 46	– 0.170 7	1.162 8	0.007 9	745	0.000 17	0.000 00	0.000 00	1.000 0	0.000 0	0.000 0
545	– 0.006 13	0.214 87	0.000 23	– 0.029 3	1.028 2	0.001 1	750	0.000 12	0.000 00	0.000 00	1.000 0	0.000 0	0.000 0
550	0.022 79	0.211 78	– 0.000 58	0.097 4	0.905 1	– 0.002 5	755	0.000 08	0.000 00	0.000 00	1.000 0	0.000 0	0.000 0
555	0.055 14	0.205 88	– 0.001 05	0.212 1	0.791 9	– 0.004 0	760	0.000 06	0.000 00	0.000 00	1.000 0	0.000 0	0.000 0
560	0.090 60	0.197 02	– 0.001 30	0.316 4	0.688 1	– 0.004 5	765	0.000 04	0.000 00	0.000 00	1.000 0	0.000 0	0.000 0
565	0.128 40	0.185 22	– 0.001 38	0.411 2	0.593 2	– 0.004 4	770	0.000 03	0.000 00	0.000 00	1.000 0	0.000 0	0.000 0
570	0.167 68	0.178 07	– 0.001 35	0.497 3	0.506 7	– 0.004 0	775	0.000 01	0.000 00	0.000 00	1.000 0	0.000 0	0.000 0
575	0.207 15	0.154 29	– 0.001 23	0.575 1	0.428 3	– 0.003 4	780	0.000 00	0.000 00	0.000 00	1.000 0	0.000 0	0.000 0
580	0.245 26	0.136 10	– 0.001 08	0.644 9	0.357 9	– 0.002 8							

（1）光谱三刺激值曲线。

CIE 1931 - RGB 标准色度观察者光谱三刺激值（匹配等能光谱色需要的三原色数量）曲线如图 5 - 48 所示。

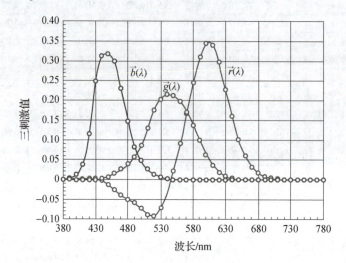

图 5 - 48　RGB 光谱三刺激值曲线

（2）光谱色度坐标。

色度坐标：等量的三原色各自在 $R + G + B$ 总量中的相对比例（记为 r、g、b），叫色度坐标，其中三原色的量 $R = G = B = 1$。某一特定颜色的色度坐标 r、g、b 的值如式（5 - 24）所示。由于 $r + g + b = 1$，只用 r、g 即可表示一个颜色，$C = (r, g, b)$。

$$\begin{cases} r = \dfrac{R}{R + G + B} \\[2mm] g = \dfrac{G}{R + G + B} \\[2mm] b = \dfrac{B}{R + G + B} = 1 - r - g \end{cases} \quad (5 - 24)$$

对应各光谱色的色度坐标如式（5 - 25）所示：

$$\begin{aligned} r(\lambda) &= \vec{r}(\lambda) / [\vec{r}(\lambda) + \vec{g}(\lambda) + \vec{b}(\lambda)] \\ g(\lambda) &= \vec{g}(\lambda) / [\vec{r}(\lambda) + \vec{g}(\lambda) + \vec{b}(\lambda)] \\ b(\lambda) &= \vec{b}(\lambda) / [\vec{r}(\lambda) + \vec{g}(\lambda) + \vec{b}(\lambda)] \end{aligned} \quad (5 - 25)$$

（3）色度图。

用色度坐标来标定一种颜色的空间位置的示意图叫作色度图。CIE 1931 - RGB 系统以色度坐标值 r、g 绘制的平面图称为 CIE 1931 - RGB 色度图，亦称麦克斯韦颜色三角形，如图 5 - 49 所示。现在国际上正式采用了麦克斯韦颜色三角形作为标准色度，如图 5 - 50 所示。

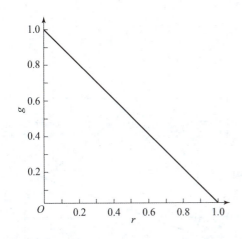
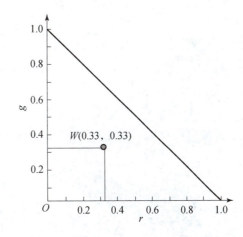

图 5 – 49　CIE 1931 – RGB 色度图　　　　图 5 – 50　CIE 1931 – RGB 标准白光的色度图

　　基色单位构成三维彩色立体空间，彩色表示为原点出发的向量，向量的方向表示色度，长度表示饱和度，麦克斯韦三角形位于 $r + g + b = 1$ 的色度图平面上，如图 5 –51 所示。

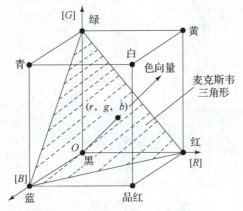

图 5 –51　麦克斯韦三色形色度图

8. CIE 1931 – XYZ 颜色系统

　　CIE 1931 – RGB 标准系统的光谱色色度坐标点的连线形成色度图曲线，如图 5 –52（a）所示。CIE 1931 – XYZ 色度图的特性有：色度图的中心为白点；光谱轨迹上的点代表不同波长的光谱色，是饱和度最高的颜色；越近中心，饱和度越低；围绕白点的不同角度，表示不同色相。两种颜色混合色的色品点在两颜色的连线上；两种颜色混合生成白光，这两种颜色为互补色，互为补色的两颜色色品点连线过白光点；马蹄形开口的直线不是光谱色，而是红和紫的混合色。

　　CIE 1931 – XYZ 色度图是根据 CIE 1931 – XYZ 系统坐标绘制而成的。根据颜色混合原理，用匹配某一颜色的三原色的比例来确定该颜色。CIE 1931 – XYZ 系统的颜色三角形中，色度坐标 x 相当于红原色的比例，y 相当于绿原色的比例，图 5 –52（b）所示为颜色三角形中心黑点 C 处是等能白光，由三原色各 1/3 产生，其色度坐标为：$x = 0.33$，$y = 0.33$，$z = 0.33$。

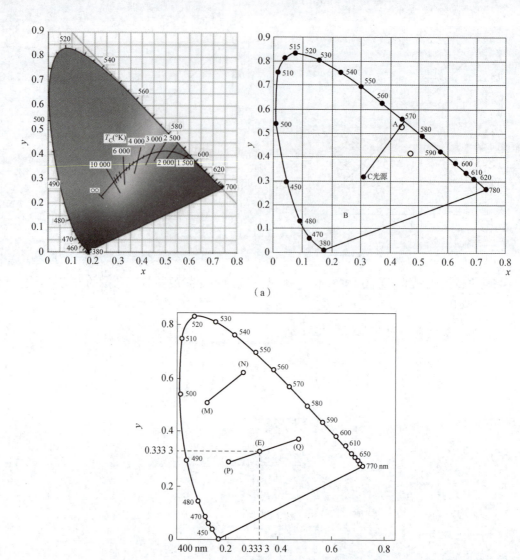

图 5-52　CIE 1931-XYZ 标准系统的光谱色度图
（a）CIE-XYZ 色度图；（b）XYZ 轨迹图

如图 5-53 所示，从色度图还可推算出两种颜色相混合所得出的各种中间色的主波长和饱和度。任何两个波长光相混合所得出的混合色或落在光谱轨迹上，或在光谱轨迹所包围的面积之内，而绝不会落在光谱轨迹之外。靠近长波末端 700～770 nm 的光波段具有一个恒定的色度值。光谱轨迹 380～540 nm 段是一条曲线，意味着在此范围内的一对光线的混合不能产生两者之间的位于光谱轨迹上的颜色，而只能产生光谱轨迹所包围面积内的混合色。光谱轨迹上的颜色饱和度最高，靠近 C 或等能白光的颜色饱和度最低。从光谱轨迹的一点通过等能白光或 C 点画一直线到对侧光谱轨迹上，直线与两侧轨迹的相交点就是一对补色的波长。

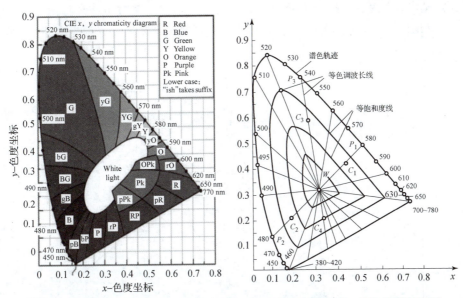

图 5 – 53　CIE 1931 – XYZ/1964 补充的色域图及等色调波长线、饱和度线示意图

9. CIE 1964 补充色度学系统

CIE 1931 – XYZ 标准色度系统的建立，以视场为 2° 的三色混合实验为基础，把视场扩大到 4° 以上时，由于视场的扩大和眼底视网膜的视杆细胞的参与，其颜色感觉发生变化。

在 1964 年新规定了 CIE 1964 补充标准色度系统色匹配函数值，用 $\bar{x}_{10}(\lambda)$、$\bar{y}_{10}(\lambda)$、$\bar{z}_{10}(\lambda)$ 表示，三原色光为 R（645.2 nm）、G（526.3 nm）、B（444.4 nm）。同样也可画出 CIE 1964 年补充色度系统色匹配函数曲线图。当视场在 1°~4°，用 CIE 1931 标准色度数据，当视场在 4°~10° 时，用 CIE 1964 补充标准色度系统数据，如图 5 – 54 所示。

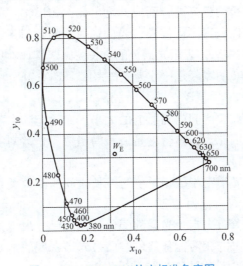

图 5 – 54　CIE 1964 补充标准色度图

10. CIE 1931 Yxy 数字表色方法

色度图中点的位置可以代表各种色彩的颜色特征。Yxy 表色方法：Y 既代表亮度（常称

亮度因素）又代表色度，x、y 是色度坐标。若要唯一地确定某颜色必须指出亮度特征，即 Y 的大小。光反射率 $\rho =$ 物体表面的亮度/入射光源的亮度 $= Y/Y_0$，光源亮度 $Y_0 = 100$，如图 5 − 55 所示。

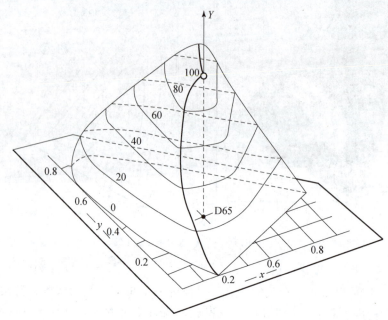

图 5 − 55   CIE 1931 Yxy 色度曲线模型

5.2.4 色彩的波长

一般的光源是不同波长的色光混合而成的复色光，如果将它的光谱中每种色光的强度用传感器测量出来，就可以获得不同波长色光的辐射能的数值，这种仪器称为分光辐射度计。若以 ϕ_e 表示光的辐射能，λ 表示光谱色的波长，则定义：在以波长 λ 为中心的微小波长范围内的辐射能与该波长的宽度之比称为光谱密度，即

$$\phi_e(\lambda) = \mathrm{d}\phi_e/\mathrm{d}\lambda(\mathrm{W/nm}) \tag{5 − 26}$$

光谱密度表示了单位波长区间内辐射能的大小。通常光源中不同波长色光的辐射能是随波长的变化而变化的，因此，光谱密度是波长的函数。光谱密度与波长之间的函数关系称为光谱分布。

在实用上更多的是以光谱密度的相对值与波长之间的函数关系来描述光谱分布，称为相对光谱能量（功率）分布，记为 $S(\lambda)$。

光源的相对光谱能量分布决定了光源的颜色特性。反过来说，光源的颜色特性取决于在发出的光线中不同波长上的相对能量比例，而与光谱密度的绝对值无关。光谱密度绝对值的大小只反映光的强弱，不会引起光源颜色的变化。

如图 5 − 56 所示，正午的日光有较高的辐射能，它除在蓝紫色波段能量较低外，在其余波段能量分布均匀，基本上是无色或白色的。荧光灯在 405 nm、430 nm、540 nm 和 580 nm 出现四个线状带谱，峰值在 615 nm，而后在长波段（深红）处能量下降，这表明荧光光源在绿色波段（550～560 nm）有较高的辐射能，而在红色波段（650～700 nm）辐射能减弱。白炽灯光源，它在短波蓝色波段，辐射能比荧光光源低，而在长波红色区间，有相对高的能量，因此白炽灯光总带有黄红色。红宝石激光器发出的光，其能量完全集中在一个很窄的波段内，大约为 694 nm，看起来是典型的深红色。在颜色测量计算中，为了使其测量结果标准化，就要采用 CIE 标准光源（如 A、B、C、D65 等）。CIE 标准光源将在下一小节介绍。

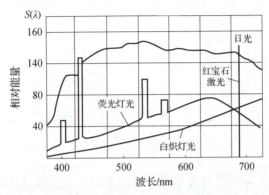

图 5 – 56　光源的相对光谱能量分布

5.2.5　色彩的色温

一定的光谱能量分布表现为一定的光色，对光源的光色变化用色温来描述。我们首先了解光源。

1. 光源

光源的种类繁多，大体上可分为自然光源和人造光源。最大的自然光源是太阳，人造光源有各种电光源和热辐射光源，如电灯光源、激光光源等。不同的光源，由于发光物质不同，其光谱能量分布也不相同。

1）光源类型

CIE 推荐了五种色度用标准照明体及相应的实现这些照明体的标准光源 A、B、C、D、E 和 D65。照明体是一种具有确定光谱功率分布的照明光，光源则是实在的物理辐射体。CIE 所以规定标准照明体是因为测色照明的关键是照明光的光谱功率分布，并且很少改变。而光源会随着技术进步不断更新，如图 5 – 57 所示。

标准照明物 A：具有热力学温度为 2 856 K 黑体的光谱功率分布。实现 A 照明体的光源是色温为 2 856 K 的溴钨灯，称作标准光源 A 或 A 光源。A 光源光能主要集中在红外线内，看起来不如太阳光白，带橙红色。

标准照明体 B：具有相关色温为 4 874 K 的中午直射日光的光谱功率分布，代表中午平均直射阳光，是黄色成分较多的日光。标准照明体 B 由标准光源 B 实现。标准光源 B 由 A 光源和杰布森（K. S. Gibson）– 戴维斯（R. Davis）液体滤光器构成。液体滤光器由装在透明玻璃槽中的 B1 和 B2 两种液体组成，液体的厚度为 1 cm，液体的配方如表 5 – 9 所示。

标准照明体 C：具有相关色温为 6 774 K 平均日光的光谱功率分布，有接近阴天天空光

129

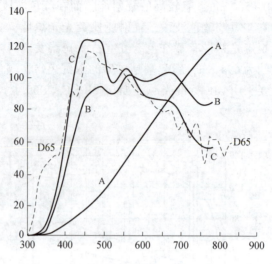

图 5 – 57　标准光源的光谱分布图

的颜色。标准照明体 C 由标准光源 A 和另一种杰布森 – 戴维斯液体滤光器构成。标准 C 光源近似于淡云天空的反射光，含蓝色成分多，曾被认为是较好的日光代表。液体滤光器由 C1、C2 两层各为 1 cm 厚的液层组成，C1 和 C2 装在透明玻璃槽中，其配方如表 5 – 9 所示。

表 5 – 9　液体的配方

成分 ＼ 液体	B1	C1
甘露糖醇/g	2.452	3.412
硫酸铜/g	2.452	3.412
吡啶/mL	30.0	30.0
蒸馏水加到/mL	1 000.0	1 000.0
硫酸钴铵/g	21.71	30.580
硫酸铜/g	16.11	22.520
硫酸（密度 1.835 g/mL）/mL	10.0	10.0

标准照明体 D65：色温为 6 504 K 典型日光的光谱功率分布更接近日光的紫外光谱成分，光波长范围是在 300～800 nm 的天然日光。D65 是 CIE 推荐优先使用的标准照明体。在试验室中用高压氙灯加滤光器、白炽灯加滤光器、荧光灯来模拟相当于 6 500 K 时的色温，可用作彩色电视机的标准光源。比较理想的是高压氙灯加滤光器类型，D65 光源光谱如图 5 – 58 所示。

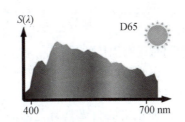

图 5 - 58　D65 光源光谱（书后附彩插）

标准照明体 D：代表除 D65 以外的所有典型日光，其中较重要的有 D55 和 D75 等，均用在特殊场合，这里不一一介绍。

标准 E 光源：是一种假想的等量白光，相当于色温 5 500 K，实际上是不存在，为简化色度学计算而假设的。标准光源的色度坐标如表 5 - 10 所示。

表 5 - 10　标准光源的色度坐标

光源	X	Y	Z
A	0. 447 6	0. 407 5	0. 145 0
B	0. 348 4	0. 351 6	0. 300
C	0. 310 1	0. 316 2	0. 373 7
D65	0. 313	0. 329	0. 358
E	0. 333 3	0. 333 3	0. 333 3

CIE 对四种不透明物体的观察条件示意图如图 5 - 59 所示。

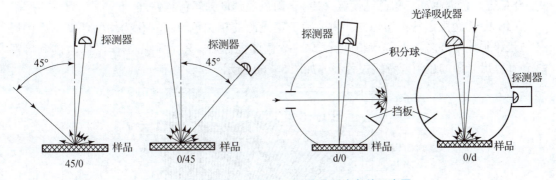

图 5 - 59　CIE 对四种不透明物体的观察条件示意图

2）光源的显色性与显色指数

光源的显色性是光源与参照标准相比较后对物体颜色外貌所产生的效果。白炽灯和日光是显色性最好的光源。待测光源下物体颜色与参照光源下物体颜色相符程度的度量。CIE 规定使用标准照片体 D 作为参照光源，将其显色指数定为 100，标准荧光灯的显色指数为 50；显色指数越高，显色性越好。

2. 色温的定义

色温是以温度的数值来表示光源颜色的特征，色温可定义为："当某一种光源的色度与某一温度下的绝对黑体的色度相同时绝对黑体的温度"。在人工光源中，只有白炽灯灯丝通电加热与黑体加热的情况相似。对白炽灯以外的其他人工光源的光色，用光源的色度与最相接近的黑体的色度的色温来确定光源的色温，这样确定的色温叫相对色温。

色温用绝对温度"K"表示，如正午的日光具有色温为 6 500 K，就是说黑体加热到 6 500 K时发出的光的颜色与正午的颜色相同。其他如白炽灯色温约为 2 600 K。表 5 – 11 所示为一些常见的光源色温。

表 5 – 11　常见的光源色温

光源	色温/K
晴天室外光	13 000
全阴天室外光	6 500
白天直射日光	5 550
45°斜射日光	4 800
昼光色、荧光灯	6 500
氙灯	5 600

色温是光源的重要指标，一定的色光具有一定的相对能量分布：当黑体连续加热，温度不断升高时，其相对光谱能量分布的峰值部位将向短波方向变化，所发的光带有一定的颜色，其变化顺序是红 – 黄 – 白 – 蓝。在彩电和显示器中常见的色温有 5 000 K、6 500 K、9 300 K 等。色温越高，颜色越偏蓝（冷），而色温越低，颜色越偏红（暖）。

CIE 1931 色度图的不均匀性，为准确确定光源的相关色温，转化为均匀色度图中的黑体轨迹，延伸出许多等温线。得知光源 u、v 色度坐标后，就可利用工作黑体轨迹和等温线，计算出光源的色温或者相关色温，如图 5 – 60 所示。

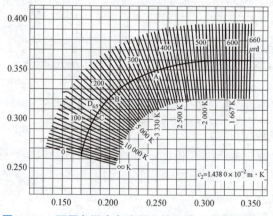

图 5 – 60　不同色温在色度图上的位置（书后附彩插）

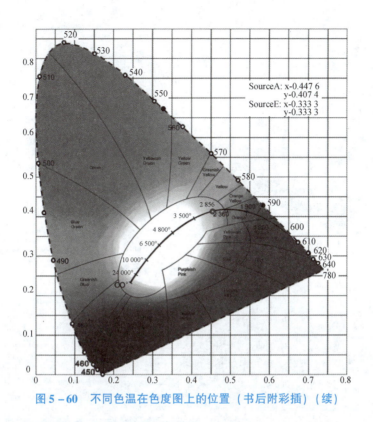

图 5 - 60　不同色温在色度图上的位置（书后附彩插）（续）

5.2.6　显示色彩的色域表示

色域就是在颜色系统中可以显示的颜色范围。色域值就是显示器可以显示的红绿蓝三原色的色度坐标构成的三角形面积与标准的色彩空间规定的红绿蓝三原色的色度坐标构成的三角形面积的比值，一般用百分率表示。

CIE 1931 - XYZ 色度图中，马蹄形范围内涵盖了所有可能有的色彩，但人眼和显示器是无法完全显示的。所以，科学家根据人眼实际的可分辨色彩，制定了相对小的色彩空间，主要有 sRGB、Adobe RGB 和 NTSC 等三个标准色彩空间。

sRGB 色彩空间是惠普与微软一起开发的用于显示器、打印机以及因特网的一种标准 RGB 色彩空间。sRGB 定义了红色、绿色与蓝色三原色的颜色，即在其他两种颜色值都为零时该颜色的最大值，如图 5 - 61 所示。

Adobe RGB 色彩空间是由美国以开发 Photoshop 软件而闻名的 Adobe 公司推出的色彩空间标准，它拥有宽广的色彩空间和良好的色彩层次表现，与 sRGB 色彩空间相比，它还有一个优点：就是 Adobe RGB 还包含了 sRGB 所没有完全覆盖的 CMYK 色彩空间，如图 5 - 62 所示。

NTSC 是 National Television Standards Committee 的缩写，意思是"（美国）国家电视标准委员会"。NTSC 负责开发了一套美国标准电视广播传输和接收协议，如图 5 - 63 所示。

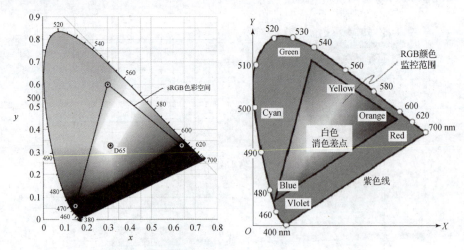

图 5－61　sRGB 色彩空间

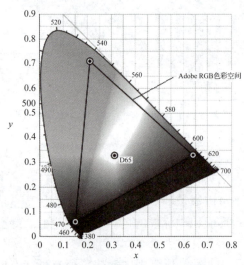

图 5－62　Adobe RGB 色彩空间

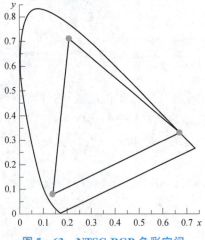

图 5－63　NTSC RGB 色彩空间

图 5－64（a）所示为 PAL 制式电视、NTSC 制式电视与 iPone 4 显示色域图，图 5－64（b）所示为四种手机的色域图。

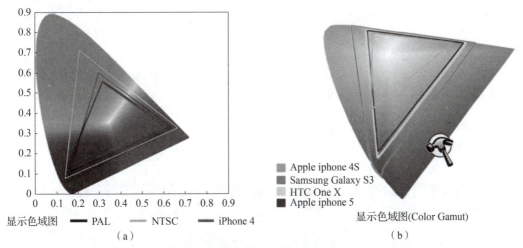

显示色域图　■ PAL　　■ NTSC　　■ iPhone 4

（a）

Apple iphone 4S
Samsung Galaxy S3
HTC One X
Apple iphone 5

显示色域图(Color Gamut)

（b）

图 5－64　显示色域图和四种手机的色域图（书后附彩插）
（a）显示色域图；（b）四种手机的色域图

5.3　常用的光度学和色度学测量仪器

5.3.1　照度计

照度计用于测量照度，其工作原理如图 5－65（a）所示，当光线射到硒光电池表面时，入射光透过金属薄膜到达半导体硒层和金属薄膜的分界面上，在界面上产生光电效应。产生的光生电流的大小与光电池受光表面上的照度有一定的比例关系。

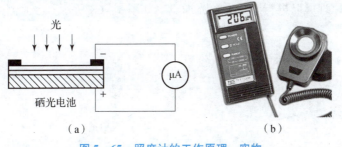

光

硒光电池

μA

（a）　　　　　　　　　　　（b）

图 5－65　照度计的工作原理、实物
（a）工作原理；（b）实物

5.3.2　亮度计

亮度计用于亮度测量。亮度测量原理如图 5－66 所示。

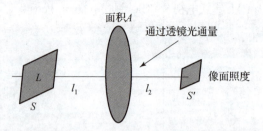

图 5 - 66　亮度计测量原理

5.3.3　积分球

积分球主要用于测量光辐射、材料反射透射特性、构建特殊光源等，这是利用光能被积分球内壁材料漫反射来工作的。如图 5 - 67 所示，B 点的照度为

$$E = E_1 + \frac{\Phi}{4\pi R^2} \cdot \frac{\rho}{1 - \rho}$$

在 S 光源和 B 点之间设置遮挡，令 $E_1 = 0$，则 $E_B \propto \Phi$。

（a）　　　　　　　　　　　　（b）

图 5 - 67　积分球示意图和实物

（a）示意图；（b）实物

1. 测量光源光通量

利用积分球原理可以进行测量光源光通量，如图 5 - 68 所示。

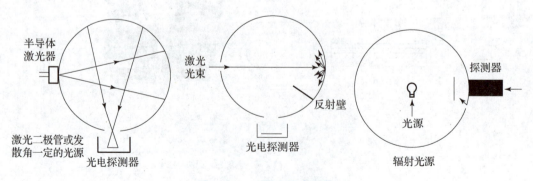

图 5 - 68　测量光源光通量

2. 建立特殊的辐射源

建立各种辐射源的原理如图 5 – 69 所示。

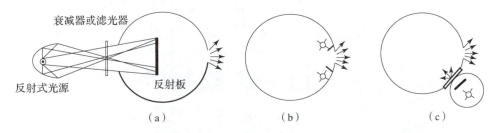

图 5 – 69　建立各种辐射源的原理

（a）均匀辐射源；（b）宽频均匀辐射源；（c）特定光谱分布的均匀辐射源

3. 测量光损失、透过率或反射率

测量光损失、透过率或反射率的原理如图 5 – 70 所示。

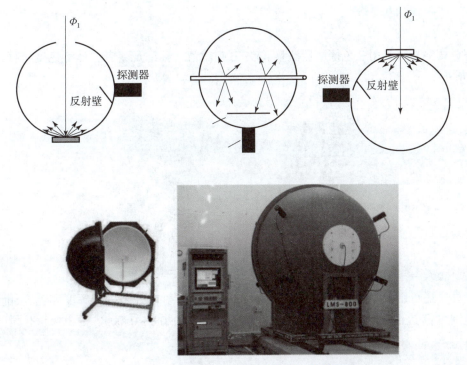

图 5 – 70　测量光损失、透过率或反射率的原理

5.3.4　光谱仪

光谱仪用来测量辐射源光谱，利用色度计算方法计算刺激值和色度坐标，就可实现测量辐射源光谱辐射分布，如图 5 – 71 所示。

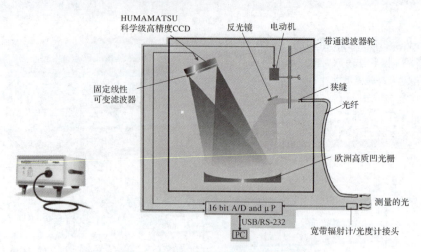

图 5-71 光谱仪测量辐射源光谱

5.3.5 三色探测器

积分式测量：利用三色探测器测量 XYZ 三刺激值，标准观察者，计算色度坐标，如图 5-72 所示。

图 5-72 三色探测器探测 XYZ 三刺激值

此外，还可用一些厂家生产的色彩辉度计、分光散射计等来进行辉度和色度测量，其测量范围可高达 $1 \sim 1.2 \times 10^7$ cd/m² 。色度精度可达 0.03 ± 0.005 ，$\pm 3\%$ 等不同的精度等级。

 本章小结

1. 辐射度量：辐射能、辐射通量、辐射强度、辐射出射度、辐射亮度、辐射照度。

2. 光度量：光能量、光亮度、光照度、光强度、光出射度。

3. 光谱密度：$\varphi_e(\lambda) = \mathrm{d}\varphi_e / \mathrm{d}\lambda \,(\mathrm{W/nm})$ 。

4. 光谱视见函数：人眼对各种波长的光的平均相对灵敏度，分为明视觉光谱视见函数和暗视觉光谱视见函数。

5. 最大光谱光视效能：$K_m = 683\,(\mathrm{cd} \cdot \mathrm{sr})/\mathrm{W} = 683\ \mathrm{lm/W}$ 。

6. 光源的发光效率：$\eta = \dfrac{\Phi_v}{\Phi_e} \approx \dfrac{\Phi_v}{P}$。

7. 视锥细胞与视杆细胞：视锥细胞能分辨物体的颜色，视杆细胞能分辨物体的形状。

8. 视锥细胞一般分为感红、感绿和感蓝三种。

9. 色彩三基色：红、绿、蓝。

10. 色彩三属性：色相、明度和饱和度。

11. 眼睛形成色彩感觉传输的途径：光源、彩色物体、眼睛和大脑。

12. 色彩的混合方法。

13. 色彩的波长与色彩的色调或能量的关系：波长不同决定了光的色调不同；波长相同能量不同，则决定了色彩明暗的不同。

14. 色温：当某一种光源的色度与某一温度下的绝对黑体的色度相同时绝对黑体的温度，色温用绝对温度"K"表示。

15. 色彩的色域：在颜色系统中可以显示的颜色范围。

16. 标准光源类别：A、B、C、D、E、D65。

17. 常用的光度学和色度学的测量仪器有照度计、亮度计、积分球、光谱仪、三色探测器。

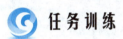 **任 务 训 练**

任务 5.1　色光加色混色实验

1. 实验目的

（1）进一步理解颜色匹配实验的过程并掌握其原理。

（2）理解色光加色的呈色原理。

（3）能够正确进行颜色的调配。

（4）理解三刺激值和色品坐标的意义，并且能够根据给定的三刺激值计算色品坐标。

2. 实验设备及材料

计算机、Photoshop 软件、预设待匹配 PSD 文件。

3. 实验原理

模拟颜色匹配实验，即调节文件中下方色块的 R、G、B 值来混合形成待测光色（上方色块）。当视场中两部分光色相同时，视场中的分界线会消失，两个色块合二为一，近似认为混合色（下方色块）与待匹配色（上方色块）达到颜色匹配。

4. 实验步骤

（1）打开预定 PSD 文件。

（2）通过"图像→调整→通道混合器"来调节 R、G、B 的数值，使图像文件中上下两个色块的分界线在视觉上消失，可近似认为达到色匹配。

（3）通过工具箱里的"颜色取样器工具"分别在上下两个色块进行颜色取样，并记录此时两个色块的三刺激值于表 5-12 中。

（4）根据三刺激值分别计算色品坐标，并填表5-12。

表5-12　三刺激值及色品坐标

分类	三刺激值			色品坐标		
	R	G	B	r	g	b
待匹配色（上色块）						
混合色（下色块）						

任务5.2　色料减色混色实验

1. 实验目的

（1）进一步理解色料减色法的呈色机理。

（2）能够正确使用工具取用油墨。

（3）能够运用色料中的三原色进行正确的颜色调配，根据基本配色方案调配出尽可能多的间色与复色。

2. 实验设备及材料

调色台，青、品红、黄色油墨，墨铲，玻璃片，玻璃棒，有机溶剂（清洗油墨）。

3. 实验原理

色料减色法：色料从白光中选择性吸收其补色光，而由剩余的色光经过纸面反射后综合形成混合色。

基本配色方案：$Y + M = R$

$$M + C = B$$
$$Y + C = G$$
$$Y + M + C = BK$$

4. 实验步骤

（1）用墨铲取原色油墨适量，分别置于实验用玻璃片。

（2）用玻璃棒以不同配比调和原色油墨，使其呈现出不同颜色，观察混合色随原色比例不同而呈现不同色彩的变化规律。

（3）记录实验中由基本配色方案衍生出的其他配色方案，如表5-13所示。

油墨型号：　　　　　　　　　　生产厂家：

出厂日期：　　　　　　　　　　调墨日期：

表5-13　配色方案

$Y + M = R$	$M + C = B$	$Y + C = G$	$Y + M + C = BK$

习题

1. 一般钨丝白炽灯各方向的平均发光强度大约和灯光的辐射功率相等，问灯光的发光效能有多大？

2. 有一直径 20 cm 的球形磨砂灯泡，各方向均匀发光，其光视效能为 15 lm/W，若在灯光正下方 2 m 处的光照度为 30 lx，则该灯泡的功率为多大？灯泡的光亮度为多大？

3. 用一个 250 W 溴钨灯作为 16 mm 电影放映机的光源，光源的光视效能为 30 lm/W，灯丝的外形面积为 5×7 mm^2，可近似看作一个两面发光的发光面，采用第一种照明方式。灯泡的后面加有球面反光镜，使灯丝的平均亮度提高 50%，银幕宽度为 4 m，放映物镜的相对孔径为 1：1.8，系统的透过率 $T = 0.6$，求银幕光照度（16 mm 放映机的光片为 10 mm × 7 mm）。

4. 一房间长 5 m、宽 3 m、高 3 m，设有一均匀发光的灯悬挂在天花板中心照射房间，其发光强度为 60 cd，离地面 2.5 m，求：（1）在灯正下面的地板上的光照度是多少？（2）在房间角落的地板上的光照度为多少？

5. 颜色的表示方法可分成三类_____、_____、_____。

6. 将颜色进行有系统、有规律地排列，并给每个颜色一个标记的表色方法称为_____。

A. 习惯法　　　　　　　　　　　　B. 显色系统表示法

C. 混色系统表示法　　　　　　　　D. CIE 系统表示法

7. 以_____能混合出各种色彩，以_____为出发点建立的表色系统叫混色系统。

8. 属于混色系统的是_____。

A. 孟塞尔表色系统　　　　　　　　B. 自然色系统

C. 印刷用的色谱　　　　　　　　　D. CIE 标准色度系统

9. 不属于混色系统的优点的是_____。

A. 以数表色　　　　　　　　　　　B. 可表示的颜色无限

C. 可用仪器测量　　　　　　　　　D. 色样直观

10. 将两种颜色调节到_____相同的过程叫颜色匹配，任意一种光色可以通过_____匹配得到，它们分别是_____、_____、_____。

11. 达到与待测色匹配时所需的三原色的数量称为_____，记为_____。

12. 三刺激值相同的颜色，其外貌_____。

A. 一定相同　　　　　　　　　　　B. 不一定相同

C. 肯定不同　　　　　　　　　　　D. 与其他条件有关

13. 匹配等能光谱色所需的三原色数量称为_____，记为_____。

14. 关于光谱三刺激值的意义下面说法错误的是_____。

A. 它的数值反映人眼的视觉特性

B. 是色度计算的基础

C. 已知各单色光的光谱三刺激值，可计算混合色光的三刺激值

D. 是显色表示系统的基础

15. 红色分量的色品坐标是_____在_____总量中所占的比例。

16. 一个颜色的红、绿、蓝分量的色品坐标之和_____。

A. 大于 1　　　　　B. 大于 3　　　　　C. 等于 1　　　　　D. 等于 3

17. 匹配标准白光时的三原色色光数量都确定为一个单位，此时_____。

A. $R = G = B = 1$ B. $R = G = B = 3$

C. $R = G = B < 1$ D. R、G、B 不相等

18. CIE 是_____的简称，CIE 标准色度系统规定了的一系列_____原理、条件、数据和计算方法。

19. CIE 色度系统以两组实验数据_____和_____标准色度观察者光谱三刺激值为基础。

20. _____适用于 1°~4° 视场颜色测量，_____适用于大于 4° 视场颜色测量，这两组光谱三刺激值必须在_____条件下使用。

21. CIE 三原色光是_____。

A. $R = 700$ nm，$G = 600$ nm，$B = 650$ nm

B. $R = 700$ nm，$G = 300$ nm，$B = 435.8$

C. $R = 700$ nm，$G = 546.1$ nm，$B = 435.8$ nm

D. $R = 500$ nm，$G = 400$ nm，$B = 500$ nm

22. 在_____视场下，用_____匹配等能光谱所需的 RGB 三刺激值称为 CIE 1931 - RGB 系统标准色度观察者光谱三刺激值。

23. 匹配 500 nm 左右的等能光谱时，红刺激出现负值，这说明_____。

A. 三原色光中的红原色光要减少

B. 三原色光中的红原色光要加强

C. 要减少所匹配光谱色光的红色成分

D. 将一定量的红色加到光谱色中去

24. 所有_____的色品点组成的扁马蹄形轨迹称为光谱轨迹，CIE 1931 - RGB 系统的_____和_____出现负值。

25. 已知某颜色样品色度坐标为 $X = 0.392$，$y = 0.324\ 4$，Y 刺激值为 30.05，试求颜色样品 X、Y、Z 刺激值。

第6章

典型光学系统

🌀 知识目标

1. 了解典型光学系统，如眼光学、放大镜、显微镜、望远镜、目镜、摄影系统等。
2. 掌握典型光学系统，如眼光学、放大镜、显微镜、望远镜、目镜、摄影光学系统的结构、成像原理。
3. 掌握各种典型光学系统的技术参数及光阑在这些系统中的设置方法等应用。
4. 了解各种类型的光学系统及其类型及特点。

🌀 技能目标

1. 能画出眼睛成像系统、放大镜成像系统、显微镜成像系统、望远镜、目镜成像系统及摄影系统的成像光路原理图。
2. 能对以上光路系统的光学参数进行简单计算。
3. 能够利用光学软件进行光路结构参数搭建。
4. 能举例说明并对实际成像光路进行分析。
5. 能对光路成像系统的成像质量有所了解。

🌀 素质目标

1. 通过分享中国天眼之父南仁东的励志故事，教育学生学习他的爱国主义情怀，学习他不怕困难、坚守梦想的精神。
2. 通过向大国工匠学习，培养学生坚毅执着的科学精神和无私奉献的高尚品格。

先导案例：眼球成像时，人眼的近视和远视形成的原理是什么？近视如何矫正？远视如何矫正？

人的正常眼和非正常眼如图 6 − 1 和图 6 − 2 所示。

常用的典型光学系统有目视光学仪器（助视），主要起到帮助人眼观察近处微小物体或远处物体，如放大系统、显微镜系统和望远系统；摄影及投影光学仪器，主要在屏上得到 1 个缩小或放大的像，如照相机、幻灯机；分光仪器，主要起分光作用，如分光镜、摄谱仪、单色仪等。

实际的目视光学仪器如显微镜、放大镜、望远镜、照相机等都要配合人眼使用，以扩大人眼的视觉能力。

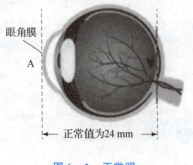

图 6 – 1　正常眼

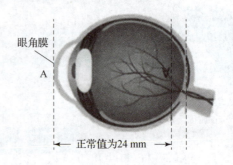

图 6 – 2　非正常眼

6.1　人眼及其光学系统

6.1.1　眼睛的生理结构与参数

1. 眼球的结构

眼球结构外形与内部结构如图 6 – 3 所示，详细可见第 5 章节所述。

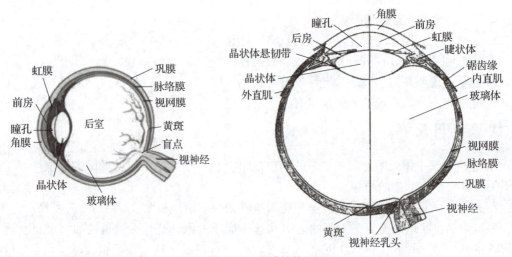

图 6 – 3　眼球结构

2. 眼球的成像过程

　　人眼是一个共轴光学系统，观察物体时，物体上的光线先经过角膜、前房水、瞳孔、晶状体、后房液，最后到达眼底视网膜上，成清晰的像。在成像过程中，眼睛如同一只自动变焦和自动改变光圈大小的照相机，从光学角度看，眼睛的角膜晶状体对应照相机中的镜头、虹膜与瞳孔相当于孔径光阑、视网膜如同底片或成像接收器。眼睛视物成像过程如图 6 – 4 所示。

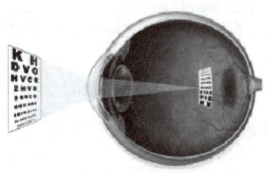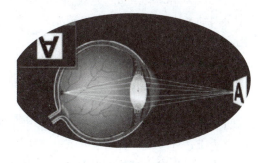

图 6 - 4　眼睛视物成像过程

人眼视轴，是黄斑中心与眼睛光学系统像方节点的连线。眼球的转动，使视轴对准观察物体并成像于黄斑为中心的一个区域上，视细胞受到光的刺激而产生视觉信息，通过视神经传递到大脑，从而产生最清晰视觉。眼睛对物体的成像是实物成实像，所以视网膜上的像始终是倒像，在神经系统和大脑的作用下，人的感觉像是正立的。

人观察物体时，有一定的视场（角）范围，其视场角度在水平方向上可以达到 150°，在垂直视场角可以达到高水平 130°，左右可达 70° 左右，最清晰的视场范围是在视轴周围 6°~8°。

人眼结构参数和主要光学参数如表 6 - 1 所示。

表 6 - 1　人眼结构参数和主要光学参数

参数名称	参考值	参数名称	参考值
光焦度	58.63D	瞳孔直径	2~8 mm
空气中的焦距	17.1 mm	眼球直径	24 mm
角膜前表面半径	7.8 mm	角膜折射率	1.376
晶状体的前表面半径	10.1 mm	前室折射率	1.336
晶状体的后表面半径	-6.1 mm	后室折射率	1.337
对应视网膜的视场角	水平 150°、垂直 130°	晶状体折射率	1.373~1.42
对应黄斑的视场角	6°	最敏感波长	555 nm

6.1.2　眼睛的调节和适应

人眼要看清远近的物体，也能明辨明暗环境下的物体，这种自动调节叫人眼调节，主要靠睫状肌的收缩和晶体的固有弹性来实现的。人眼的调节主要有两种类型：瞳孔调节和视度调节。

1. 瞳孔调节

1）瞳孔

人眼的瞳孔是虹膜的中心圆孔，瞳孔可以自动调节直径大小来控制进入眼睛的光通量，直径变化范围是 2~8 mm。光线较强、光亮度高时虹膜收缩，瞳孔变小到 2 mm；光线暗时，瞳孔变大到 8 mm，进入眼睛的光能多。瞳孔的调节，人眼能够感受很大范围的光亮度的变化。

2）明适应和暗适应

眼睛能适应不同亮暗环境的能力称为适应，这种适应由人眼的瞳孔自动增大或缩小完成。适应可分为明适应和暗适应。

明适应发生在由暗处到亮处时，会产生瞬间炫目现象，瞳孔自动缩小，导致进光量少，明适应适应过程较快，几分钟即可，但敏感度大大降低。

暗适应发生在由亮处到暗处时，开始眼睛眼前一片漆黑，瞳孔自动增大并伴随着暗适应过程的逐渐完成，进入眼睛的光能量增加，眼睛适应于感受微弱的光能，眼睛的敏感度也相应地提高，眼睛适应了暗环境才能看清周围的环境。

当人眼适应完成后，人眼瞳孔直径随所处的环境光亮度值有一对应值，表 6-2 给出不同亮度条件下，人眼适应后瞳孔直径的平均取值，设计目视光学系统时要考虑环境与人眼瞳孔之间的大小配合。

表 6-2 不同亮度适应时所对应的瞳孔直径

适应视场亮度/(d·m^{-2})	10^{-5}	10^{-3}	10^{-2}	0.1	1	10	10^2	10^3	2×10^4
瞳孔直径/mm	8.17	7.8	7.44	6.72	5.66	4.32	3.04	2.32	2.24

2. 视度调节

眼睛通过自动改变晶状体曲率达到调焦用以看清不同距离物体的过程，称为眼睛的调节。

假定人眼能看清的物面位置到人眼的距离为 l，这距离的倒数称为视度，用 SD 来表示，单位为屈光度，符号为 D，具体计算公式为

$$SD = \frac{1}{l}\left(1\text{ 屈光度} = \frac{1}{m}\right) \tag{6-1}$$

眼镜的度数是对应视度数值×100。

正常眼当肌肉完全放松时眼睛看远处物体，能看清的最远的点叫远点；当肌肉收缩时，眼睛看近处时能看清最近的点叫近点。正常眼所能看到的远点在极远处，近点在距离眼睛约 10 cm 处。设远点（far point）距离 l_r，近点（near point）距离 l_p，则远点和近点的视度分别表示为

$$R = \frac{1}{l_r}, \quad P = \frac{1}{l_p} \tag{6-2}$$

远点视度与近点视度的差就是人眼调节的范围或者叫人眼的调节能力，用符号 $\bar{A}$ 表示，其单位为屈光度（D），即

$$\bar{A} = R - P \tag{6-3}$$

不同的人眼睛的特点不同，所以近点与远点均会有差异。随着年纪的增长，人眼的调节能力会随着年龄的增长慢慢变差，远点、近点都会有所变化。表 6-3 所示为不同年龄段的眼睛的调节能力情况。

表6-3　不同年龄段的眼睛的调节能力情况

年龄	近点距/cm	P/D	远点距/cm	R/D	$\overline{A} = R - P$/D
10	−7	−14	∞	0	14
20	−10	−10	∞	0	10
30	−14	−7	∞	0	7
40	−22	−4.5	∞	0	4.5
50	−40	−2.5	∞	0	2.5
60	−200	−0.5	200	0.5	1
70	100	1	80	1.25	0.25
80	40	2.5	40	2.5	0

3. 明视距离

正常视力的眼睛在正常照明（50 lx）下的习惯工作距离为250 mm，这个距离人眼看物体最舒服，称为明视距离。

6.1.3　眼睛的视力缺陷与校正

1. 眼睛的正常眼与非正常眼

1）正常眼

正常人眼睛在眼肌完全放松的状态时，能够看清无限远处的物体，也就是远点是在无限远的眼是正常眼，此时人眼光学系统的像方焦点正好与视网膜重合，如图6-5所示。

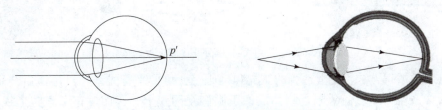

图6-5　正常眼看远处物体和看近处物体

(a) 看远处物体；(b) 看近处物体

2）非正常眼

如果人眼眼肌完全放松时的像方焦点与视网膜不重合，远点不在无限远处，则说明人眼有了视力缺陷，为非正常眼。最常见的视力缺陷有近视眼、远视眼和散光眼，有的视力缺陷是由近视眼带有散光，有的是远视眼伴随着散光。

2. 近视眼与矫正

近视眼：就是其远点在眼睛前方有限距离处（$l_r < 0$）。近视眼眼球前后径太长，大于正常眼睛的24 mm，像方焦点位于视网膜的前面，在视网膜上形成弥散圆斑，如图6-6所示。

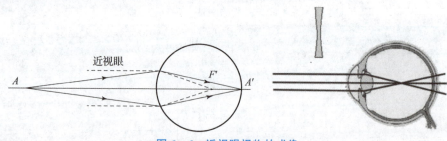

图 6 – 6   近视眼视物的成像

近视眼的矫正方法：配上适当的负光焦度眼镜，可使无限远物体经过负光焦度透镜发散，再经过眼睛的成像系统，最终成像于眼睛的视网膜上，从而矫正了近视的缺陷，如图 6 – 7 所示。

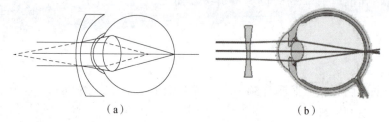

（a）   （b）

图 6 – 7   近视眼的矫正
（a）近视眼矫正前；（b）近视眼矫正后

3. 远视眼与矫正

远视眼：就是其远点在眼睛之后（$l_r > 0$），近点在明视距离以外，即近点变远，像方焦点位于视网膜之后，如图 6 – 8 所示。

图 6 – 8   远视眼看远处物体和近处物体

远视眼的矫正方法：配上适当的正光焦度眼镜，可使平行光线经过透镜后会聚，再通过眼睛成像系统，即可使无限远物体成像于眼底视网膜上，因而矫正了眼睛远视的缺陷，如图 6 – 9 所示。

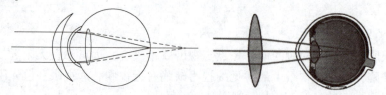

图 6 – 9   远视眼矫正佩戴凸透镜

4. 散光眼及矫正

1）散光眼定义

散光眼：散光是角膜或水晶体（两表面）不对称的非球面造成的，此时，平行光线经眼屈光系统折射后，形成一前一后的两条焦线，成像为最小弥散圈，视物重影和不清晰，像散导致不同方向的线条不能同时看清，在眼底形成多个像点或像面，如图 6 – 10 所示。

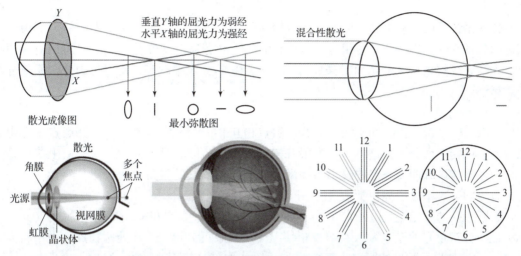

图 6 – 10　散光眼成像原理和眼睛视物成像结果

2）散光分类

散光分为不规则散光和规则散光（下面简称散光）两大类。根据两条焦线的成像位置不同，规则散光又可以分为：单纯性近视散光、单纯性远视散光、复合性近视散光、复合性远视散光、混合性散光等五类。

3）散光矫正

散光缺陷的矫正方法：对于规则性散光，可采取相应的圆柱面或双心圆柱面透镜矫正，柱镜只对一个方向的光线进行屈光，对垂直于屈光方向的方向没有屈光作用，矫正如图 6 – 11 所示。不规则散光的矫正主要是隐形眼镜，普通镜片在矫正不规则散光上效果不佳。

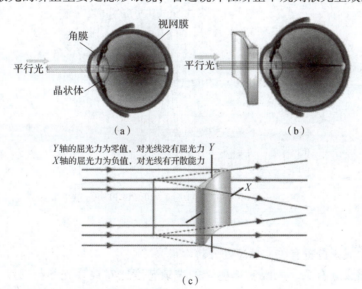

图 6 – 11　散光眼矫正前（水平方向失焦）后（完全聚焦）及常规的圆柱面镜及成像原理

（a）矫正前；（b）矫正后；（c）圆柱面镜及成像原理

6.1.4 眼睛的分辨率和对准精度

光学系统对两个非常靠近的物点成像后在像面上仍能被分辨为两个点的能力称为光学系统的分辨率。分辨率一是可用对应两物点的间距（分辨距）来描述，二是可用对应两物点对光学系统的张角（分辨角）来表示。光学系统的分辨率越高，则对应的分辨距或分辨角就越小。

1. 人眼分辨率

对于人眼来说，当空间平面上的两个黑点相互靠拢到一定程度时，离开黑点一定距离的观察者就无法区分了，这意味着人眼分辨景物细节的能力是有限的，这个极限值就是分辨率。人眼能区分两发光点的最小角距离对眼睛物方节点的张角称为极限分辨角，其倒数为人眼极限分辨率，也称视觉敏锐度。

人眼瞳孔的直径变化范围可在 2~8 mm，对可见光（如 550 nm）的最小视角（光学上称为最小分辨角）等于 0.8′。在明视角情况下，人眼可分辨 25 cm 处两物点的最小距离为 0.058 mm。如果两物点的距离小于 0.058 mm，人眼就分辨不清是两点。

假设人眼为理想的光学系统，不考虑人眼的个体差异等，根据波动光学中的衍射理论可知，衍射艾里斑半径所决定的极限分辨角为

$$\varepsilon = \frac{1.22\lambda}{D} \tag{6-4}$$

式中，D 为瞳孔的直径；ε 为极限分辨角。

2. 人眼分辨率的影响因素

与物体的亮度及对比度有关，如图 6-12 所示，当照度大于 50 lx 时，分辨率达到极值，对比度大时分辨率高，当照度太强、太弱时或背景亮度太强时，人眼的分辨率降低。

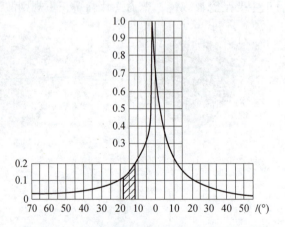

图 6-12　不同视场亮度下人眼的光谱光效曲线

与视网膜上成像位置有关，黄斑处分辨率最高。

与照明光谱成分有关，人眼对单色光的视敏感度比对混合光的敏感度大、分辨率高，人眼对单色光敏感度的大小依次为黄 > 绿 > 蓝，人眼对彩色细节的分辨率比对亮度细节的分辨率要差。

当视觉目标运动速度加快时，人眼分辨率降低，物体静止时人眼分辨率高。在黄昏视觉下，光谱敏感度曲线向短波方向偏移，称为波涅金效应，如图 6-13 所示。

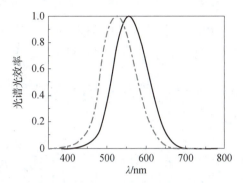

图 6-13　黄昏视觉下的光谱光效函数

除了与视网膜上成像位置有关外，还受视网膜的感光细胞的大小影响，如果两个物点在视网膜上所成的像点位于同一视神经细胞上，则人眼不能判断其为两个点。

设计目视光学系统时，必须考虑眼睛的分辨率，应使仪器本身由衍射决定的分辨能力与眼睛的视角分辨率相适应，即被观察对象所需的分辨率与所设计系统的放大率乘积等于人眼分辨率。

$$\varepsilon = \Phi \times \tau \tag{6-5}$$

式中，Φ 为被观察物体所需的分辨率；τ 为光学系统放大倍率；ε 为人眼分辨率。

3. 对准精度

由于受人眼分辨率的限制，眼睛虽具有发现一个平面上两根平行直线的不重合能力，但也有一定的限度，这个不重合限度的极限值称为人眼的对准精度。人眼的瞄准精度一般用角度值来表示，即两线宽的几何中心线对人眼的张角小于某一角度值 α 时，虽然还存在着不重合，但眼睛已经认为是完全重合的，这时 α 角度值即为人眼瞄准精度。

人眼的对准精度与分辨率不能混淆，分辨率是指眼睛能区分开两个点或线之间角距离的能力，而对准是指在垂直于视轴方向上的重合或置中过程，二者之间也有一定的联系，人眼分辨率高，对准精度也高。不同对准方式的人眼对准精度不同。在很多仪器中需要对准，对准的方式具体如图 6-14 所示。

（a）　　　　　　（b）　　　　　　（c）　　　　　　（d）

图 6-14　不同对准方式的人眼对准精度

（a）二实线重合 ±6″；（b）二直线端部对准 ±（10″~20″）；（c）叉线对准单线 ±10″；
（d）双线对称夹单线 ±（5″~10″）

设对准精度用 α 表示，分辨角用 ε 表示，则可得

$$\alpha = \frac{\varepsilon}{K} \tag{6-6}$$

式中，K 与对准方式有关，对准精度随所选取的对准标志而异，最高精度可达人眼分辨率的 $1/6 \sim 1/10$。

4. 眼睛的景深

当眼睛调焦在某一对准平面时，眼睛不必调节能同时看清对准平面前后某一距离的物体，称为眼睛的景深。如图 6 – 15 所示，远景和近景到人眼的距离分别为

$$P_1 = \frac{PD_p}{D_P + P\varepsilon}, \quad P_2 = \frac{PD_p}{D_P - P\varepsilon} \tag{6-7}$$

所以，远、近景深度分别为

$$\Delta_1 = P - P_1 = \frac{P^2\varepsilon}{D_P + P\varepsilon}, \quad \Delta_2 = P - P_2 = \frac{P^2\varepsilon}{D_P - P\varepsilon} \tag{6-8}$$

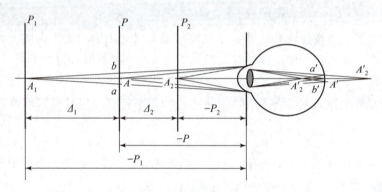

图 6 – 15　人眼的景深

6.1.5　双目立体视觉

1. 立体视觉

眼睛除能感受到物体的大小、形状、亮暗及表面颜色外，还能产生远近感觉及分辨不同物体在空间的相对位置，这种对物体远近的估计称为空间深度感觉。立体视觉是对物体位置的空间分布及对物体的体积感觉。

用双眼观察物体时，物在两眼中各自成像，然后两眼的视觉汇合到大脑中产生单一的印象，即双眼像的融合。形成单一像须满足一定条件，即物在两眼网膜的像必须位于视网膜黄斑中心同等距离处或成像于视网膜的相称点（位于两眼视网膜中心窝的同一侧），否则产生双像。如图 6 – 16 所示，注视 A 点成像点 a_1、a_2 分别在中心凹处；注视 B 点成像点 b_1、b_2 两点在中心凹外侧，成双像；注视 C 点成像点 c_1、c_2 两点在中心凹内侧，成双像；注视 D 点成像点 d_1、d_2 两点在中心凹同侧，成单像。$\angle O_1AO_2$ 内成双像，其外不一定。

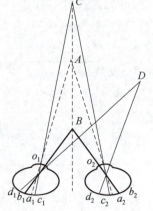

图 6 – 16　双眼观察物体成像比较

2. 立体视差角与体视锐度

如图 6 – 17 所示，为了说明双眼观察物体的立体感觉，引入立体视差角的概念。假设两眼的节点 J_1、J_2，两条连接观察点 A 到 J_1、J_2 的直线构成了视差角 θ，两眼节点 J_1、J_2 连线为视觉基线，其长度为 b，相当于两眼的瞳距。物体远近不同，视差角不同，使眼球发生转动的肌肉的紧张程度也不同，由此双眼便能辨别出物体的远近。

两眼节点的连线称为视觉基线长度（眼基距），用 b 表示，人眼均值 62 mm，注视点 A 对眼睛两节点的张角为立体视差角。若物点 A 到基线的距离为 L，则立体视差角为

$$\theta_A = \frac{b}{L} \tag{6-9}$$

不同距离的两物体 A、B 有不同的立体视差角 θ_A、θ_B，两物体的立体视差角之差，即立体视差 $\Delta\theta = \theta_B - \theta_A$，简称视差，如图 6 – 18 所示。这种视差形成了人眼对物体的立体感觉或对空间的深度感觉。如果 $\Delta\theta$ 大，则人眼感觉两物体纵向深度大；如果 $\Delta\theta$ 小，则人眼感觉两物体的纵向深度小。由于人眼分辨力的限制，人眼对空间深度的感觉也是有极限的。人眼感觉到 $\Delta\theta$ 的极限值 $\Delta\theta_{min}$ 称为体视锐度，大约为 10″，经过专门训练可提高到 3″ ~ 5″。

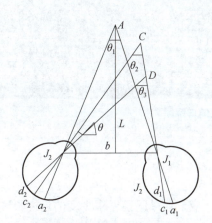

图 6 – 17　双眼立体视觉

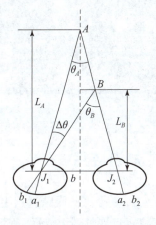

图 6 – 18　立体视差角

3. 立体视觉半径

无限远物体的视差角为 0°，当物点对应的视差角为 $\theta = \Delta\theta_{min}$ 时，人眼刚能分辨出它和无限远物点的距离差别，即人眼能分辨远近的最大距离。人眼两瞳孔间的平均距离为 $b = 62$ mm，则有

$$L_{max} = \frac{b}{\Delta\theta_{min}} = \frac{0.062}{10''} \times 206\,265'' \approx 1\,200\,(\text{m}) \tag{6-10}$$

式中，L_{max} 为立体视觉半径，即存在立体视觉的范围。

4. 立体视觉阈或立体视差误差

在立体视觉半径以外的物体，人眼无法分辨远近状况。双眼能分辨两点间的最短深度距离叫立体视觉阈，用 ΔL 表示，对式（6 – 9）微分可得

$$\Delta L = \frac{\Delta\theta \cdot L^2}{b} \tag{6-11}$$

5. 双眼观察仪器

利用仪器观察物体时，必须采用双眼仪器来保持人眼的体视能力，这种仪器称为"双眼望远镜"和"双眼显微镜"，利用体视仪器可以提高人眼的体视能力，如图 6 - 19 所示。

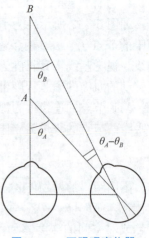

图 6 - 19　双眼观察仪器

具体应用如图 6 - 20 所示的 3D 影像及立体视觉图片。（仔细观察右侧图形，看看是否能观察到里面有什么？）

人眼直接观察时的视差角 θ 为：$\theta_{眼} = \dfrac{b}{l}$；进入仪器物方视差角：$\theta = \dfrac{B}{l}$；通过仪器的视差角：$\theta_{仪} = \theta' = \Gamma \dfrac{B}{l}$；双眼仪器的体视放大率为：$\Pi = \dfrac{\theta_{仪}}{\theta_{眼}} = \Gamma \dfrac{B}{b}$；因为 $b \approx 62$ mm，所以 $\Pi = 16\Gamma B$。

 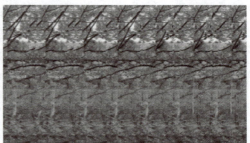

图 6 - 20　立体视觉的影像图片

6.1.6 知识应用

例 6 - 1　一个人的眼睛远点距为眼前 0.2 m，应配何种眼镜？多少度的近视眼镜？

解：将远点恢复到无穷远，则光焦度为

$$\varphi = \frac{1}{f'} = \frac{1}{l'} - \frac{1}{l} = \frac{1}{-0.2} - \frac{1}{-\infty} = -5(\text{m}^{-1}) = -5 \text{ D}, \text{ 即应配 } -500 \text{ 度的近视眼镜。}$$

例 6 - 2　一个人近视程度是 -2 D，调节范围是 8 D，求：（1）其远点距离？（2）其近点距离？（3）佩戴 100 度近视镜，求该镜的焦距？（4）戴上该近视镜后，求看清的远点距离。（5）戴上该近视镜后，求看清的近点距离。

解：（1）$R = \dfrac{1}{l_r} = -2 \text{ m}^{-1}$，所以远点距离 $l_r = -0.5$ m；

（2）将 $A = 8$ D、$R = -2$ D 代入公式 $A = R - P$ 得 $P = R - A = -2 - 8 = -10$（D），故近点距离 $l_p = \dfrac{1}{P} = -\dfrac{1}{10}$ m $= -0.1$ m；

（3）$D = \dfrac{1}{f'} = -1$ D，所以 $f' = -1$ m；

（4）$R' = R - D = -1$ D，所以 $l'_R = -1$ m；

（5）将 $A = 8$ D、$R' = -1$ D 代入公式 $A = R' - P'$ 得 $P' = R' - A = -9$ D，故戴眼镜后能够看清的近点距离是 $l'_\mathrm{p} = \dfrac{1}{9}$ m $= -0.11$ m。

6.2　放大镜

观察物体时，被观察的物体距离受眼睛近点限制。当物体移至近点处而其视角仍小于极限分辨角时，人眼无法分辨其细节，必须借助于放大镜等目视光学仪器将其放大，使放大后的像对眼的视角大于极限分辨角。

使用目视光学仪器是扩大人眼的视场，目视光学仪器的要求有：目视光学仪器的视放大率大于1，其所成像于无限远。左右光轴平行，左右两系统放大率一致，左右两系统不应有像倾斜。

6.2.1　视觉放大率

眼睛是目视仪器的接收器，人眼感觉到的物体大小取决于其在视网膜上成像的大小，与物经光学系统后像对人眼张角的正切成正比，因此，目视仪器的放大率不能只用光学系统的放大率（横向放大率和角放大率）表示，通常采用视觉放大率。

1. 视觉放大率 Γ

用仪器观察物体时，视觉放大率是视网膜上的像高 y'_i 与用人眼直接观察物体时视网膜上的像高 y'_e 之比，即

$$\Gamma = \frac{y'_\mathrm{i}}{y'_\mathrm{e}} \qquad (6-12)$$

设人眼后节点到视网膜的距离为 l' 并且保持不变，ω_e 为人眼直接观察物体时对人眼所张的视角，ω_i 为用仪器观察物体时物体的像对人眼所张的视角。

$$\Gamma = \frac{y'_\mathrm{i}}{y'_\mathrm{e}} = \frac{l' \tan \omega_\mathrm{i}}{l' \tan \omega_\mathrm{e}} = \frac{\tan \omega_\mathrm{i}}{\tan \omega_\mathrm{e}} \qquad (6-13)$$

当人眼直接观察物体时，一般把物体放在明视距离 250 mm 上，物高为 y，则物体对人眼的张角为

$$\tan \omega_\mathrm{e} = \frac{y}{250} \qquad (6-14)$$

2. 通过放大镜观察

假设眼瞳到放大镜的轴向距离为 P'，放大镜对物体所成的像 y' 距离放大镜 l'，如图 6-21 所示，则放大镜所成虚像对人眼的张角为

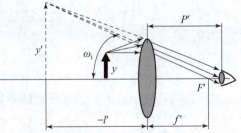

图 6-21　眼睛通过放大镜观察物体原理

$$\tan \omega_\mathrm{i} = \frac{y'}{P' - l'} \qquad (6-15)$$

由式（6-14）、式（6-15）代入式（6-13）中，可得视觉放大倍率为

$$\Gamma = \frac{y_i'}{y_e'} = \frac{l'\tan\omega_i}{l'\tan\omega_e} = \frac{\tan\omega_i}{\tan\omega_e} = \frac{\dfrac{y'}{P'-l'}}{\dfrac{y}{250}} = \frac{y'}{y} \cdot \frac{250}{P'-l'} \qquad (6-16)$$

因为 $\dfrac{y'}{y} = \dfrac{f'-l'}{f'}$，代入式（6-16）中，可得到视觉放大率为

$$\Gamma = \frac{f'-l'}{P'-l'} \cdot \frac{250}{f'} \qquad (6-17)$$

从式（6-17）中看出，放大镜的视觉放大率并非常数，取决于观察条件：

（1）当调焦在无限远处，即 $l'=\infty$ 时，物体放在放大镜的前焦点上

$$\Gamma_0 = \frac{250}{f'} \qquad (6-18)$$

此时，视觉放大倍率只与焦距有关，把此放大倍率称为标称放大率，是描述放大镜的光学参数，若 Γ 可知，则直接求出透镜焦距 f'。

（2）正常视力的眼睛一般把物像调焦在明视距离 $D=250$ mm 上，即 $P'-l=D=250$ mm，则可得

$$\Gamma = 1 + \frac{250}{f'} - \frac{P'}{f'} \qquad (6-19)$$

比较适合于小倍率的长焦放大镜，即看书用的放大镜。放大率将随人眼的位置不同而有差异。

若放大镜置于人眼皮上，即 $P'\approx 0$ 时，放大率取决于物体的位置，则有

$$\Gamma = 1 + \frac{250}{f'}$$

若人眼置于放大镜的焦点附近，即 $P'=f'$，则可得放大倍率为

$$\Gamma = \frac{250}{f'}$$

6.2.2 放大镜的光束限制和线视场

人眼用放大镜观察物体时，放大镜与眼睛组合构成目视光学系统，眼瞳既是孔径光阑，又是出瞳；放大镜框既是视场光阑，又是出入窗。由于视场光阑不能与物像面重合，视场必定产生渐晕，最后视场大小由渐晕大小确定，所以放大镜框又可称为渐晕光阑。

图 6-22 所示为不同渐晕的出射光线延长到像面的情况。三条光线分别为 A_1、A_2、A_3 点受视场光阑（放大镜框）边缘限制的光束边界，由图 6-22 可知，A_1、A_2、A_3 渐晕系数分别为 1、0.5、0。它们对眼瞳（出瞳）的张角分别为

$$\begin{aligned} \tan\omega_1' &= (h-a')/P' \\ \tan\omega' &= h/P' \\ \tan\omega_2' &= (h+a')/P' \end{aligned} \qquad (6-20)$$

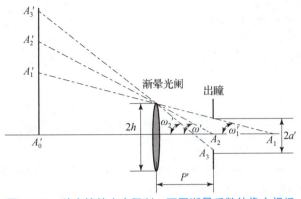

图 6 – 22　放大镜的光束限制：不同渐晕系数的像方视场

根据像视场角可以计算物体视场的大小。放大镜的视场通常用物方线视场 $2y$ 表示，当物面放在放大镜前焦面时，像平面在无限远（50% 渐晕视场如图 6 – 23 所示），则线视场：

$$2y = 2f' \cdot \tan \omega' = \frac{500h}{\Gamma_0 P'} \text{ mm} \qquad (6 - 21)$$

式中，h 为放大镜的半径；P' 为人眼与放大镜的距离，放大镜的倍率越大，线视场越小，眼睛越靠近、放大镜孔径越大，视场越大。一般情况下，放大镜的放大倍率不易过大，太大会影响视场减小。

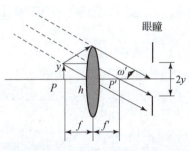

图 6 – 23　50% 的渐晕视场

6.2.3　放大镜作目镜

放大镜不仅可以直接用来对物体放大成像，也可以对一组光学系统所成的实像进行放大，用于这场合的放大镜就是显微镜和望远镜中的正透镜目镜。

当放大镜用于目镜时，物体置于目镜的物方焦面，得到无穷远的像，供人眼观察。因此，焦距为 f'_e 的目镜的放大率 Γ_e 为

$$\Gamma_e = \frac{250}{f'_e} \qquad (6 - 22)$$

当人眼通过目镜观察时，通常将人眼置于其像方焦点处，如果按照视力移动目镜，使像与人眼的远点结合，使移动物体偏离物方焦面的距离 x 与远点距离正好是一对物像共轭距，根据牛顿公式：$xx' = -f'^2_e$ 可得

$$x = -\frac{f'^2_e}{x'} = \pm \frac{5f'^2_e}{1\,000} \qquad (6 - 23)$$

6.2.4　知识应用

例 6 – 3　有一焦距为 50 mm，口径为 50 mm 的放大镜，眼睛到它的距离为 125 mm，求放大镜的视放大率和视场。

视放大率　$\Gamma = \dfrac{250}{f'} = \dfrac{250}{50} = 5$；

线视场为 $\quad 2y = \dfrac{500\,h}{\Gamma d} = 20 \text{ mm}$；

角视场为 $\quad 2\omega' = 2\arctan \dfrac{2y}{2f'} = 2\arctan \dfrac{10}{50} = 22.62°$

6.3 显微镜

显微镜常用的类型有很多种，对于工作在可见光波长范围的光学显微镜，按用途区分，使用量较大的有三种：

（1）工具显微镜，主要应用于精密机构制造工业等方面进行精密测量。

（2）生物显微镜，主要应用于生物学、医学、农学等方面。

（3）金相显微镜，主要应用于冶金和机械制造工业，观察研究金相组织结构。

6.3.1 显微镜的结构和工作原理

1. 显微镜的结构

两种典型结构显微镜的光学系统由物镜和目镜两个部分组成，物镜的像平面在目镜的焦平面以内或重合（此处设视场光阑）；另外一种结构是照明系统和成像系统（物镜＋目镜＋眼睛），如图 6－24 所示。

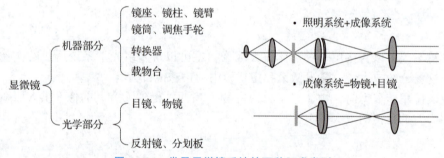

图 6－24　常见显微镜系统的两种组成类型

2. 工作原理

如图 6－25 所示，物体 AB 经物镜成倒立实像 $A'B'$，$A'B'$ 位于目镜的物方焦点 F_2 上或在很靠近 F_2 的位置上，此像相对于物镜像方焦点的距离为 Δ（物镜和目镜的光学间隔），在显微镜系统中称为光学筒长。$A'B'$ 再经目镜成放大的正立虚像 $A''B''$。这说明目镜与放大镜的作用一样，经物镜和目镜放大后的像位于人眼的无穷远处或明视距离处。

人眼直接在明视距离处观察物体时，有：

$$\tan\omega_e = \frac{y}{250} \qquad\qquad (6-24)$$

显微镜的像方视场角是 ω'，人眼通过显微镜观察时，可得

$$\tan\omega_i = \tan\omega' = \frac{y''}{f'_e} \qquad\qquad (6-25)$$

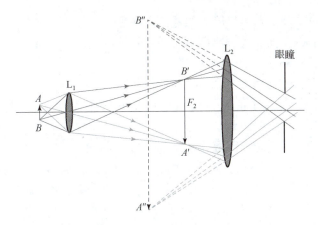

图 6 – 25　显微镜的成像原理

设物镜的焦距为 f_0'，焦物距为 x，焦像距为 x'，则物镜的垂轴放大率为

$$\beta = -\frac{x'}{f_0'} = -\frac{\Delta}{f_0'} \tag{6 – 26}$$

设 f_e' 为目镜焦距，250 为明视距离，物镜的像被目镜再次放大，其放大率为

$$\Gamma_e = \frac{250}{f_e'} \tag{6 – 27}$$

由式（6 – 25）~式（6 – 27）综合可得显微镜系统的总的放大倍率（视觉放大率）为

$$\Gamma = \frac{\tan \omega_i}{\tan \omega_e} = -\frac{250\Delta}{f_0' f_e'} = \beta \Gamma_e \tag{6 – 28}$$

显微镜系统总的视觉放大率 Γ 应该是物镜垂轴放大率 β 和目镜视觉放大率 Γ_e 的乘积，式（6 – 28）中有负号，即当显微镜系统具有正物镜和正目镜时（常用这种结构），则整个显微镜系统给出倒像。

根据以上推导过程，可以看出显微镜二次放大，具有更大的放大率，物镜和目镜可调换，可以调整物镜的垂轴放大倍率 β 与目镜视觉放大倍率 Γ_e 的大小，二者乘积就可得到很多种放大倍率的组合；显微镜在目镜的物方焦点处是中间实像面，此处可放置一个分划板或者瞄准测量板用于测量（构成测微目镜），也可用图像传感器接收实像，构成电子目镜，通过目镜的离焦，可把微小物体经二次放大以后的实像显示出来。

6.3.2　显微镜的机构

显微镜系统由物镜组和目镜组组成，如果更换物镜或目镜后，不需要调焦或微量调焦就可观察到图像，视为齐焦。为了应用灵活、提高通用性，对于显微镜的齐焦方面的光学基本参数都进行了标准化，提高主要生产零件的通用性和可互换性。满足齐焦要求就要按照标准来进行物镜和目镜的连接和安装，如图 6 – 26 所示。

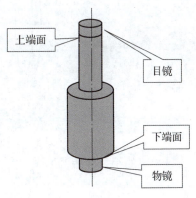

图 6 – 26　显微镜机构

设计显微镜时的要求：光学筒长 Δ 的选择应满足齐焦条件：

（1）物镜调换后，像面不动，物面不动——物镜共轭距（通用显微镜从物平面到像平面的距离）不变（195 mm）。

（2）物镜像面即目镜前焦面不动——在上端面以下 10 mm 处。

（3）机械筒长：物镜支承面到目镜支承面之间的距离（上下端面之间的距离）为 160 mm，有的显微镜机械筒长可调。

（4）物镜像面到物镜定位面距离为 150 mm。

物镜和目镜按照这些标准进行连接。物镜通过旋转式转换器接到镜筒的下端面，目镜是插入式安装。调换物镜（目镜）后微调焦不可避免，故还必须有微动机构。

6.3.3 显微镜的光束限制

1. 孔径光阑

显微镜由于是物镜成像后再经目镜二次成像，所以它的光阑设置是非常重要的，直接影响显微镜的光学特性、使用性能和成像质量，显微镜的光孔径光阑设置是随物镜结构不同而不同。

（1）低倍物镜为单组物镜的孔径光阑是物镜框本身；

（2）高倍物镜为多组物镜的孔径光阑是最后一组镜框，或在 F'_e 处专设孔阑；

（3）测量显微镜，孔径光阑设置在物镜的像方焦面上，构成物方远心光路，主要是为了消除调焦不准对测量精度的影响。

由于显微镜的物镜与目镜的间隔要大于物镜和目镜的焦距，以上三种情况下的孔径光阑经目镜所成像的出瞳位置均在目镜的像方焦点以外的附近处，以方便与眼瞳重合，因为目视光学系统中，眼瞳和出瞳必须重合，可以避免额外的渐晕而造成视场减小，简而言之，显微镜的孔径光阑经目镜所成的像即为显微镜的出瞳，观察时，眼瞳要与出瞳重合，如图 6-27 所示。

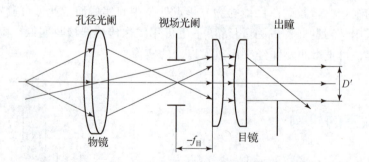

图 6-27 孔径光阑经目镜成像的出瞳位置与眼瞳重合

显微镜的组合焦距为

$$f' = -\frac{f'_o f'_e}{\Delta}$$

总视觉放大倍率为

$$\Gamma = \frac{250}{f''}$$

出瞳位置：位置在 f' 上，人眼瞳有可能与之重合，接收所有成像光：

$$x' = \frac{f_e f'_e}{x} = \frac{f'^2_e}{\Delta} \qquad (6-29)$$

出瞳大小：设显微镜出瞳直径为 D'，对于显微物镜，应满足正弦条件 $ny\sin u = y'n'\sin u'$，可进一步推出：

$$n\sin u = y'n'\sin u'/y = -\Delta n'\sin u'/f' \qquad (6-30)$$

对像方孔径角 u' 可近似地有 $\sin u' = \tan u' = \dfrac{D'}{2f'_e}$，把 $\sin u'$ 代入上式，结合显微镜总视觉放大倍率，可得出：$n\sin u = D'\Gamma/500$，即出瞳直径大小

$$D' = 500\mathrm{NA}/\Gamma' \qquad (6-31)$$

显微镜物镜的数值孔径 $\mathrm{NA} = n\sin u$，它与物镜的倍率 β 一起印刻在显微镜物镜的镜框上，是显微镜的重要光学参数。

2. 显微系统的视场光阑

如图 6–28 所示，显微镜的线视场取决于放在目镜前焦平面上的视场光阑（分划板）的大小，物体经物镜所成像 y' 在视场光阑上。入射窗与物镜面重合，出射窗与像面重合，该处设置视场光阑以消除渐晕现象，形成边缘清晰像面。

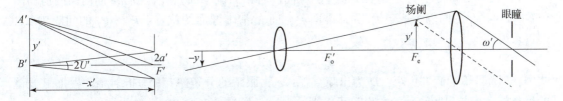

图 6 – 28　视场光阑位置与物镜所成的像重合

设视场光阑直径为 D，则像高 $y' = \dfrac{D}{2}$，而 $\beta = \dfrac{y'}{y}$，故显微镜的线视场为

$$2y = \frac{D}{\beta} \qquad (6-32)$$

由于受分划板尺寸的限制，物方的线视场随物镜倍率的增大而减小，分划板又作为目镜焦平面上的物，所以又有

$$D = 2f'_e\tan\omega' \qquad (6-33)$$

用目镜的视觉放大率表示为

$$D = 500\tan\omega'/\Gamma_e \qquad (6-34)$$

代入式（6–30）可得

$$2y = \frac{500\tan\omega'}{\beta \cdot \Gamma_e} = \frac{500\tan\omega'}{\Gamma} \qquad (6-35)$$

显微镜的视觉放大率越大，在物空间的线视场越小，高倍显微镜的线视场只有零点几毫米，因此，显微物镜属于小视场系统，如表 6–4 所示。理论上，D 越大，则 $2y$ 越大，实际上 $2y$ 很小。因为仅当 $2y < \dfrac{1}{10}f'_o$ 时，才能形成无渐晕视场边缘清晰满意的像质。

表 6 – 4　物镜与目镜组合不同的显微系统的放大

目镜		β	4 ×		10 ×		40 ×		100 ×	
	物镜	NA	0.1		0.25		0.65		1.25	
		$f'_物$/mm	36.2		19.894		4.126		2.745	
Γ_e	$2y'$/mm		Γ	$2y$/mm	Γ	$2y$/mm	Γ	$2y$/mm	Γ	$2y$/mm
5 ×	20	显微系统	20	5	50	2	200	0.5	500	0.2
10 ×	14		40	3.5	100	1.4	400	0.35	1 000	0.14
15 ×	10		60	2.5	100	1	600	0.25	1 000	0.1

3. 显微镜的景深

对一定厚度的物体都成清晰像，则需要显微镜具有一定的景深，人眼通过显微镜调焦在某一平面（对准平面）上时，在对准平面前和后一定范围内物体也能清晰成像，能清晰成像的远、近物平面之间的距离称为显微镜的景深，显微镜的景深等于几何景深 + 物理景深 + 调节景深。

如图 6 – 29 所示，P 为经物镜成像的像面（标准对准平面），P_1 为标准面前面的清晰面位置，P 与 P_1 的间隔为 Δ_1，P_2 为标准面 P 后面的清晰像面的位置，P 与 P_2 的间隔为 Δ_2，则可求得

$$\Delta_1 = \Delta_2 = n f'^2 \varepsilon / D' \tag{6-36}$$

式中，f' 为目镜的像方焦距；D' 为出瞳直径；ε 为眼睛的分辨率；n 为折射率。根据显微镜的视觉放大率与出瞳直径的关系，可求得

$$\Delta_1 = \Delta_2 = \frac{n \, 250^2 \varepsilon}{\Gamma^2 D'} = \frac{250 \cdot n \cdot \varepsilon}{2\Gamma \cdot NA} \tag{6-37}$$

可得显微镜的几何景深为

$$2\Delta_1 = \frac{250 n \varepsilon}{\Gamma NA} \tag{6-38}$$

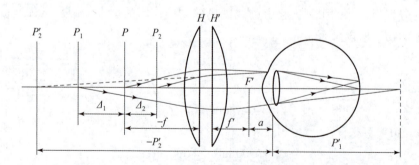

图 6 – 29　经物镜成像对准平面 P 前后的清晰面间隔形成景深

显微镜的放大率越高、NA 越大，几何景深越小。景深大小决定显微镜的调焦误差，景深越大，调焦误差越大。一般显微镜的几何景深最大不超过 0.5 mm。

物理景深则根据衍射理论给出为

$$\Delta_{\mathrm{p}} = \frac{n\lambda}{NA^2} \tag{6-39}$$

调节景深是指人眼在像空间的调节范围所对应的物空间深度，由于正常眼在 250 mm ~ ∞ 的范围可调节，转换为视度单位即表示调节范围为 4 个屈光度。利用牛顿公式，并注意有 $x = \Delta_{\mathrm{m}}$，$x' = -\dfrac{1\ 000}{4}$，$f' = \dfrac{250}{\Gamma}$，代入牛顿公式 $x \cdot x' = f \cdot f'$，$nf' = -n'f$，得

$$\Delta_{\mathrm{m}}\left(\frac{-1\ 000}{4}\right) = -n\left(\frac{250}{\Gamma}\right)^2 \tag{6-40}$$

化简求得调节景深为

$$\Delta_{\mathrm{m}} = \frac{250 \cdot n}{\Gamma^2} \tag{6-41}$$

所以根据显微镜的景深 = 几何景深 + 物理景深 + 调节景深，可得

$$\Delta = 2\Delta_1 + \Delta_{\mathrm{p}} + \Delta_{\mathrm{m}} = \frac{250 \cdot n \cdot \varepsilon}{\Gamma \cdot NA} + \frac{n \cdot \lambda}{NA^2} + \frac{250 \cdot n}{\Gamma^2} \tag{6-42}$$

6.3.4 显微镜的物镜

光学系统的主要参数是焦距、孔径和视场，在此与 β、NA、$2y$ 有关。由于显微镜要求分辨率高，则数值孔径 NA 大，放大率要与之相适应，因而物镜的放大率也要相应匹配，并在规定机械筒长下使用。随着放大倍数由低到高，其结构也相应复杂。低倍物镜可以用双胶合，中倍物镜用双双胶合，高倍物镜用双胶合 + 前片，数值孔径更大的阿贝物镜则需要浸油。表 6 - 5 所示为几种典型物镜的结构形式。

表 6 - 5 几种典型物镜的结构形式

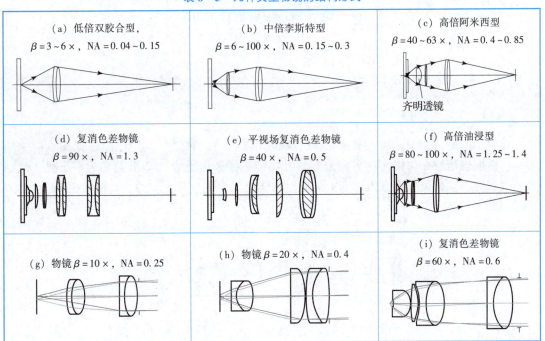

163

续表

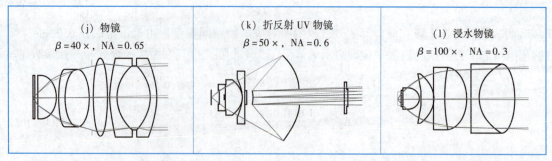

干物镜与油浸物镜如图 6 – 30 所示，干物镜上层与下层之间是空气层，根据折射定律可求得物方孔径角 $u \leqslant C = \arcsin \dfrac{1}{n}$，而油浸物镜中，上下层之间是油液，折射率为 n，上下材料距离很近，并且达到 $u \to 90°$，允许更宽入射孔径角的光束参与成像，增强物镜的聚光本领，$\text{NA} = n\sin u \approx n > 1$，NA 增大 n 倍。

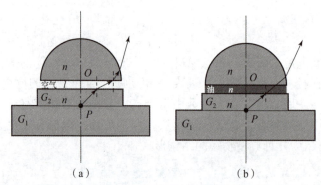

图 6 – 30　干物镜与油浸物镜示意图
（a）干物镜；（b）油浸物镜

6.3.5　显微镜的应用案例

1. 筒长无限的显微物镜

在典型的显微镜中，加入辅助物镜，构成无限长筒的物镜，其工作原理如图 6 – 31 所示。物面准确地放在物镜前焦平面上，经过物镜成像聚焦无穷远即出射光为平行光，然后再通过辅助物镜聚焦于像方焦平面上，此时物体的像为倒立放大实像，其放大倍率为

$$\beta = \frac{y'}{y} = -\frac{f'_2}{f'_1} \tag{6 – 43}$$

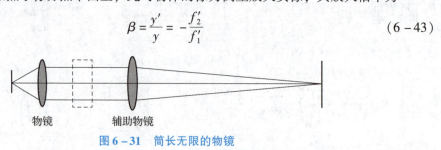

图 6 – 31　筒长无限的物镜

物镜和辅助物镜之间是平行光，有利于装配和调整，可以在其间加入棱镜、滤光片和偏振片，而不会引起像点位置的变化及产生双像、叠影等。

利用物镜和辅助物镜之间是平行光，在平行光中的某个特殊位置放置被测工件，经过被测透镜的折射后再形成平行光线，则可进行光学参数的测量如焦距的测量，这种仪器称为光焦度计。

如图 6 – 32（a）所示，物镜的焦平面处放一带有标记用的分划板，由前面分析可知，辅助物镜的像方焦平面上得到标记的倒立实像，该像可以用投影屏接收。在物镜与辅助物镜之间放被测镜片，并使被测镜片后顶点与物镜的像方焦点重合，由于镜片的折射作用，使光线经过被测镜片及辅助物镜后成像点与原来的标准接收屏产生位置偏离，然后通过调整分划板的位置，使标记像在投影屏上成像清晰，由移动的距离就可求出被测镜片的屈光度，如图 6 – 32（b）所示。若分划板自焦点 F_1 移动 x_1，当被测镜片为负时，物距 l 为负，反之为正，根据牛顿公式可求：

$$x_1' = -\frac{f_1'^2}{x_1} \tag{6 – 44}$$

式中，x_1 为分划板的移动量；$x_1' = -l$ 为被测透镜物方焦点位置，可求得屈光度 SD 的大小为

$$SD = \frac{1}{l} = \frac{1\ 000\ x_1}{f_1'^2} \tag{6 – 45}$$

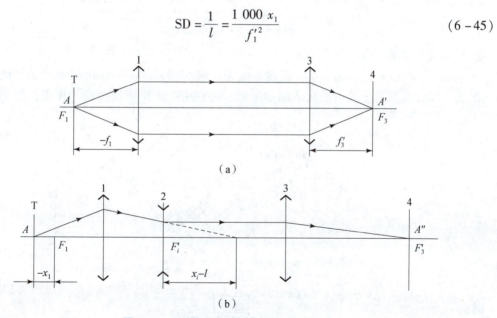

（a）

（b）

图 6 – 32　测量光学透镜的光焦度原理图

2. 显微摄影系统——显微镜与摄影系统组合

显微镜与摄影系统的组合可构成显微摄影系统，如图 6 – 33 所示，此时摄影物镜直接置于目镜的后方，使目镜成虚像，即目镜成平行光出射，经摄影物镜后聚焦在摄影物镜像方焦平面上，此处可用于安装照相胶片、CCD 接收器等，此时显微镜摄影系统的放大率为

$$\beta = \frac{f_{摄影}'\Gamma}{250} \tag{6 – 46}$$

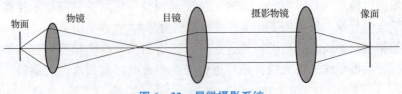

图 6-33　显微摄影系统

摄影物镜直接代替目镜，该目镜称为摄影目镜，为使整个共轭物像距不至于太大，目镜应设计成负光组。此时放大倍率可变成：

$$\beta = \beta_0 \beta_e \qquad (6-47)$$

3. 数字显微镜

在显微摄影系统的显微物镜的像面上直接放置 CCD 接收器，连接到计算机上，还可以对显微镜的图像进行测量和实时处理，图像的大小也可以通过 CCD 靶面上的像素面积计算出来，如图 6-34 所示。

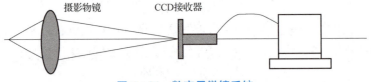

图 6-34　数字显微镜系统

4. 万能工具显微镜

如图 6-35 所示，万能工具显微镜系统中，由照明系统、物体成像系统和目镜观察系统组成，物镜成像系统采用了复杂的物镜组，再利用斯密特屋脊棱镜的作用，使光线方向

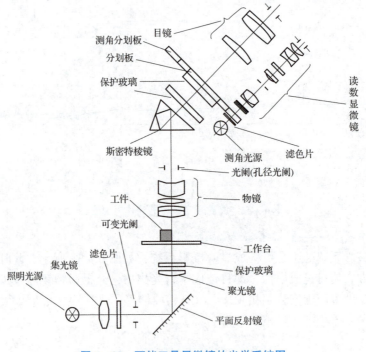

图 6-35　万能工具显微镜的光学系统图

转向后，符合人体观察的工学角度，成像在分划板上，然后再通过目镜组的观察，最终读出数据。在此系统中，可变光阑位于聚光镜的物方焦平面上，孔径光阑位于物镜的像方焦平面上，物镜有四种放大倍率 $1\times$、$1.5\times$、$3\times$、$5\times$，目镜的放大率为 $10\times$。

5. 激光共聚焦扫描显微镜

激光共聚焦扫描显微镜，也称 CT，共聚焦是指光源、聚焦面和探测器三者处于彼此共轭的位置，其光路原理如图 6-36 所示。

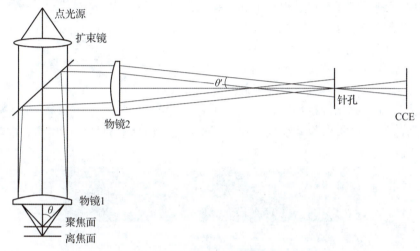

图 6-36　激光共聚焦扫描显微镜的光路原理

用激光作扫描光源，逐点逐行逐面快速扫描成像，物镜的焦点即扫描激光的聚焦点，也是瞬时成像的物点。由于激光束的波长较短、光束很细，所以共焦激光扫描显微镜有较高的分辨力，大约是普通光学显微镜的 3 倍。

6. 暗视野显微镜

暗视野显微镜的聚光镜中央有挡光片，使照明光线不直接进入物镜，只允许被标本反射和衍射的光线进入物镜，因而视野的背景是黑色的，物体的边缘是亮色的，利用这种显微镜能见到小到 $4\sim200$ nm 的微粒子，分辨可比普通显微镜高 50 倍。

7. 倒置显微镜

组成和普通显微镜一样，只不过物镜与照明系统颠倒，前者在载物台之下，后者在载物台上，用于观察培养的活细胞，具有相差物镜。

8. 偏光显微镜

将普通光改变为偏振光，偏光显微镜是鉴定物质细微光学性质的一种显微镜。具有双折射性的物质在偏光显微镜下就能分辨，当然有些物质也可用染色法来进行观察，有些必须用偏光显微镜。

6.4　望远镜

使入射的平行光束经过望远系统后仍能保持平行光出射，这种系统称为望远系统或无焦系统。望远镜系统由物镜系统和目镜系统构成，其特点是物镜的像方焦点应与目镜的物方焦点重合，且光学间隔 $\Delta = 0$。

6.4.1 望远镜的类型

望远镜的类型可分为开普勒望远镜、伽利略望远镜、牛顿式反射望远镜等。

1. 开普勒望远镜

开普勒望远镜系统基本构成为目镜和物镜，都是凸透镜，物镜的像方焦点与目镜的物方焦点重合，并且 $f'_物 > f'_目$。开普勒望远镜系统原理如图 6-37 所示。远处的物体经物镜成像在物镜的像方焦平面处，同时也在目镜的物方焦平面处，再被目镜成像在无限远处。开普勒系统成倒像，为使经系统形成的倒像转变成正立的实

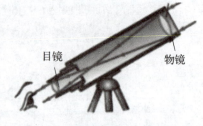

图 6-37 开普勒望远镜系统原理

像，则需要加透镜或棱镜转像系统，在其物镜像方焦平面处加分划板可用作瞄准和测量用，如图 6-38 所示。

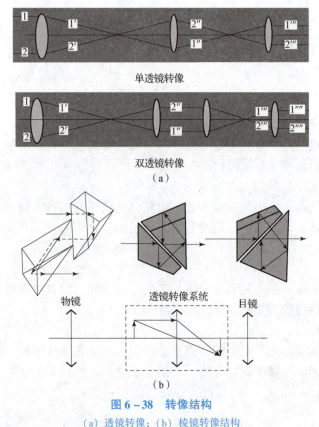

图 6-38 转像结构
(a) 透镜转像；(b) 棱镜转像结构

2. 伽利略望远镜

伽利略望远镜系统是由正光焦度的物镜和负光焦度的目镜组成的，其视觉放大倍率为正，形成正立的虚像，但无法在像面安装分划板，结构简单，筒长 L 较短、小巧，只能用于观察，应用较少，其光学原理及实物如图 6-39 所示。

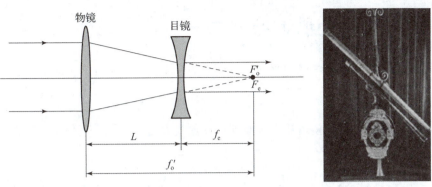

图6-39　伽利略望远镜的成像系统及实物

3. 牛顿反射式望远镜

球面镜折射成像会产生一定的像差，用反射镜代替折射镜可减小像差，牛顿反射式望远镜用平面镜替换昂贵笨重的透镜收集和聚焦光线，结构较简单，如图6-40所示。焦距可长达1 000 mm仍然保持紧凑，可便携使用。

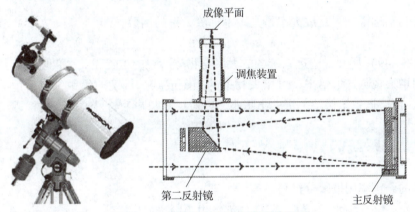

图6-40　牛顿反射式望远镜系统原理

世界上一些最为著名的望远镜都采用牛顿式结构，如巴乐马山天文台的Hale天文望远镜，其主镜的尺寸为5 m；W. M. 凯克天文台的Keck天文望远镜，其主镜由36块六角形的镜面拼接，组合成直径10 m的主镜；哈勃太空望远镜也是牛顿式望远镜。牛顿反射式望远镜的应用如图6-41所示。

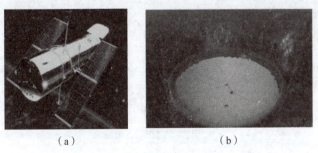

（a）　　　　　　　　　　　（b）

图6-41　牛顿反射式望远镜的应用

（a）美国哈勃空间望远镜；（b）我国贵州世界最大单口径射电望远镜

6.4.2　望远镜系统的视觉放大倍率

由前面所讲的视觉放大率的定义及角放大率的定义可知，望远系统的视觉放大倍率为

$$\Gamma = \frac{rg\omega'}{\tan\omega} = \gamma \tag{6-48}$$

如图 6-42 所示开普勒望远镜系统原理，视觉放大倍率为

$$\Gamma = -f_0'/f_e' = -D/D' \tag{6-49}$$

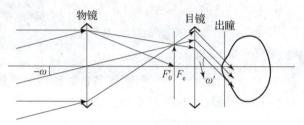

图 6-42　开普勒望远镜系统原理

从而得到望远镜的视觉放大率是光瞳垂轴放大率的倒数，即

$$\Gamma = 1/\beta \tag{6-50}$$

由式（6-49）所知，望远系统的放大率与物体所在的位置无关，仅取决于望远系统的结构，若想增大视觉放大倍率，可增大物镜的焦距或减少目镜的焦距，但目镜的焦距不得小于 6 mm，使望远系统保持一定的出瞳距，以避免眼睛睫毛与目镜的表面相碰。

6.4.3　望远系统的分辨率及工作放大率

望远镜的分辨率用极限分辨角 φ 表示，即

$$\varphi = \frac{a}{f_0'} = \frac{0.61\lambda}{n'\sin u' f_0'} \tag{6-51}$$

因像空间折射率 $n' = 1$，$\sin u' = \dfrac{D}{2f_0'}$，取 $\lambda = 555$ nm，D 为入瞳直径，单位为 mm，所以可得

$$\varphi = (140/D)'' \tag{6-52}$$

按道威判据为

$$\varphi = (120/D)'' \tag{6-53}$$

式（6-53）表明，入瞳直径 D 越大，极限分辨率越高。

人眼分辨率为 1′，除了要增大物镜口径以提高望远镜的衍射分辨率外，还要增大视觉放大率，以符合人眼分辨率的要求，因此视觉放大率和分辨率的关系为

$$\varphi \cdot \Gamma = 60'' \tag{6-54a}$$

$$\Gamma = \frac{60''}{\varphi} = \frac{60''}{\left(\dfrac{140''}{D}\right)} = \frac{D}{2.3} \tag{6-54b}$$

上式是满足分辨率要求的最小视觉放大率，也称有效放大率。然而眼睛在极限分辨 60″

下工作会疲劳，在设计视觉放大率按上式计算出后再放大 2 ~ 3 倍，称为工作放大率，若 2 ~ 3 倍时

$$\Gamma = D \tag{6-55}$$

对观察仪器的精度要求则是其分辨角为

$$\varphi = 60''/\Gamma \tag{6-56}$$

对瞄准仪器的精度要求则是其瞄准误差 $\Delta\varphi$，它与瞄准方式有关，使用压线瞄准时，则有

$$\Delta\varphi = 60''/\Gamma \tag{6-57}$$

使用双线或叉线瞄准时，则有

$$\Delta\varphi = 10''/\Gamma \tag{6-58}$$

6.4.4　望远镜的光束限制

1. 开普勒望远镜

物镜框为望远镜系统的孔径光阑，也是入瞳；出瞳在目镜像方焦点稍外的地方，当出瞳大于眼瞳时，眼瞳为孔径光阑，当出瞳小于眼瞳时物镜框为孔径光阑。与人眼匹配，出瞳直径一般为 2 ~ 4 mm。当与人眼重合时，目镜框是渐晕光阑，一般允许有 50% 的渐晕。物镜的像方焦平面上可放置分划板，分划板框即是视场光阑，如图 6 – 43 所示，望远镜的物方视场角：

$$\tan\omega = \frac{y'}{f'_0} \tag{6-59}$$

式中，y' 为视场光阑半径，即分划板半径。

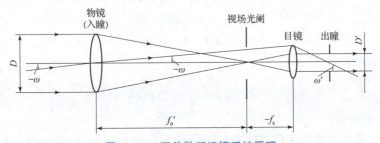

图 6 – 43　开普勒望远镜系统原理

开普勒望远镜视场 2ω 一般不超过 15°，人眼通过开普勒望远镜观察时，必须使眼睛位于系统的出瞳处，才能观察到望远镜的全视场。出瞳到目镜后面的距离为镜目距，用 P' 表示。出瞳距应考虑到人眼观察的特点和使用情况，一般不小于 6 mm。根据牛顿公式得：

$$P' - l' = f'^2_e/f'_0 = -f'_0/\Gamma \tag{6-60}$$

$$P' = l_f' - f'_e/\Gamma \tag{6-61}$$

物体经物镜成实像，实像处设置分划板，分划板构成视场光阑，决定望远镜的物方视场角。

$$\tan\omega = y'/f'_0 \tag{6-62}$$

式中，y' 为视场光阑半径，即分划板半径。

2. 伽利略望远镜

以人眼的瞳孔为孔径光阑，同时又是望远镜系统的出瞳。物镜框即是视场光阑，也是望远系统的入射窗。由于入射窗不与物面或像面重合，因此伽利略系统对大视场一般存在渐晕现象，如图 6–44 所示。

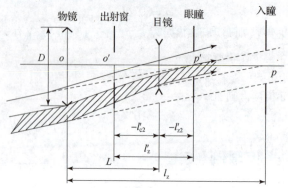

图 6–44　伽利略望远镜系统的光束限制

当视场为 50% 的渐晕时（$K = 0.5$），其视场角为

$$\tan \omega = -\frac{D}{2l_z} \tag{6–63}$$

式中，D 为物镜直径；l_z 为人眼到物镜的距离，又因为 $\tan \omega = -\dfrac{D'}{2l'_z}$，其中 D' 为出射直径，则可求得

$$l_z = \Gamma^2 l' = \Gamma^2(-l'_{c2} + l'_{z2}) \tag{6–64}$$

$$\tan \omega = -\frac{D}{2l_z} = -\frac{D}{2\Gamma(L + \Gamma l'_{z2})} \tag{6–65}$$

式中，$L = f'_0 + f'_e$ 为望远镜的机械筒长；l'_{z2} 为眼睛到目镜的距离。

伽利略望远镜的最大视场（渐晕系数 $K = 0$）是由通过入射窗（物镜框）的边缘和相反方向的入瞳边缘的光线决定的，即

$$\tan \omega_{max} = \frac{-(D + D_p)}{2\Gamma(L + \Gamma l'_{z2})} \tag{6–66}$$

式中，D_p 为入瞳的直径。

伽利略望远镜的视觉放大倍率越大，视场越小，故其视觉放大率一般不大。

开普勒望远镜与伽利略望远镜光束限制比较如表 6–6 所示。

表 6–6　开普勒望远镜与伽利略望远镜光束限制比较

类型	开普勒望远镜	伽利略望远镜
孔径光阑	物镜框	眼瞳
视场光阑	分划板	物镜框（有渐晕）
渐晕光阑	目镜	
视场大小	$\tan \omega = \dfrac{y'}{f'_0}$	$\tan \omega = -\dfrac{D}{2\Gamma(L + \Gamma l'_{z2})}$

6.4.5　望远镜系统物镜

望远物镜的种类：折射式、折反式、反射式，如图 6-45 所示。物镜焦距 f' 参与决定放大倍率和视场；通光孔径 D：影响分辨率和工作放大倍率；相对孔径 D/f' 影响像面亮度和像差。望远物镜的像差：物镜属于小视场、大孔径系统，主要考虑的像差有：球差、彗差和位置色差。校正方法：使用双胶合、双分离和三分离透镜组。

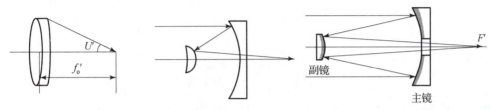

图 6-45　望远物镜的折射式、折反式、反射式

6.4.6　望远镜中的辅助系统——场镜

开普勒系统中，光线在目镜上的投影太高，导致目镜尺寸要求大，可在像平面（公共焦平面）上放一正透镜（叫作场镜）。场镜是一个正透镜组，将其放置在物镜的焦平面上，可以在不改变系统放大率的前提下，改变轴外光束的走向，降低其在目镜上的高度，或让更多的光线通过系统，如图 6-46 所示。

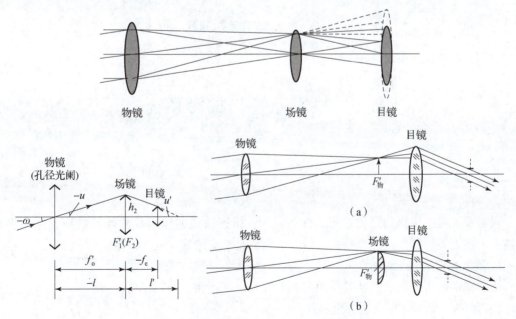

图 6-46　开普勒系统望远镜加场前后的对比

场镜与像平面重合，物镜所成的像恰好在场镜主平面上，垂轴放大率 $\beta=1$，物镜所成的像通过场镜后不改变大小，因此场镜的引入不会影响系统的成像性质，因场镜是正透镜，会把成像光束向中心会聚，目镜的尺寸就可以减小了。

如果把望远镜的目镜去掉，在物镜的焦平面处放置一分划板并用光源照明，则从分划板处发出的光线经物镜后变成平行光，所以称这种光学系统为平行光管，如图 6–47 所示。

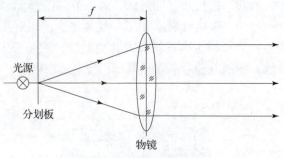

图 6–47　平行光管光路

如果平行光管出射的平行光，被一平面镜反射回来，再经望远物镜会聚在分划板平面上，形成分划板的实像，称这种光学系统为自准直平行光管。图 6–48 所示为自准直显微镜和自准直望远镜的原理图。

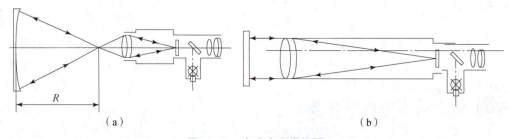

图 6–48　自准直光学仪器

（a）自准直显微镜；（b）自准直望远镜

6.5　摄影系统与投影系统

6.5.1　摄影系统

摄影系统是由摄影物镜和感光器件组成的，摄影物镜的作用是将外界景物成像在感光器件上。感光器件可以是感光胶片、CCD、电子光学变像管、电视摄像管等。

1. 摄影物镜的光学特性

摄影物镜的主要光学特性有焦距、相对孔径、视场角、分辨率等。

1）焦距

对于同一目标，焦距越长，所成像的比例越大。在拍摄远景时，像的大小为

$$y' = -f' \cdot \tan \omega \qquad (6-67)$$

在拍摄近景时，像的大小取决于垂轴放大率，像的大小为

$$y' = y\beta = \frac{y \cdot f'}{x} \tag{6-68}$$

可见，焦距与像的大小成正比，为了获得大比例的像，必须增大物镜的焦距，如航空摄影镜头，焦距可达数百毫米甚至数米。

2）相对孔径

摄影物镜中一般采用可变光阑作为孔径光阑控制相对孔径的大小，以改善像面的照度。光阑的大小用光圈数 F 来表示，也称 F 数（F-number），其定义为

$$F = \frac{f'}{D} \tag{6-69}$$

其倒数为相对孔径，即物镜的通光孔径与焦距的比值，具体表示为

$$A = \frac{1}{F} = \frac{D}{f'} \tag{6-70}$$

光圈数与相对数值孔径的实物与标注如图 6-49 所示。

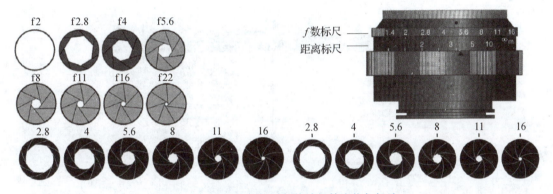

图 6-49 光圈数与相对数值孔径的实物与标注

国家标准规定的光圈数与相对数值孔径的对照表，如表 6-7 所示。

表 6-7 光圈数与相对孔径对照表

D/f'	1:1.4	1:2	1:2.8	1:4	1:5.6	1:8	1:11	1:16	1:22
f	1.4	2	2.8	4	5.6	8	11	16	22

3）视场 2ω

视场决定摄影系统的成像范围，感光元件框是视场光阑和出射窗，它的大小决定了像空间的成像范围及像面的最大尺寸，如图 6-50 所示。若感光元件的最大横向尺寸为 y'_{max}，物在无穷远时物镜的视场角 ω_{max} 与焦距及像高之间的关系为

$$\tan \omega_{max} = \frac{y'_{max}}{2f'} \tag{6-71}$$

物在有限远时：

$$y = \frac{y'_{max}}{\beta} = \frac{y'_{max}}{2f'} x \tag{6-72}$$

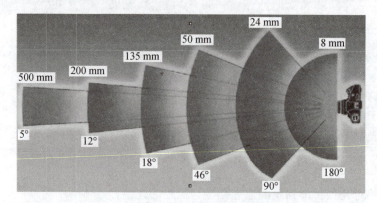

图 6 – 50　感光元件尺寸与视角之间的关系

由上式可知，摄影物镜视场的大小与物镜的焦距有关，如图 6 – 51 所示，焦距越长，视场角越小，成像范围越小。

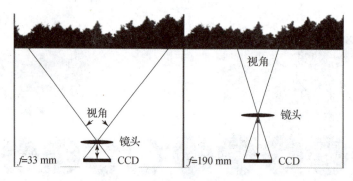

图 6 – 51　焦距与视角之间的关系

4）分辨率

摄影系统的分辨率取决于物镜的分辨率和接收器的分辨率。设物镜的分辨率为 N_{L}，接收器的分辨率为 N_{r}，有

$$\frac{1}{N}=\frac{1}{N_{\mathrm{L}}}+\frac{1}{N_{\mathrm{r}}} \tag{6-73}$$

由瑞利判据可得物镜的理论分辨率为

$$N_{\mathrm{L}}=\frac{1}{\sigma}=\frac{D/f'}{1.22\lambda}=\frac{D}{1.22\lambda \cdot f'} \tag{6-74}$$

物镜的理论分辨率与相对孔径（D/f'）成正比，相对孔径（光圈）越大，物镜的分辨率越高。由于摄影物镜有像差且存在衍射效应，所以物镜的实际分辨率要大大低于理论分辨率。

2. 变焦距物镜

变焦距物镜是一种在物像共轭不变（物像面间隔不变）的情况下，镜头焦距可以在一定范围内连续变化，使物体成像的放大率也在一定范围内连续变化的成像系统，如图 6 – 52 所示。现代的摄影系统基本上都是采用变焦系统，广泛应用在望远系统、显微系统和摄影系统等。

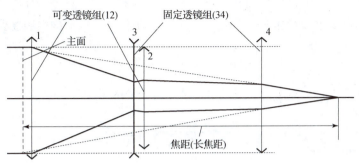

图 6-52　变焦距物镜的系统图

摄影机常用的标识如表 6-8 所示。

表 6-8　摄影机常用的标识

简写	表示	作用	采用厂家
AE	自动曝光	能够实现光圈优先和手动设定的镜头	All
AF	自动对焦	配合 AF 机身，可以实现 AF 功能	Minolta Nikon Olympus Pentax
D	距离信息	可以将拍摄距离参数传递到机身，实现 3D 矩阵测光和闪光控制	Minolta Nikon
DG	数码类	焦距段适合数码 SLR 使用的镜头	Sigma
Micro	微距	具有微距拍摄力的镜头，达到 1:2 及以上	Nikon
Nikkor	Nikon	Nikon 公司生产的镜头	Nikon
Zoom	变焦镜头	镜头焦距可调	

6.5.2　投影系统

投影系统是由投影机、投影屏幕、图像控制器及其他辅助设备组成的显示系统。放映和投影镜头的关键部件是投影物镜，其光学特性以放大率、视场、相对孔径、数值孔径来表示。

1. 放大率

垂轴放大率由银幕尺寸对图片尺寸之比确定，即 $\beta = y'/y$，镜头的焦距 f' 与倍率 β 及物距 l' 关系是：

$$f' = \frac{\beta}{-(\beta-1)^2}L = \frac{l'}{1-\beta} \tag{6-75}$$

式中，L 为物面和成像屏幕间的共轭距。

2. 视场

视场角 ω' 满足：

$$\tan\omega' = \frac{y'}{l'} = \frac{y\beta}{f'(1-\beta)} \tag{6-76}$$

3. 相对孔径

投影物镜的相对孔径由像面的照度要求来确定，如果投影物镜垂轴放大率为 β，光瞳垂

轴放大率为 β_z，则像方孔径角 $\sin U' = \dfrac{D}{2f'(\beta - \beta_z)}$，根据第 5 章节像面照度公式可得：

$$E' = \frac{1}{4}\tau\pi L\left[\frac{D}{f'(\beta - \beta_z)}\right]^2 \tag{6-77}$$

因为是放大镜头，当选用对称或近对称结构时光瞳的垂轴放大率 $\beta_z = 1$，则相对孔径为

$$\frac{D}{f'} = 2(\beta - 1)\sqrt{\frac{E'}{\tau\pi L}} \tag{6-78}$$

4. 数值孔径

对于投影仪光学系统、投影物镜数值孔径与分辨率的关系和显微镜相同，即

$$\sigma = \frac{0.85\alpha}{\beta} = \frac{0.5\lambda}{NA} \tag{6-79}$$

由于投影仪用人眼观测，物体经物镜放大后，分辨率应与人眼的分辨率相适应，即

$$\sigma\beta = 250\varepsilon \tag{6-80}$$

式中，ε 为人眼的分辨角；250 mm 为人眼的明视距离。

把式（6-81）、式（6-82）组合可得：

$$NA = \frac{\beta\lambda}{500\varepsilon} \tag{6-81}$$

先导案例解决

近视眼和远视眼是两种常见的视力问题，近视眼通常是由于眼球角膜曲度过大导致，这使远处物体光线在视网膜前聚焦，导致远处看不清。远视眼则通常是由于角膜曲度过小导致，这使光线在视网膜后聚焦，导致近处看不清。近视眼需要佩戴凹透镜来矫正视力，远视眼患者需要佩戴凸透镜来矫正视力。

本章小结

1. 眼睛及相关概念

（1）眼球生理结构。

（2）眼睛几何成像过程。

（3）眼睛调节与适应：包括瞳孔调节与视度调节。

（4）视度、视度调节、瞳孔调节、明适应、暗适应。

（5）近视、远视、散光，三种眼缺陷的矫正方法。

（6）眼睛的分辨力和对准精度。

2. 放大镜

（1）放大镜视觉放大率。

（2）放大镜的光束限制与线视场。

3. 显微镜

（1）显微镜结构和工作原理。

（2）显微镜的机构。

（3）显微镜的光束限制。

（4）显微镜的分辨率和有效放大率。

（5）显微镜的应用案例。

4. 望远镜

（1）望远镜的视觉放大率。

（2）开普勒望远镜。

（3）伽利略望远镜。

（4）牛顿反射式望远镜。

5. 摄影系统

（1）光学特性：焦距、相对孔径、视场角、分辨率。

（2）摄影机常用的标识。

6. 投影系统

（1）构成：投影机、投影屏幕、图像控制器、辅助设备。

（2）投影物镜的光学特性：放大率、视场、相对孔径、数值孔径。

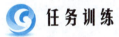 任务训练

任务 6.1　测量显微镜和望远镜的放大率

1. 实验目的

（1）熟悉显微镜和望远镜的构造及其放大原理；

（2）学会一种测定显微镜和望远镜放大率的方法。

2. 实验仪器及光路图

（1）实验仪器：显微镜、望远镜、光阑、导轨、专用夹具、尺子。

（2）光路图，如图 6－53 所示。

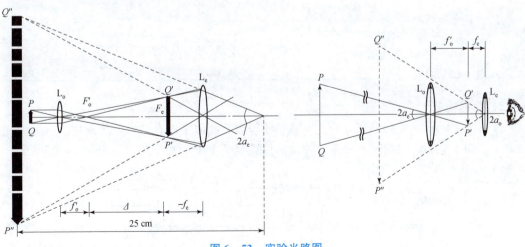

图 6－53　实验光路图

3. 实验步骤及内容

1）测定移测显微镜的放大率

（1）按图 6－54（a）将移测显微镜夹好，在垂直显微镜光轴方向距离目镜 25 cm 处放置分度为 1 mm 的米尺 B，在物镜前放置另一分度也为 1 mm 的短尺 A。

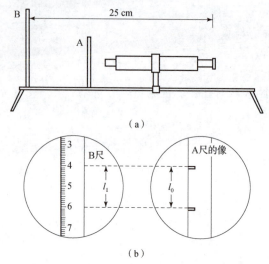

图 6－54　移测显微镜放大率的测定

（2）调节显微镜，使从显微镜中能看到短尺的像，用左眼通过显微镜观察短尺的像，右眼直接看米尺，经过多次观察，调节眼睛使显微镜看到的像投影到靠近米尺 B 时，选定 A 尺的像上某一分度 l_0，记下其相当于 B 尺上的分度 l_1，重复 6 次，并记入表 6－9 中。

（3）根据放大率，计算公式为：$M = \dfrac{l_1}{l_2}$。

表 6－9　显微镜实验数据

次数	1	2	3	4	5	6
物距 L_1						
像距 L_0						
$M = \dfrac{l_1}{l_2}$						

2）望远镜放大率的测定

（1）把望远镜调焦到无穷远处，也就是使望远镜能清楚地看到远处的景物。

（2）卸下望远镜的物镜，并在原物镜的位置装一个十字叉丝光阑，如图 6－55 所示。

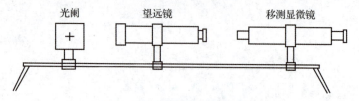

图 6－55　望远镜放大率的测定

（3）利用移测显微镜测出望远镜目镜所成十字叉丝像的长度 l_1 和 l_2，并用移测显微镜直接测出光阑上十字叉丝的长度 l'_1 和 l'_2，记入表 6-10 中。

表 6-10　望远镜实验数据

次数	左/mm	右/mm	上/mm	下/mm	l_1	l_2
1						
2						
3						
4						
5						
平均值						

（4）算出望远镜的放大率 $M = \dfrac{1}{2}\left(\dfrac{l'_1}{l_1} + \dfrac{l'_2}{l_2}\right)$，并与标称值比较。

 习题

1. 200 度的近视眼，其远点在什么位置？矫正时应佩戴何种眼镜？焦距多大？若镜片的折射率为 1.5，第一面的半径是第二面半径的 4 倍，求眼镜片两个表面的半径。

2. 有一 16 度的放大镜，人眼在其后 50 mm 处观察，像位于眼前 400 mm 处，问物面应在什么位置？若放大镜的直径为 15 mm，通过它能看到物面上多大的范围？

3. 有一显微镜系统，物镜的放大率 $\beta_0 = -40$，目镜的倍率为 $M_e = 15$（设均为薄透镜），物镜的共轭距为 195 mm，求物镜和目镜的焦距、物体的位置、光学筒长、物镜与目镜的间隔、系统的等效焦距和总倍率。

4. 一显微镜物镜由相距 20 mm 的两薄透镜组成，物镜的共轭距为 195 mm，放大率为 $-10\times$，且第一透镜承担总偏角的 60%，求两透镜的焦距。

5. 一显微镜的光学筒长为 150 mm，如果物镜的焦距为 20 mm，目镜的视觉放大率为 $12.5\times$，求：

（1）总的视觉放大率；

（2）如果数值孔径为 0.1，问该视觉放大率是否在适用范围内？

6. 有两个薄透镜：$f'_1 = 25$ mm，$f'_2 = 24$ mm。解答：

（1）若用第一个透镜作显微镜的目镜，求该目镜的视觉放大率；

（2）若用第二个透镜作显微镜的物镜，求其物像共轭距为 196 mm 时的物镜垂轴放大率 β；

（3）此时，物镜应放在物面后多远？

（4）此时，该显微镜系统总的视觉放大率是多少？

7. 一个 5 倍伽利略望远镜，物镜的焦距为 120 mm，当具有 1 000 度深度近视眼的人和具有 500 度远视眼的人用它观察时，目镜分别应向何方向移动多少距离？

8. 有一望远镜，物镜的焦距为 1 000 mm，相对孔径为 1 : 10，入瞳与物镜重合，出瞳直径为 4 mm，求望远镜的倍率 Γ、目镜的焦距 f'_e、望远镜的长度和出瞳的位置。

9. 有一 7 倍的望远镜，长度为 160 mm，求分别为开普勒望远镜和伽利略望远镜时，物镜和目镜的焦距。如果这两种望远镜的物镜焦距相同，问此时伽利略望远镜的长度可缩短多少？

第 7 章

波动光学基础与光的偏振

知识目标

1. 掌握振动、波动的基本概念、参数、振动与波动方程。
2. 理解光的横波性、光强的含义。
3. 掌握菲涅耳公式的含义、布儒斯特定律、半波损失、反射率与透射率。
4. 掌握光波的各种偏振态的特性。

技能目标

1. 会分析波动方程并得出光波的各种参量。
2. 会利用菲涅耳公式分析反射、折射时偏振态变化、相位变化、能量分配。
3. 会鉴别光的各种偏振态。
4. 会搭建光路测量布儒斯特角。

素质目标

1. 通过分享行业龙头企业，培养学生民族自信、专业自信。
2. 通过知识拓展，培养学生信息查阅及检索能力。

先导案例：

看 3D 电影（图 7-1）时要戴一个特定的眼镜（图 7-2），这样我们看到的电影画面会有一个立体的效果，如果不戴这个眼镜，看到的画面感觉有重影。

图 7-1　3D 电影画面

图 7-2　3D 眼镜

19 世纪 60 年代，麦克斯韦建立了经典电磁理论，并把光学现象和电磁现象联系起来，指出光也是一种电磁波，从而产生了光的电磁理论，光的电磁理论可以研究光在宏观传播过程中的波动现象（干涉、衍射、偏振等），以及光波与媒质的相互作用（光的吸收、散射、色散），这就是波动光学的主要内容。

本章基于光的电磁理论，简单地综述光波的基本特性，着重讨论光在各向同性介质中的传输特性，光在介质界面上的反射和折射特性。

7.1　振动与波动

7.1.1　振动

1. 定义

机械振动是指物体在一定位置附近所做的来回往复的运动，这是物体的一种运动形式。从日常生活到生产技术以及自然界中到处都存在着振动。一切发声体都在振动，机器的运转总伴随着振动，海浪的起伏以及地震也都是振动。

广义地说，任何一个物理量随时间的周期性变化都可以叫作振动。例如，电路中的电流、电压，电磁场中的电场强度和磁场强度也都可能随时间做周期性变化。这种变化也可以称为振动——电磁振动或电磁振荡。

振动和波动是横跨物理学不同领域的一种普遍而重要的形式。因此，关于振动和波动的基本概念和规律对于光振动和光波动也是成立的。下面以机械振动为例讨论简谐振动规律。

2. 简谐振动方程

物体运动时，如果离开平衡位置的位移按余弦函数（或正弦函数）的规律随时间变化，这种运动就叫简谐振动。它是最基本的振动，一切复杂的振动都可以认为是由许多简谐振动合成的。

若以纵轴表示质点距离平衡位置的位移 y，横轴表示时间 t，则简谐振动的位移随时间的关系曲线是余弦或正弦曲线，如图 7－3 所示。

根据数学课中三角函数的知识，图 7－3 中 y 和 t 的函数关系可以写成

$$y = A\cos\left(\omega t + \varphi_0\right)$$

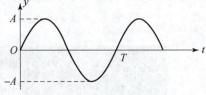

图 7－3　简谐振动的位移随时间的关系曲线

3. 描述振动的物理量

（1）振幅 A：物体离开平衡位置的最大距离，它决定了 y 的取值范围为 $-A \sim +A$。

（2）周期 T：简谐运动具有周期性，T 为做简谐运动的物体完成一次全振动所需的时间，叫作振动的周期，其国际单位是秒（s）。

（3）频率 f：表示单位时间内完成的全振动的次数，其国际单位是赫兹（Hz），它是周期 T 的倒数，即

$$f = \frac{1}{T} \qquad (7-1)$$

（4）角频率 ω：单位时间内物体振动转过的角度，其国际单位是弧度/秒（rad/s）。

因为 $A\cos[\omega(t+T)+\varphi_0] = A\cos(\omega t + \varphi_0)$，所以 $\omega T = 2\pi$，即

$$\omega = \frac{2\pi}{T} = 2\pi f \qquad (7-2)$$

T、f、ω 都是描述振动快慢的物理量。

（5）相位 $\varphi = \omega t + \varphi_0$：描述振动物体运动状态的物理量。

初相位 φ_0：$t=0$ 时的相位，描述物体的初始运动状态。

若有两个简谐振动，其振动方程分别为 $y_1 = A_1\cos(\omega_1 t + \varphi_{01})$，$y_2 = A_2\cos(\omega_2 t + \varphi_{02})$，则相位差为 $\delta = \varphi_2 - \varphi_1 = (\omega_2 - \omega_1)t + (\varphi_{02} - \varphi_{01})$。

若想任意时刻相位差恒定，则 $\omega_1 = \omega_2 = \omega$ 且 $(\varphi_{02} - \varphi_{01})$ 为恒定值。

①当 $(\varphi_{02} - \varphi_{01}) = 2k\pi$ 时，两振动同相。

②当 $(\varphi_{02} - \varphi_{01}) = (2k+1)\pi$ 时，两振动反相。

7.1.2　波动

1. 定义

振动这种形式的传播称为波动，简称波。机械振动在介质中的传播称为机械波，如声波、水波、地震波等。变化的电场和变化的磁场在空间的传播称为电磁波，如无线电波、光波等。虽然各种波的本质不同，各有其特殊的性质和规律，但是在形式上具有许多共同的特征和规律，如都具有一定的传播速度，都是能量的传播，都能产生反射、折射、干涉和衍射等现象。

2. 波动的分类

（1）横波：若周期性变化的物理量，其振动方向与波的传播方向垂直，这种波叫横波。

（2）纵波：若周期性变化的物理量，其振动方向与波的传播方向在一条直线上，这种波叫纵波。

3. 简谐波形曲线

用横坐标 x 表示在波的传播方向上各个质点的平衡位置，纵坐标 y 表示某一时刻各个质点偏离平衡位置的位移，就形成了如图 7-4 所示简谐波的波形曲线。

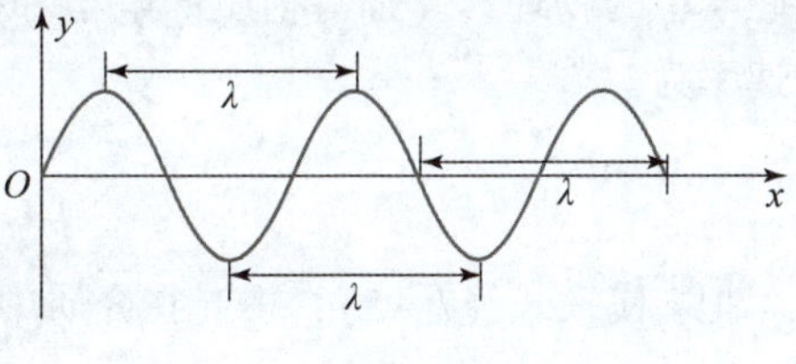

图 7-4　简谐波的波形曲线

4. 描述波动的物理量

（1）波长 λ：波传播中，两个相邻的同相位点之间的距离。

（2）周期：波传播一个波长的距离所需要的时间。在波动中，各个质点的振动周期（或频率）是相同的，它们都等于波源的振动周期（或频率），这个周期（或频率）也就是波的周期（或频率）。

（3）波速：波（能量）以一定的速率 v（波速）传播，经过一个周期 T，波传播的距离等于一个波长 λ，所以波速为

$$v = \frac{\lambda}{T} \tag{7-3}$$

（4）波数 k：如果把横波中相接的一峰一谷算作一个"完整波"，波数等于在 2π 的长度内含有的"完整波"的数目。波数为矢量，其方向表示波传播方向，其大小为

$$k = \frac{\omega}{v} = \frac{2\pi}{\lambda} \tag{7-4}$$

（5）波（阵）面。

同相振动的点组成的面叫作同相面或波（阵）面。把波阵面中最前面的那个波阵面称为波前。

7.2　光波的基本特性

自从 19 世纪人们证实了光是一种电磁波后，又经过大量的实验，进一步证实了 X 射线、γ 射线等也都是电磁波。它们的电磁特性相同，只是波长（或频率）不同而已。如果按其波长（或频率）的次序排列成谱，则称为电磁波谱，如图 1-3 所示。

光电子技术涉及电磁波谱的光波段，主要包括红外线、可见光和紫外线，从电磁波谱图上可以看出，光电子技术涉及的波长范围为 10 nm～1 mm，其中 760 nm～1 mm 为红外波段，380～760 nm 为可见光波段，10～380 nm 为紫外波段。

7.2.1　光学和电磁学的物理量之间的联系

根据麦克斯韦的电磁理论，电磁波在介质中的传播速度为

$$v = \frac{1}{\sqrt{\varepsilon_r \mu_r}} \cdot \frac{1}{\sqrt{\varepsilon_0 \mu_0}} \tag{7-5}$$

式中，ε_0 和 μ_0 为真空中的介电常数和磁导率；ε_r 和 μ_r 为相对介电常数和相对磁导率，是电磁学中的物理量（描写物质的电学和磁学性质）。对真空，$\varepsilon_r = \mu_r = 1$，所以光在真空中的速率为

$$c = \frac{1}{\sqrt{\varepsilon_0 \mu_0}} \tag{7-6}$$

把 c 代入式（7-5），得光在介质中的速率为

$$v = \frac{c}{\sqrt{\varepsilon_r \mu_r}} \tag{7-7}$$

对于大多数介质 $\mu_r \approx 1$，$\varepsilon_r > 1$，所以介质中的光速一般比真空中的光速要小。

由于 ε_r 和 μ_r 与介质种类有关，故同一光波在不同介质中有不同的速率。由折射率的定义式容易看出

$$n = \frac{c}{v} = \sqrt{\varepsilon_r \mu_r} \approx \sqrt{\varepsilon_r} \tag{7-8}$$

n 是光学中的物理量（描写光学性质）；上式把光学和电磁学两个不同领域中的物理量

联系起来了。

7.2.2 光矢量

光波中包含有电场矢量和磁场矢量，从波的传播特性来看，它们处于同样的地位，但是从光与介质的相互作用来看，其作用不同。在通常应用的情况下，磁场的作用远比电场弱，甚至不起作用。例如，实验证明，使照相底片感光的是电场，不是磁场；对人眼视网膜起作用的也是电场，不是磁场。因此，通常把光波中的电场矢量 E 称为光矢量，把电场 E 的振动称为光振动，在讨论光的波动特性时，只考虑电场矢量 E 即可。

7.2.3 光波的横波性

光波是一种电磁波，是由周期性变化的电场和周期性变化的磁场构成的。按照经典的电磁理论，在无限大均匀介质中，光波中的电场强度 E（简称电矢量）和磁场强度 H（简称磁矢量）同相且相互垂直，它们又都与传播方向垂直，即 E、H、k 三矢量相互垂直且构成右手螺旋直角坐标系统，如图 7-5 所示。

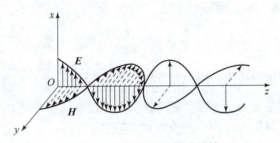

图 7-5 平面光波的横波特性

根据麦克斯韦方程组可以推导出，电场和磁场的大小有下列关系

$$\frac{E}{H} = \sqrt{\frac{\mu}{\varepsilon}} \tag{7-9}$$

即 E 与 H 的数值之比为正实数，因此 E 与 H 同相位。如果同时考虑 E、H、k 三矢量的方向和大小关系，则三者的关系式为

$$H = \frac{1}{\omega\mu} k \times E$$

7.2.4 光强

1. 能量密度

单位体积内电磁场的能量称为能量密度，其大小为

$$u = \varepsilon E^2 \tag{7-10}$$

2. 能流密度

单位时间内，通过垂直于传播方向上的单位面积的能量称为能流密度，用 S 表示，又

叫玻印亭矢量。

由式（7-10）可知，若光传播速度为 v，在 t 时间内通过垂直于传播方向上面积为 A 的面上的能量大小为 $u \cdot vt \cdot A$，根据能流密度定义，$t = 1$ s，$A = 1$ m^2，所以其大小为

$$S = u \cdot vt \cdot A = uv = \varepsilon E^2 v = \varepsilon E^2 \frac{1}{\sqrt{\mu\varepsilon}} = \sqrt{\frac{\varepsilon}{\mu}} E^2 = EH \qquad (7-11)$$

能流密度是矢量，其方向表示电磁场能量的传播方向，考虑能流密度的大小和方向，它定义式为

$$\boldsymbol{S} = \boldsymbol{E} \times \boldsymbol{H}$$

3. 光强

由于光波的频率很高，例如可见光为 10^{14} 量级，所以 S 的大小随时间的变化很快。而目前光探测器的响应时间都较慢，例如响应最快的光电二极管仅为 $10^{-8} \sim 10^{-9}$ s，远远跟不上光能量的瞬时变化，只能给出 S 的平均值。所以，在实际应用中都利用能流密度的时间平均值 $\langle S \rangle$ 表征电磁场的能量传播，并称 $\langle S \rangle$ 为光强，以 I 表示。假设光探测器的响应时间为 T，则

$$\langle S \rangle = \frac{1}{T} \int_0^T S \mathrm{d}t$$

将式（7-11）代入，进行积分可得

$$I = \langle S \rangle = \frac{1}{2} \frac{n}{\mu c} E_0^2 = \frac{1}{2} \sqrt{\frac{\varepsilon}{\mu}} E_0^2 = \alpha E_0^2$$

式中，$\alpha = \frac{1}{2} \cdot \sqrt{\varepsilon/\mu}$ 为比例系数。由此可见，在同一种介质中，光强与电场强度振幅的平方成正比。一旦通过测量知道了光强，便可计算出光波电场的振幅 E_0。

在有些应用场合，只需考虑同一种介质中光强的相对值，因而往往省略比例系数，把光强写成

$$I = \langle E^2 \rangle = E_0^2 \qquad (7-12)$$

如果考虑的是不同介质中的光强，比例系数不能省略。

7.2.5 平面单色光波的波动方程

在单色光波中，平面单色光波是一种最简单、最基本，但也是最重要的一种光波。因为根据傅里叶分析，任何光波都可以看成为不同频率、不同方向平面单色光波的叠加。根据光的电磁理论，平面单色光波就是平面简谐电磁波。

1. 光波沿 z 轴正方向传播

如图 7-6 所示，设一列平面单色光波的振动方向为 y 轴，其传播方向沿 z 轴正方向，传播速度是 v。

假设原点位置的光矢量在 t 时刻的振荡状态为

$$\boldsymbol{E} = \boldsymbol{E}_0 \cos(\omega t + \varphi_0)$$

则 z 轴上任一点 P（坐标为 z）的光矢量振荡状态

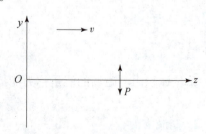

图 7-6 沿 z 轴正向传播的平面简谐波

应与 $t-t'$ 时刻的原点振荡状态相同，$t'\left(t'=\dfrac{z}{v}\right)$ 是光矢量的振动状态从原点传播到 P 点的所需的时间。因而 P 点光矢量的振动为

$$E = E_0\cos\left[\omega(t-t')+\varphi_0\right] = E_0\cos\left[\omega\left(t-\dfrac{z}{v}\right)+\varphi_0\right]$$

即，一列以速度 v 沿 z 轴正方向传播的平面单色光波的波函数为

$$E = E_0\cos\left[\omega\left(t-\dfrac{z}{v}\right)+\varphi_0\right] = E_0\cos\left(\omega t - kz + \varphi_0\right) \tag{7-13}$$

式中，E 为电场强度矢量；E_0 为振幅矢量；$\varphi(z,t)=\left[\omega\left(t-\dfrac{z}{v}\right)+\varphi_0\right]$ 为 t 时刻 z 处的振动相位，常数 φ_0 为时空原点（$t=0$，$z=0$）的振动相位，即初相位。

由式（7-13）看出，z 每变化 λ 或者 t 每变化 T，则相位改变 2π，E 复原，因此光波在时间、空间中均具有周期性。其时间周期性用周期（T）、频率（f）、角频率（ω）表征，其空间周期性可用 λ、$1/\lambda$、k 表征，分别称为空间周期、空间频率和空间角频率。

2. 光波沿空间任一方向传播

如图 7-7 所示，若平面单色光波沿着任一波矢量（简称波矢）k 方向传播，则可用下列波函数来描述。

$$E = E_0\cos\left(\omega t - k\cdot r + \varphi_0\right) \tag{7-14}$$

式中，k 的方向指向波的传播方向；r 为到空间任意一点 P（其位置由直角坐标系中的坐标 x，y，z 表示）的位置矢量。因此

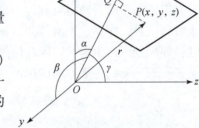

图 7-7　沿 k 方向传播的平面波

$$k\cdot r = k_x x + k_y y + k_z z$$

式中，k_x、k_y、k_z 分别为波矢 k 在 x、y、z 方向的分量，式（7-14）可写为

$$E = E_0\cos\left(\omega t - xk_x - yk_y - zk_z + \varphi_0\right) \tag{7-15}$$

7.2.7　知识应用

例 7-1　一束 1×10^5 W 的激光，用透镜聚焦到 1×10^{-10} m^2 的面积上，则在透镜焦平面上的光强度约为

$$I = \dfrac{10^5}{10^{-10}} = 10^{15}\,(\text{W/m}^2)$$

相应的光电场强度振幅为

$$E_0 = \left(\dfrac{2\mu_0 cI}{n}\right)^{1/2} = 0.87\times10^9\,\text{V/m}$$

这样强的电场，能够产生极高的温度，足以将目标烧毁。

例 7-2　一平面单色光波的波动方程为 $E = 0.2\cos\left(\pi\times10^{15}t + 0.06cy\right)$，求其振幅、周期、波长和波速，并判断波的传播方向。

解：我们可以将已知方程与标准形式比较，利用它相对应项系数相等可得出结果，即

$E = 0.2\cos(\pi \times 10^{15} t + 0.06cy)$ 与 $E = E_0\cos(\omega t - xk_x - yk_y - zk_z + \varphi_0)$ 比较得：$E_0 = 0.2$ V/m，$\omega = \pi \times 10^{15}$ rad/s，$k = 0.06$ crad/m，且波的传播方向为沿着 y 轴负方向传播。

根据式（7-2）、式（7-4）可得：

$$T = \frac{2\pi}{\omega} = 2 \times 10^{-15}\ \text{s}, \quad \lambda = \frac{2\pi}{k} = 348.89\ \text{nm}, \quad v = \frac{\lambda}{T} = 1.74 \times 10^{8}\ \text{m/s}$$

7.3　光的偏振

7.3.1　光的偏振定义及分类

1. 定义

光波是特定频率的电磁波，由于电磁波是横波，所以光波中光矢量的振动方向总和光的传播方向垂直，其振动方向是一个有别于垂直传播方向的其他横方向的特殊方向，因此不具有以传播方向为轴的对称性，这种不对称现象称为光的偏振。纵波的振动方向与波的传播方向一致，在垂直于波传播方向的各个方向去观察纵波，情况是完全相同的，具有对称性，即纵波不产生偏振，因此偏振是横波区别于纵波的标志。

在垂直于光的传播方向的平面内，光矢量可能有不同的振动状态，各种振动状态通常称为光的偏振态。

2. 分类

就其偏振状态加以区分，光可以分为三类：非偏振光、完全偏振光（简称偏振光）和部分偏振光。完全偏振光又分为线偏振光、圆偏振光、椭圆偏振光。部分偏振光也可以分为部分线偏振光、部分圆偏振光、部分椭圆偏振光。所以，光波的偏振态总计有 3 类 7 种。

7.3.2　完全偏振光

将两列频率相同、振动方向相互垂直、传播方向相同的平面单色光波叠加，可获得各种完全偏振光。

图 7-8 中，振动方向分别是振动方向为 x、y 轴的两列平面单色光波，两列波都沿 z 轴正方向传播的，可写出两列波的波方程分别为

$$E_x = E_{0x}\cos(\omega t - kz + \phi_x), \quad E_y = E_{0y}\cos(\omega t - kz + \phi_y) \tag{7-16}$$

将上两式中的变量 t 消去，经过运算可得

$$\left(\frac{E_x}{E_{0x}}\right)^2 + \left(\frac{E_y}{E_{0y}}\right)^2 - 2\left(\frac{E_x}{E_{0x}}\right)\left(\frac{E_y}{E_{0y}}\right)\cos\delta = \sin^2\delta \tag{7-17}$$

式中，$\delta = \phi_y - \phi_x$ 为两列波的相位差，这个二元二次方程在一般情况下表示的几何图形是椭圆，如图 7-9 所示。相位差 δ 和振幅比 E_{0y}/E_{0x} 的不同，决定了椭圆形状和空间取向的不同，从而也就决定了光的不同偏振态。图 7-10 所示为几种不同 δ 值相应的椭圆偏振态。实际上，线偏振态和圆偏振态都是椭圆偏振态的特殊情况。

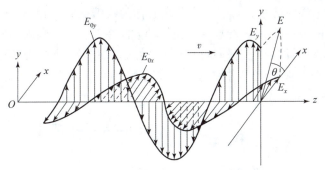

图 7-8　沿 z 轴传播的光波的分解

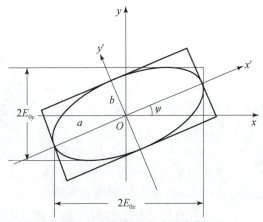

图 7-9　椭圆偏振光诸参量

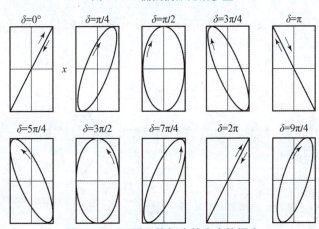

图 7-10　不同 δ 值相应的完全偏振光

1. 线偏振光

当 E_x、E_y 二分量的相位差 $\delta = m\pi\,(m = 0,\ \pm 1,\ \pm 2,\ \cdots)$ 时，式（7-17）可表示为

$$\frac{E_y}{E_x} = (-1)^m \frac{E_{0y}}{E_{0x}} \tag{7-18}$$

这是直线方程，式（7-17）描述的椭圆变为一条直线，此时，在垂直于传播方向的平面内，电场矢量的方向保持不变，大小

线偏振光电场
的振动特点

两振动方向互相
垂直的线偏振
光合成为线偏振光

随时间变化，它的末端轨迹是一直线，这种光波称为线编振光。当 m 为零或偶数时，光振动方向在 I、III 象限内；当 m 为奇数时，光振动方向在 II、IV 象限内，如图 7-10 所示。

由于在同一时刻，线偏振光传播方向上各点的光矢量都分布在同一平面内，如图 7-11（a）所示，所以又称为平面偏振光，并将包含光矢量和传播方向的平面称为振动面。通常用图 7-11（b）表示线偏振光。

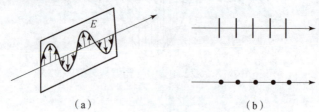

（a）　　　　　　　　　　（b）

图 7-11　线偏振光及图示法

2. 圆偏振光

当 E_x、E_y 的振幅相等（$E_{0x} = E_{0y} = E_0$），且相位差 $\delta = m\pi/2$（$m = \pm 1, \pm 3, \pm 5, \cdots$）时，椭圆方程变为圆方程

$$E_x^2 + E_y^2 = E_0^2 \tag{7-19}$$

此时，当光波通过的时候，在垂直于光传播方向的平面内，电场矢量以角频率 ω 旋转，即其电矢量的大小保持不变而方向随时间变化，其末端轨迹描绘出一个圆，这种光称为圆偏振光。

圆偏振光电场
的振动特点

两振动方向互相
垂直的线偏振
光合成为圆偏振光

在某一时刻，根据电矢量的旋转方向不同，可将圆偏振光分为右旋圆偏振光和左旋圆偏振光。逆着光传播方向看，E 顺时针方向旋转时，称为右旋圆偏振光，反之，称为左旋圆偏振光。图 7-12 所示为某一时刻的左旋圆偏振光在半个波长的长度内光矢量沿传播方向改变的情形。

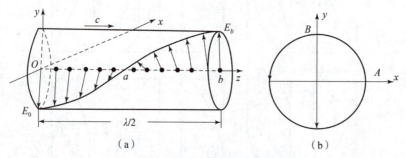

（a）　　　　　　　　　　（b）

图 7-12　左旋圆偏振光的旋转示意图

当 $\delta = 2m\pi - \dfrac{\pi}{2}$（$m = 0, \pm 1, \pm 2, \pm 3, \cdots$）时，

$$E_x = E_{0x} \cos(\omega t - kz + \varphi_x), \ E_y = E_0 \cos\left(\omega t - kz + \varphi_x + 2m\pi - \frac{\pi}{2}\right) = E_0 \sin(\omega t - kz + \varphi_x)$$

由以上 E_x 和 E_y 的表达式可以得出，当相位 $(\omega t - kz + \phi_x) = 0$ 时，E_x 为正的最大时，$E_y = 0$ [图 7-12（b）中 A 点]，当相位增大到 $\dfrac{\pi}{2}$ 时，E_x 为 0 时，$E_y = 1$ [图 7-12（b）中 B 点]，为左旋圆偏振光，如图 7-12（b）所示。

当 $\delta = 2m\pi + \dfrac{\pi}{2}$ $(m = 0, \pm 1, \pm 2, \pm 3, \cdots)$ 时，为右旋圆偏振光。

椭圆偏振光　　　两振动方向互相垂直的线偏振光合成为椭圆偏振光

3. 椭圆偏振光

当光波通过的时候，在垂直于光传播方向的某一平面内，光矢量的大小和方向都在变化，它的末端轨迹描绘出一个椭圆，即在任一时刻，沿光传播方向上，空间各点电场矢量末端在 xy 平面上的投影是一椭圆；或在空间任一点，电场矢量端点在相继各时刻的轨迹是一椭圆，如图 7-13 所示，这种光波称为椭圆偏振光。

对于椭圆偏振光，也可分为右旋椭圆偏振光和左旋椭圆偏振光，当 $2m\pi < \phi < (2m+1)\pi$ 时，为右旋椭圆偏振光；当 $(2m-1)\pi < \phi < 2m\pi$ 时，为左旋椭圆偏振光。

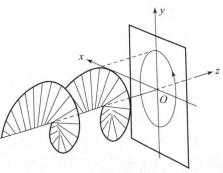

图 7-13　椭圆偏振光

7.3.3　非偏振光（自然光）

1. 定义

一个原子发射的光波是一些断续的振动方向和初相位各不相关的线偏振光波列，各波列持续的时间约为 10^{-9} s。普通光源包含着为数极多的原子或分子，它们各自无规则地发射着互不相关的光波列。这些线偏振光波列的集合，在垂直光传播方向的平面内具有一切可能的振动方向，各个振动方向上振幅在观察时间内的平均值相等，初相位完全无关，这种光称为非偏振光或称自然光。

2. 图示法

统计平均来看，自然光中光矢量的分布对传播方向是完全对称的。为了在实际问题中处理自然光方便起见，可以用互相垂直的两个光矢量表示，这两个光矢量的振幅相同，但位相关系是不确定的、瞬息万变的，我们不可能把这两个光矢量再进一步合成一个稳定的或有规则变化的完全偏振光。也就是说，自然光可以看作是振动方向互相垂直、振幅相等而相位完全无关的两个线偏振光的合成，如图 7-14 所示。

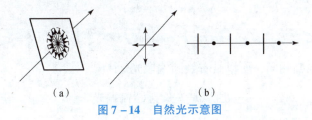

（a）　　　　　　　　（b）

图 7-14　自然光示意图

7.3.4　部分偏振光

1. 定义

自然光在传播过程中，如果受到外界的作用，使光在某一方向的振动比其他方向占优

光学基础教程

势，这种光叫作部分偏振光。在垂直于光传播方向的平面内，其光矢量具有各种方向，但在不同的方向上的振幅大小不同，相对于光传播方向不具有对称性。

部分偏振光可看作是完全偏振光和自然光的混合，当分别用线偏振光、圆偏振光、椭圆偏振光和自然光混合时，则相应地得到部分线偏振光、部分圆偏振光、部分椭圆偏振光。因为在大多数情况下遇到的都是部分线偏振光，今后如不特别指明，讲到部分偏振光都是指部分线偏振光。

2. 图示法

部分线偏振光可以用相互垂直的两个光矢量表示，这两个光矢量的振幅不相等，相位关系也不确定。通常用图 7 – 15 表示部分线偏振光。

3. 偏振度

为了描述部分偏振光的偏振程度，定义部分偏振光的总光强中完全偏振光光强所占的百分比为偏振度，用 P 表示。

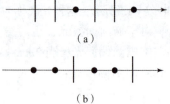

（a）

（b）

图 7 – 15　部分偏振光及其图示法

图 7 – 15（a）中光矢量在图面内的振动占优势，其强度用 I_M 表示，光矢量在垂直图面的方向处于劣势，其强度用 I_m 表示。部分偏振光可以看作是由一个线偏振光和一个自然光混合组成的，其中线偏振光的强度为 $I_p = I_M - I_m$，部分偏振光的总强度 $I = I_M + I_m$，则

$$P = \frac{I_p}{I} = \frac{I_P}{I_n + I_p} = \frac{I_M - I_m}{I_M + I_m} \tag{7-20}$$

对于自然光，各方向的强度相等，$I_M = I_m$，故 $P = 0$。对于线偏振光，$I_p = I$，$P = 1$。其他情况下的 P 值都小于 1。偏振度的数值越接近 1，光束的偏振化程度越高。

7.3.5　知识应用

例 7 – 3　试确定下列各组光波表示式所代表的偏振态：

（1）$E_x = E_0\sin(\omega t - kz)$，$E_y = E_0\cos(\omega t - kz)$；

（2）$E_x = E_0\cos(\omega t - kz)$，$E_y = E_0\cos(\omega t - kz - \pi/4)$；

（3）$E_x = E_0\sin(\omega t - kz)$，$E_y = -E_0\sin(\omega t - kz)$。

解：（1）因为 $E_x = E_0\sin(\omega t - kz) = E_0\cos\left(\omega t - kz - \dfrac{\pi}{2}\right)$，所以 $\delta = \varphi_y - \varphi_x = \dfrac{\pi}{2}$。

又因为两列波振幅相同，所以是右旋圆偏振光。

（2）因为 $\delta = \varphi_y - \varphi_x = -\dfrac{\pi}{4}$，所以是左旋椭圆偏振光。

（3）因为 $E_x = E_0\sin(\omega t - kz) = E_0\cos\left(\omega t - kz - \dfrac{\pi}{2}\right)$，

$E_y = -E_0\sin(\omega t - kz) = E_0\cos\left(\omega t - kz + \dfrac{\pi}{2}\right)$

$\delta = \varphi_y - \varphi_x = \pi$，所以为二、四象限的线偏振光。

7.4　光在电介质分界面上的反射和折射

当光波由一种介质投射到与另一种介质的分界面上时，将发生反射和折射现象，即传播方向会发生改变，同时，还会引起光波的能量分配、相位的跃变以及偏振态的变化等问题。

7.4.1　菲涅耳公式

光由一种介质 n_1 入射到另一种介质 n_2，在界面上将产生反射和折射。为区别起见，描述入射光（incident light）、反射光（reflected light）、折（透）射光（transmission light）的各个分量分别以脚标 i、r、t 加以区分。

1. S 分量和 P 分量

电矢量 E 可在垂直传播方向 k 的平面内任意方向上振动，而它总可以分解成垂直于入射面（界面法线与入射光线组成的平面）振动的 S 分量（记作 E_s）和平行于入射面振动的 P 分量（记作 E_p），k_i、k_r、k_t 分别为入射光、反射光、折射光的传播方向，可由反射定律和折射定律确定，为讨论方便，按同一法则，规定 S 分量和 P 分量的正方向如图 7 - 16 所示。

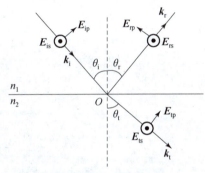

图 7 - 16　S 分量和 P 分量的正方向

S 分量和 P 分量的反射光和折射光的振幅和相位关系是不同的，要分别予以讨论。一旦这两个分量的反射、折射特性确定，则由其合成的任意方向上振动的光的反射、折射特性也即确定。

2. 菲涅耳公式

根据电磁场的边界条件及 S 分量、P 分量的正方向规定，在界面两侧邻近点的入射场、反射场和折射场各分量满足如下关系：

$$r_s = \frac{E_{ors}}{E_{ois}} = -\frac{\sin(\theta_i - \theta_t)}{\sin(\theta_i + \theta_t)} = \frac{n_1 \cos\theta_i - n_2 \cos\theta_t}{n_1 \cos\theta_i + n_2 \cos\theta_t} \tag{7-21}$$

$$r_p = \frac{E_{orp}}{E_{oip}} = \frac{\tan(\theta_i - \theta_t)}{\tan(\theta_i + \theta_t)} = \frac{n_2 \cos\theta_i - n_1 \cos\theta_t}{n_2 \cos\theta_i + n_1 \cos\theta_t} \tag{7-22}$$

$$t_s = \frac{E_{ots}}{E_{ois}} = \frac{2\cos\theta_i \sin\theta_t}{\sin(\theta_i + \theta_t)} = \frac{2n_1 \cos\theta_i}{n_1 \cos\theta_i + n_2 \cos\theta_t} \tag{7-23}$$

$$t_p = \frac{E_{otp}}{E_{oip}} = \frac{2\cos\theta_i \sin\theta_t}{\sin(\theta_i + \theta_t)\cos(\theta_i - \theta_t)} = \frac{2n_1 \cos\theta_i}{n_2 \cos\theta_i + n_1 \cos\theta_t} \tag{7-24}$$

以上四式统称为菲涅耳公式，菲涅耳公式给出的是反射光、折射光与入射光的振幅关系，其中 r_s、r_p 称为 S 分量和 P 分量的振幅反射系数；t_s、t_p 称为 S 分量和 P 分量的振幅透射系数。

7.4.2　反射和折射时的振幅关系与布儒斯特定律

菲涅耳公式显示出反射光或折射光与入射光振幅的相对变化是随着入射角而变的。图 7-17 所示为在 $n_1 < n_2$（光由光疏介质射向光密介质）和 $n_1 > n_2$（光由光密介质射向光疏介质）两种情况下，反射系数、透射系数随入射角 θ_i 的变化曲线。

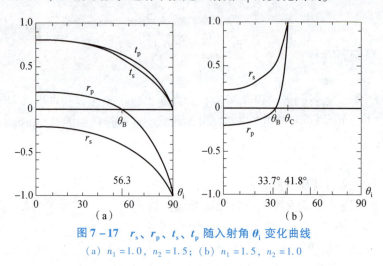

图 7-17　r_s、r_p、t_s、t_p 随入射角 θ_i 变化曲线

（a）$n_1 = 1.0$，$n_2 = 1.5$；（b）$n_1 = 1.5$，$n_2 = 1.0$

1. $n_1 < n_2$ 即光由光疏介质射向光密介质的情形 ［图 7-17（a）］

（1）当 $\theta_i = 0°$，即垂直入射时，根据菲涅耳公式可得，$|r_s| = |r_p| = \dfrac{n_2 - n_1}{n_2 + n_1}$、$t_s = t_p = \dfrac{2n_1}{n_2 + n_1}$，四个系数都不等于零，表示反射光和折射光中 S 分量和 P 分量都存在。

（2）当 $\theta_i = 90°$，即掠入射时，$|r_s| = |r_p| = 1$ 为最大值，$t_s = t_p = 0$ 为最小值，表示没有折射光。

（3）当 $\theta_i = \theta_B$ 时，$|r_p| = 0$，即反射光中没有 P 分量，只有 S 分量，反射光为振动方向垂直于入射面的线偏振光，此时的折射光为部分偏振光，这种现象称为布儒斯特定律，相应的入射角称为布儒斯特角，用 θ_B 表示，且

$$\theta_B + \theta_t = 90° \tag{7-25}$$

根据折射定律可得

$$\tan\theta_B = \frac{n_2}{n_1} \tag{7-26}$$

2. $n_1 > n_2$ 即光由光密介质射向光疏介质的情形 ［图 7-17（b）］

当 $\theta_i = 0°$ 时，$|r_s|$、$|r_p|$ 与图 7-17（a）相同；随着入射角 θ_i 的增大，$|r_s|$ 在增大，当 $\theta_i \geq \theta_c$（θ_c 为全反射临界角）时，$|r_s| = |r_p| = 1$，表示发生全反射现象，且仍然存在布儒斯特现象。

7.4.3　反射和折射时的相位关系与半波损失

由式（7-21）~式（7-24）可以看出，随着 θ_i 的变化，r_s、r_p、t_s 和 t_p 只会出现正值

或负值的情况。当出现正值时，反射光或折射光电矢量与入射光的电矢量同相位，当出现负值时，二者反相位，其相应的相位变化突变了 π。

1. 折射光与入射光的相位关系

由式（7–23）和式（7–24）可知，不论光波以什么角度入射至分界面，也不论界面两侧折射率的大小如何，t_s 和 t_p 总是取正值，因此，折射光总是与入射光同相位，其 S 分量和 P 分量的取向与图 7–14 规定的正向一致。

2. 反射光和入射光的相位关系

（1）$n_1 < n_2$ 即光由光疏介质射向光密介质的情形。

图 7–17（a）中显示，r_s 对所有的 θ_i 值都是负值，即 E_{rs} 方向与规定的正向相反，表明反射时 S 分量在界面上发生了 π 的相位变化。当 $0° \leq \theta_i < \theta_B$ 时，r_p 为正值，表明 E_{rp} 取规定的正向，其相位不变；当 $\theta_B < \theta_i \leq \pi/2$ 时，r_p 为负值，即 E_{rp} 与规定的正向相反，表明在界面上，反射光的 P 分量有 π 的相位变化，如图 7–18 所示。

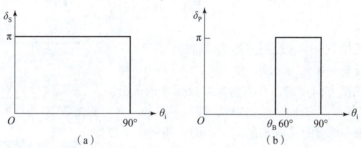

图 7–18　$n_1 < n_2$ 时反射光 S 分量与 P 分量的相位变化
（a）S 分量；（b）P 分量

（2）$n_1 > n_2$ 即光由光密介质射向光疏介质的情形。

图 7–17（b）中显示，当 $0° \leq \theta_i \leq \theta_C$ 时，r_s 为正值，E_{rs} 取规定的正向，其相位不变。当 $0° \leq \theta_i < \theta_B$ 时，r_p 为负值，即 E_{rp} 与规定的正向相反，在界面上，反射光的 P 分量有 π 的相位变化；当 $\theta_B < \theta_i \leq \theta_C$ 时，r_p 为正值，取规定的正向，其相位不变。当 $\theta_C < \theta_i \leq \pi/2$ 时，发生了全反射，E_{rs} 和 E_{rp} 的相位改变既不是零也不是 π，而随入射角有一个缓慢变化，如图 7–19 所示。

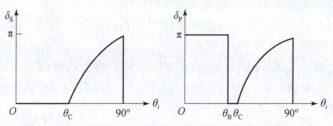

图 7–19　$n_1 > n_2$ 时反射光 S 分量与 P 分量的相位变化
（a）S 分量；（b）P 分量

3. 半波损失

（1）入射光正入射时，反射光的相位特性。

当 $n_1 < n_2$ 时，由于 $r_s < 0$，反射光中的 S 分量与规定方向相反；由于 $r_p > 0$，反射光中的 P 分量与规定正方向相同。考虑到图 7–16 所示的正方向规定，入射光和反射光的 S 分量、P 分量方向如图 7 - 20 所示。所以，在入射点处，合成的反射光矢量 E_r 相对入射光矢量 E_i 反向，振动的相位发生了 π 的突变。本来相位差是与光程差成正比的，在分界面上发生这种相位突变后，相位差和光程差之间不再成正比了。为了使两者调和一致，我们需要在几何光程差 ΔL 上添加一项 $\pm \lambda/2$，即

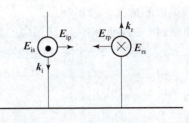

图 7 - 20　正入射时产生 π 相位突变（$n_1 < n_2$）

$$\Delta = \Delta L \pm \frac{\lambda}{2}$$

式中，Δ 为有效光程差，它是与实际的相位相符的。通常把相位突变而引起的这个附加光程差 $\pm \lambda/2$ 叫作半波损失。

当 $n_1 > n_2$ 时，$r_s > 0$，$r_p > 0$，反射光中 S、P 分量方向都与入射光相同。所以，在入射点处，合成的反射光矢量 E_r 相对入射光场 E_i 同向，反射光没有半波损失，如图 7 - 21 所示。

（2）入射光掠入射时，反射光的相位特性。

掠入射即当 $\theta_i \approx 90°$，$n_1 < n_2$ 时，$r_s < 0$，$r_p < 0$。考虑到图 7 - 16 的正方向规定，其入射光和反射光的 S 分

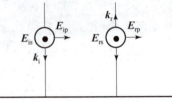

图 7 - 21　正入射无相位突变（$n_1 > n_2$）

量、P 分量方向如图 7 - 22 所示。因此，在入射点外，入射光矢量 E_i 与反射光矢量 E_r 方向近似相反，即掠入射时的反射光在 $n_1 < n_2$ 时，将产生半波损失。当 $n_1 > n_2$，$\theta_i \approx 90°$时的情况大家可自己讨论。

图 7 - 22　掠入射时产生 π 相位突变（$n_1 < n_2$）

以上两种情况说明：在正入射和掠入射的情况下，光从光疏介质到光密介质时反射光有半波损失，从光密介质到光疏介质时反射光无半波损失。

（3）薄膜的上下表面反射光和透射光的相位特性。

入射光入射到上、下表面平行的薄膜表面时，上表面的反射光 1 与下表面的反射光 2 是相互平行的，为方便讨论，称为反射光对。

根据菲涅耳公式，考虑到图 7 - 16 的正方向规定，可分析出图 7 - 23 中所示的薄膜上下两侧介质相同的四种情形下，入射光经薄膜上、下表面多次反射的折射时的实际光矢量方向（包含 S 分量和 P 分量）。

由图 7 - 23 可见，就 1、2 反射光对而言，其 S、P 分量的方向总是相反的，因此其合成的反射光对的电场方向也相反，有 π 的相位差，存在半波损失。因此，薄膜上下两侧介质相同时，上下两表面反射光对之间的有效程差中要添加一项 $\pm \lambda/2$。

同样的方法可分析出薄膜上下表面透射的两束光之间不存在半波损失。

用以上相同的方法分析还可得到以下结论：设薄膜（折射率为 n_2）的上下两侧介质的折射率分别为 n_1 和 n_3，当 $n_1 < n_2 > n_3$（或 $n_1 > n_2 < n_3$）时，薄膜上下两表面反射光对之间

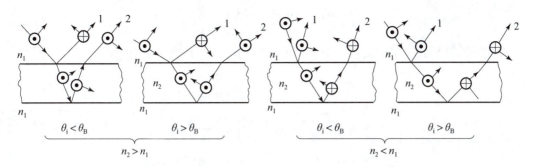

图 7 – 23　薄膜上下表面反射的光矢量方向

存在半波损失，而上下两表面透射光对之间存在不半波损失；当 $n_1 < n_2 < n_3$（或 $n_1 > n_2 > n_3$）时，薄膜上下两表面反射光对之间不存在半波损失，而上下两表面透射光对之间存在半波损失。

7.4.4　反射率和透射率

由菲涅耳公式还可以得到入射光与反射光和透射光的能量关系，即反射率和透射率。在讨论过程中，不计吸收、散射等能量损耗，因此，入射光能量在反射光和折射光中重新分配，而总能量保持不变。

1. 反射率、透射率的定义式

设每秒投射到界面单位面积上的能量为 W_i，反射光和透射光的（即折射光）的能量分别为 W_r、W_t，则定义反射率、透射率分别为

$$R = \frac{W_r}{W_i} \tag{7-27}$$

$$T = \frac{W_t}{W_i} \tag{7-28}$$

根据能量守恒定律可知，$R + T = 1$。

2. 反射率、透射率计算公式

如图 7 – 24 所示，界面上一单位面积，设入射光、反射光和透射光的光强分别为 I_i、I_r、I_t，则

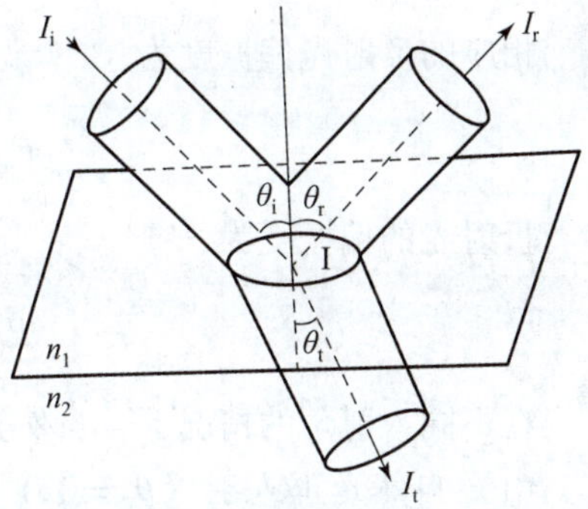

入射光　$W_i = I_i \cos \theta_i = \dfrac{1}{2} \dfrac{n_1}{\mu_0 c} E_{oi}^2 \cos \theta_i$

反射光　$W_r = I_r \cos \theta_r = \dfrac{1}{2} \dfrac{n_1}{\mu_0 c} E_{or}^2 \cos \theta_r$

透射光　$W_t = I_t \cos \theta_t = \dfrac{1}{2} \dfrac{n_2}{\mu_0 c} E_{ot}^2 \cos \theta_t$

因为 $\theta_i = \theta_r$，所以反射率、透射率分别为

图 7 – 24　投射到单位面积上的
入射能、反射能与投射能

$$R = \frac{W_r}{W_i} = \frac{I_r \cos \theta_r}{I_i \cos \theta_i} = \left(\frac{E_{or}}{E_{oi}} \right)^2 \tag{7-29}$$

$$T = \frac{W_t}{W_i} = \frac{I_t \cos\theta_t}{I_i \cos\theta_i} = \frac{n_2 \cos\theta_t}{n_1 \cos\theta_i}\left(\frac{E_{ot}}{E_{oi}}\right)^2 \tag{7-30}$$

应用菲涅耳公式，可以写出 S 分量和 P 分量的反射率和透射率表达式

$$R_s = \left(\frac{E_{ors}}{E_{ois}}\right)^2 = r_s^2 = \frac{\sin^2(\theta_i - \theta_t)}{\sin^2(\theta_i + \theta_t)} \tag{7-31}$$

$$R_p = \left(\frac{E_{orp}}{E_{oip}}\right)^2 = r_p^2 = \frac{\tan^2(\theta_i - \theta_t)}{\tan^2(\theta_i + \theta_t)} \tag{7-32}$$

$$T_s = \frac{n_2 \cos\theta_t}{n_1 \cos\theta_i}\left(\frac{E_{ots}}{E_{ois}}\right)^2 = \frac{n_2 \cos\theta_t}{n_1 \cos\theta_i}t_s^2 = \frac{\sin 2\theta_i \sin 2\theta_t}{\sin^2(\theta_i + \theta_t)} \tag{7-33}$$

$$T_p = \frac{n_2 \cos\theta_t}{n_1 \cos\theta_i}\left(\frac{E_{otp}}{E_{oip}}\right)^2 = \frac{n_2 \cos\theta_t}{n_1 \cos\theta_i}t_p^2 = \frac{\sin 2\theta_i \sin 2\theta_t}{\sin^2(\theta_i + \theta_t)\cos^2(\theta_i - \theta_t)} \tag{7-34}$$

同样有 $R_s + T_s = 1$，$R_p + T_p = 1$。

7.4.5　反射和折射时的偏振特性

光入射到各向同性介质界面上时，由菲涅耳公式可知，通常，$r_s \neq r_p$，$t_s \neq t_p$，因此，反射光和折射光的偏振状态相对入射光将发生变化。

1. 自然光的反射、折射特性

若入射光为自然光，则其反射率为

$$R_n = \frac{W_r}{W_{in}} \tag{7-35}$$

由于入射的自然光能量 $W_{in} = W_{is} + W_{ip}$，且 $W_{is} = W_{ip}$，因此

$$R_n = \frac{W_{rs} + W_{rp}}{W_{in}} = \frac{W_{rs}}{2W_{is}} + \frac{W_{rp}}{2W_{ip}}$$

$$= \frac{1}{2}(R_s + R_p) = \frac{1}{2}(r_s^2 + r_p^2) \tag{7-36}$$

相应的反射光偏振度为

$$P_r = \left|\frac{I_{rp} - I_{rs}}{I_{rp} + I_{rs}}\right| = \left|\frac{R_p - R_s}{R_p + R_s}\right| \tag{7-37}$$

折射光的偏振度为

$$P_t = \left|\frac{I_{tp} - I_{ts}}{I_{tp} + I_{ts}}\right| = \left|\frac{T_p - T_s}{T_p + T_s}\right| \tag{7-38}$$

在不同入射角的情况下，自然光的反射、折射和偏振特性如下：

（1）自然光正入射（$\theta_i = 0°$）和掠入射界面（$\theta_i \approx 90°$）时，$R_s = R_p$、$T_s = T_p$，因而 $P_r = P_t = 0$，即反射光和折射光仍为自然光。

（2）自然光一般情况下入射界面时，因 R_s 和 R_p、T_s 和 T_p 不相等，所以反射光和折射光都变成了部分偏振光。

（3）自然光以布儒斯特角入射时，即 $\theta_i = \theta_B$，由于 $R_p = 0$，$P_r = 1$，所以反射光为完全偏振光，而折射光为部分偏振光。

2. 线偏振光反射、折射时的特性

一束线偏振光入射至界面，一般情况下反射和折射光仍为线偏振光，但由于垂直分量和平行分量的振幅反射系数不同，相对入射光而言，反射光和折射光的振动面将发生旋转。

例如，一束入射的线偏振光振动方位角 $\alpha_i = 45°$，即 $E_{ois} = E_{oip}$，则

$$E_{ors} = r_s E_{ois} = -0.284\,5 E_{ois}$$
$$E_{orp} = r_p E_{oip} = 0.124\,5 E_{oip}$$

因此，反射光的振动方位角为

$$\alpha_r = \arctan \frac{E_{ors}}{E_{orp}} = \arctan\left(-\frac{0.284\,5}{0.124\,5}\right) = -66°24'$$

对于折射光，由于其 S 分量和 P 分量均无相位突变，且 $E_{otp} > E_{ots}$，所以 $\alpha_t < 45°$，即折射光的振动面转向入射面。

由此可见，线偏振光入射至界面，一般情况下其反射光和折射光仍为线偏振光，但其振动方向要改变。

7.4.6　知识应用

例 7 – 4　如图 7 – 25 所示，欲使线偏振的激光通过红宝石棒时，在棒的端面没有反射损失，棒端面对棒轴倾角 α 应取何值？光束入射角 φ_1 应为多大？入射光的振动方向如何？已知红宝石的折射率 $n = 1.76$，光束在棒内沿棒轴方向传播。

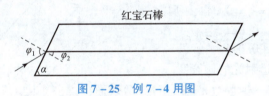

红宝石棒

图 7 – 25　例 7 – 4 用图

解：根据光在界面上的反射特性，若没有反射损耗，入射角应当为布儒斯特角，入射光的振动方向应为 P 分量方向。因此，入射角 ϕ_1 应为

$$\phi_1 = \theta_B = \arctan\left(\frac{n_2}{n_1}\right) = \arctan 1.76 = 60.39°$$

因为光沿布儒斯特角入射时，其入射角和折射角互为余角，所以折射角

$$\phi_2 = 90° - \theta_B = 29.61°$$

由图的几何关系可知，若光在红宝石内沿棒轴方向传播，则 α 与 ϕ_2 互成余角，所以

$$\alpha = \phi_1 = 60.39°$$

入射光的振动方向在图面内、垂直于传播方向。

例 7 – 5　平行光以布儒斯特角从空气射到玻璃（$n = 1.5$）上，求：（1）反射率 R_p 和 R_s；（2）透射率 T_p 和 T_s。

解：光以布儒斯特角入射时，反射光无 P 分量，即 $R_p = 0$，布儒斯特角为

$$\theta_i = \theta_B = \arctan 1.5 = 56.3°, \quad \theta_i + \theta_t = 90°$$

S 分量的反射率为

$$R_s = r_s^2 = \frac{\sin^2(\theta_i - \theta_t)}{\sin^2(\theta_i + \theta_t)} = \sin^2(90° - 2\theta_B) = 14.8\%$$

因能量守恒，透射率分别为

$$T_p = 1 - R_p = 1$$
$$T_s = 1 - R_s = 85.2\%$$

例 7 - 6 一束自然光以 $70°$ 角入射到空气 – 玻璃（$n = 1.5$）分界面上，求反射率，并确定反射光的偏振度。

解：界面反射率为

$$R_n = \frac{1}{2}(r_s^2 + r_p^2)$$

因为

$$r_s = \frac{\cos\theta_1 - n\cos\theta_2}{\cos\theta_1 + n\cos\theta_2} = \frac{\cos\theta_1 - \sqrt{n^2 - \sin^2\theta_1}}{\cos\theta + \sqrt{n^2 - \sin^2\theta_1}} = -0.55$$

$$r_p = \frac{n^2\cos\theta_1 - \sqrt{n^2 - \sin^2\theta_1}}{n^2\cos\theta_1 + \sqrt{n^2 - \sin^2\theta_1}} = -0.21$$

所以反射率为

$$R_n = 0.17$$

由于入射光是自然光，因此，$I_{is} = I_{ip} = I_i/2$，又由于

$R_s = r_s^2 = 0.303$，$R_p = r_p^2 = 0.044$，所以

$$P_r = \frac{0.303 - 0.044}{0.303 + 0.044} = 74.6\%$$

请同学们计算一下透射光的偏振度。

例 7 - 7 空气中有一薄膜（$n = 1.46$），两表面严格平行。今有一平面偏振光以 $30°$ 角射入，其振动平面与入射面夹角为 $45°$，如图 7 - 26 所示。问由表面反射的光①和经内部反射后的反射光④的光强各为多少？它们在空间的取向如何？

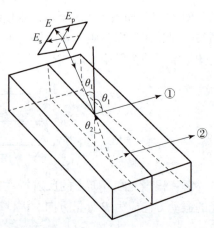

图 7 - 26 例题 7 - 7 用图

解：将入射平面光分解成 S、P 分量，由于入射光振动面和入射面夹角是 $45°$，所以

$$E_s = E_p = E_i/\sqrt{2}$$

首先求反射光①的振幅及空间取向。

如图 7 - 27（a）所示，因入射角 $\theta_1 = 30°$，故在 $n = 1.46$ 介质中的折射角

$$\theta_2 = \arcsin(\sin\theta_1/n) = 20°$$

所以，反射光①的 S、P 分量的振幅为

$$E_{s1} = \frac{E_i}{\sqrt{2}}\left[-\frac{\sin(\theta_1 - \theta_2)}{\sin(\theta_1 + \theta_2)}\right] = -0.227\frac{E_i}{\sqrt{2}}$$

$$E_{p1} = \frac{E_i}{\sqrt{2}}\left[\frac{\tan(\theta_1 - \theta_2)}{\tan(\theta_1 + \theta_2)}\right] = 0.148\frac{E_i}{\sqrt{2}}$$

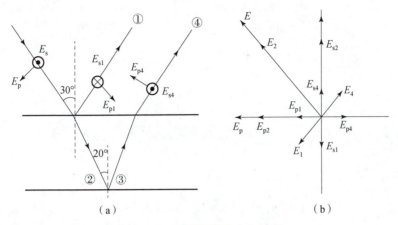

图 7-27 光路及振动方向示意

合振幅为

$$E_1 = \sqrt{E_{s1}^2 + E_{p1}^2} = 0.271 \frac{E_i}{\sqrt{2}}$$

振动面与入射面的夹角为

$$\alpha_1 = \arctan \left| \frac{E_{s1}}{E_{p1}} \right| = \arctan \frac{0.227}{0.148} = 56.86°$$

光强为

$$I_1 = |E_1|^2 = 0.0366 I_i$$

为了计算反射光④的特性,必须先计算②和③。

对于②,其 S、P 分量的振幅为

$$E_{s2} = \frac{E_i}{\sqrt{2}} \frac{2\sin\theta_2 \cos\theta_1}{\sin(\theta_2 + \theta_1)} = 0.773 \frac{E_i}{\sqrt{2}}$$

$$E_{p2} = \frac{E_i}{\sqrt{2}} \left[\frac{2\sin\theta_2 \cos\theta_1}{\sin(\theta_1 + \theta_2)\cos(\theta_1 - \theta_2)} \right] = 0.785 \frac{E_i}{\sqrt{2}}$$

E_2、E_{s2}、E_{p2} 的方向被标在图 7-27 图 (b) 中。

对于③,它是第二个界面的反射光,相应第二个界面的角度关系为 $\theta_1 = 20°$,$\theta_2 = 30°$,其 S、P 分量的振幅为

$$E_{s3} = E_{s2} \left[-\frac{\sin(\theta_1 - \theta_2)}{\sin(\theta_1 + \theta_2)} \right]$$

$$= 0.773 \frac{E_i}{\sqrt{2}} \frac{\sin 10°}{\sin 50°} = 0.175 \frac{E_i}{\sqrt{2}}$$

$$E_{p3} = E_{p2} \left[\frac{\tan(\theta_1 - \theta_2)}{\tan(\theta_1 + \theta_2)} \right]$$

$$= 0.785 \frac{E_i}{\sqrt{2}} \frac{\tan -10°}{\tan 50°} = -0.116 \frac{E_i}{\sqrt{2}}$$

因而,光④的 S、P 分量振幅为

$$E_{s4} = E_{s3} \frac{2\sin\theta_2 \cos\theta_1}{\sin(\theta_2 + \theta_1)}$$

$$= 0.175 \frac{E_i}{\sqrt{2}} \frac{2\sin 30° \cos 20°}{\sin 50°} = 0.215 \frac{E_i}{\sqrt{2}}$$

$$E_{p4} = E_{p3} \frac{2\sin\theta_2 \cos\theta_1}{\sin(\theta_1 + \theta_2)\cos(\theta_1 - \theta_2)}$$

$$= -0.116 \frac{E_i}{\sqrt{2}} \frac{2\sin 30° \cos 20°}{\sin 50° \cos 10°} = -0.145 \frac{E_i}{\sqrt{2}}$$

合振幅为

$$E_4 = \sqrt{E_{s4}^2 + E_{p4}^2} = 0.259 \frac{E_i}{\sqrt{2}}$$

其振动面和入射面的夹角为

$$a_4 = \arctan\left|\frac{E_{s4}}{E_{p4}}\right| = 56.19°$$

其振动方向也被表示在图 7 – 25 （b） 中，它的光强为

$$I_4 = |E_4|^2 = 0.033\ 6I_i$$

可以看出，光①和光④两束光光强大小相近，振动方向基本相同。

 **知 识 拓 展**

几种特殊形式的光波表示

1. 单色平面光波

1）复数表示

为便于运算，经常把平面简谐光波的波函数写成复数形式。例如，可以将沿 z 方向传播的平面光波写成

$$E = E_0 e^{-i(\omega t - kz)} \tag{7-39}$$

采用这种形式，就可以用简单的指数运算代替比较繁杂的三角函数运算。例如，在光学应用中，经常因为要确定光强而求振幅的平方 E_0^2，对此，只需将复数形式的场乘以它的共轭复数即可

$$E \cdot E^* = E_0 e^{-i(\omega t - kz)} \cdot E_0 e^{i(\omega t - kz)} = E_0^2$$

应强调的是，任意描述真实存在的物理量的参量都应当是实数，在这里采用复数形式只是数学上运算方便的需要。由于对式（7-39）取实部即为式（7-13）所示的函数，所以，对复数形式的量进行线性运算，只有取实部后才有物理意义，才能与利用三角函数形式进行同样运算得到相同的结果。此外，由于对复数函数 $\exp[-i(\omega t - kz)]$ 与 $\exp[i(\omega t - kz)]$ 两种形式取实部得到相同的函数。采用 $\exp[-i(\omega t - kz)]$ 和 $\exp[i(\omega t - kz)]$ 两种形式完全等效。因此，在不同的文献书籍中，根据作者的习惯不同，可以采取其中任意一种形式。

2）复振幅

对于平面简谐光波的复数表示式，可以将时间相位因子与空间相位因子分开来写：

$$E = E_0 e^{ikz} e^{-i\omega} = \tilde{E} e^{-i\omega t} \tag{7-40}$$

式中

$$\widetilde{E} = E_0 \mathrm{e}^{\mathrm{i}kz} \tag{7-41}$$

称为复振幅。若考虑场强的初相位，复振幅为

$$\widetilde{E} = E_0 \mathrm{e}^{\mathrm{i}(kz-\varphi_0)} \tag{7-42}$$

复振幅表示场振动的振幅和相位随空间的变化。在许多应用中，由于 $\exp(-\mathrm{i}\omega t)$ 因子在空间各处都相同，所以只考察场振动的空间分布时，可将其略去不计，仅讨论复振幅的变化。

3）沿任一方向传播的平面简谐光波

若平面简谐光波沿着任一波矢 k 方向传播，则其复数形式表示式为

$$E = E_0 \mathrm{e}^{-\mathrm{i}(\omega t - k \cdot r + \varphi_0)} \tag{7-43}$$

相应的复振幅为
$$\widetilde{E} = E_0 \mathrm{e}^{\mathrm{i}(k \cdot r - \varphi_0)} \tag{7-44}$$

2. 球面光波

一个各向同性的点光源，它向外发射的光波是球面光波，等相位面是以点光源为中心、随着距离的增大而逐渐扩展的同心球面，如图 7-28 所示。

最简单的简谐球面光波——单色球面光波的波函数为

$$E = \frac{A_1}{r} \cos(\omega t - kr) \tag{7-45}$$

其复数形式为

$$E = \frac{A_1}{r} \mathrm{e}^{-\mathrm{i}(\omega t - kr)} \tag{7-46}$$

复振幅为
$$\widetilde{E} = \frac{A_1}{r} \mathrm{e}^{\mathrm{i}kr} \tag{7-47}$$

上面三式中的 A_1 为离开点光源单位距离处的振幅值。

3. 柱面光波

一个各向同性的无限长线光源，向外发射的波是柱面光波，其等相位面是以线光源为中心轴、随着距离的增大而逐渐展开的同轴圆柱面，如图 7-29 所示。

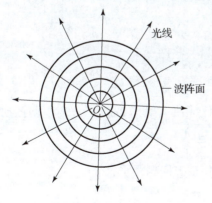

图 7-28 球面光波示意图

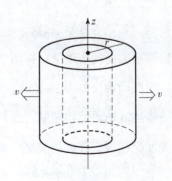

图 7-29 柱面光波示意图

205

柱面光波所满足的波动方程可以采用以 z 轴为对称轴、不含 z 的圆柱坐标系形式描述：

$$\frac{1}{r}\frac{\partial}{\partial r}\left(r\frac{\partial f}{\partial r}\right)-\frac{1}{v^2}\frac{\partial^2 f}{\partial t^2}=0 \qquad (7-48)$$

式中，$r=\sqrt{x^2+y^2}$。这个方程的解形式比较复杂，此处不详述。但可以证明，当 r 较大（远大于波长）时，其单色柱面光波的表示式为

$$E=-\frac{A_1}{\sqrt{r}}e^{-i(\omega t-kr)} \qquad (7-49)$$

复振幅为

$$\widetilde{E}=\frac{A_1}{\sqrt{r}}e^{ikr} \qquad (7-50)$$

可以看出，柱面光波的振幅与 $\sqrt{r}$ 成反比。上面表示式中的 A_1 是离开线光源单位距离处光波的振幅值。

 先导案例解决

人的两只眼睛同时观察一个物体时，物体发出的光在眼睛的视网膜上分别形成两个像，这两个像并不完全相同，左眼看到物体的左侧面较多，右眼看到物体的右侧面较多，这两个像产生的视觉信息通过视神经分别传递到脑的视觉中心，使我们能够区分物体的前后、远近，产生立体图像的感觉。

拍摄立体电影时，使镜头如人的眼睛一样，从两个不同方向同步拍摄景物的像，制成电影胶片。放映时，通过两台放映机同步放映两组胶片，使略有差别的两幅图像重叠在银幕上。如果眼睛直接观看，则看到的画面会出现"重影"。实际上，每架放映机前需要安装一块偏振片，两架放映机投射出的光通过偏振片后形成偏振光。左右两架放映机前的偏振片的透射方向互相垂直，因而产生的两束偏振光的偏振方向也互相垂直。并且，两束偏振光投射到银幕上再反射到观众的方向，偏振方向不变。观看立体电影时，观众利用偏振光眼镜观看，其左眼只能看到银幕上的"左视"画面；右眼只能看到银幕上的"右视"画面。这个过程和眼睛直接观看物体的效果一样，因此，银幕上的画面就产生了立体感。

本章小结

1. 振动、波动的基本概念。

（1）描述振动的物理量：振幅、周期 T、频率 f、角频率 $\omega=\dfrac{2\pi}{T}=2\pi f$、相位。

（2）两振动相位差为 $2m\pi$ 时，两振动同相；相位差为 $(2m+1)\pi$ 时，两振动反相。

（3）描述波动动的物理量：波长 λ、波速 $v=\dfrac{\lambda}{T}$、波数 $k=\dfrac{\omega}{v}=\dfrac{2\pi}{\lambda}$。

2. 光波是横波，其电场矢量、磁场矢量、传播方向相互垂直。

3. 光强与振幅的平方成正比。

4. 波动方程 $\boldsymbol{E}=\boldsymbol{E}_0\cos(\omega t-xk_x-yk_y-zk_z-\varphi_0)$。

5. 光的偏振。

（1）偏振是横波区别于纵波的标志。

（2）两列频率相同、振动方向相互垂直、传播方向一致的平面单色波，相位差不同，可合成线偏振光、圆偏振光、椭圆偏振光。

（3）偏振度表明的是光的偏振程度，$P=1$ 时为完全偏振光，$P=0$ 时为自然光，介于 0 和 1 之间为部分偏振光。

6. 光在两种分界面上的反射与折射特性。

（1）布儒斯特定律：当 $\theta_i=\theta_B$ 时，$|r_p|=0$，反射光为线偏振光，$\theta_B+\theta_t=90°$。

（2）菲涅耳系数为正，则相位差为 0；菲涅耳系数为负，则相位差为 π。

（3）半波损失：相位突变而引起的 $\lambda/2$ 的附加光程差。

（4）当 $n_1<n_2>n_3$（或 $n_1>n_2<n_3$）时，薄膜上下表面的反射光之间有半波损失；光从光疏介质到光密介质正入射或掠入射时，反射光有半波损失。

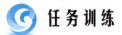

任务训练

任务 7.1　验证布儒斯特定律

1. 实验目的

（1）观察光的偏振现象。

（2）掌握在光具座上多元件的同轴等高调节方法。

（3）会鉴别光的偏振态。

（4）验证布儒斯特定律，测量布儒斯特角。

2. 实验仪器及光路图

（1）实验仪器：转动平台、光学导轨、半导体激光器、$\lambda/4$ 片、偏振片（两片）、玻璃片、白屏、小孔屏等。

（2）光路图，如图 7-30 和图 7-31 所示。

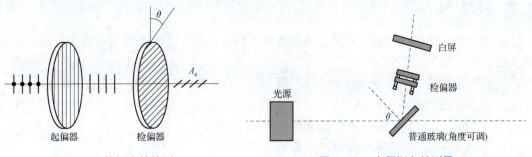

图 7-30　偏振光的检测　　　　　　图 7-31　布儒斯角的测量

3. 实验内容及步骤

（1）利用小孔屏调节激光光源与光学实验平行。

（2）观察并鉴别光的偏振态。将偏振片 I 装配在光学导轨上，完成第一步后的第二步时加入 $\lambda/4$ 片、偏振片 II，并调节各元件与光源同轴等高，如表 7-1 所示。

表 7-1　偏振光的检验

第一步		令入射光通过偏振片Ⅰ，改变偏振片Ⅰ的透射方向 P_1，观察透射光强度的变化	
观察到的现象	有消光	强度无变化	强度有变化，但无消光
结论	线偏振	自然光或圆偏振光	部分偏振光或椭圆偏振光
第二步		a. 令入射光依次通过 $\lambda/4$ 片和偏振片Ⅱ，改变偏振片Ⅱ的透振方向 P_2，观察透射光的强度变化	b. 同 a，只是 $\lambda/4$ 片的光轴方向必须与第一步中偏振片Ⅰ产生的强度极大或极小的透振方向重合
观察到的现象	有消光	无消光	有消光	无消光
结论	圆偏振光	自然光	椭圆偏振光	部分偏振光

（3）验证布儒斯特定律，测量布儒斯特角。

按照图 7-29，装调好各元器件。首先将玻璃调至成与光学导轨垂直的状态，记录此时旋转平台的角度 1 于表 7-2 中。缓慢旋转夹持有普通玻璃的转动平台，同时移动偏振片与白屏，使出射光始终能垂直通过检偏器，并出射到白屏，实时旋转偏振片，观察白屏上光强变化。当玻璃至某一个角度，旋转检偏器，可在白屏上观察到消光现象，读取此时转动平台的角度 2，两个角度的差值就是玻璃的布儒斯特角，并填表 7-2。

表 7-2　布儒斯特角

序号	旋转平台角度1	旋转平台角度2	布儒斯特角	白屏上光强的变化
1				
2				
3				

 习题

1. 自然光和圆偏振光都可看成是振幅相等、振动方向垂直的两线偏振光的合成，它们之间的主要区别是什么？

2. 当一束光射在两种透明介质的分界面上时，会发生只有透射而无反射的情况吗？

3. 已知水的折射率为 1.33，试问一个人戴上偏振片做成的眼镜后，在什么角度下能完全看不到水面的反射光？偏振片的透振方向应取何方位？

4. 一束线偏振光在玻璃中传播时，表示式为

$$E = 10^2 \cos\left[\pi \times 10^{15} \times \left(\frac{z}{0.65c} - t\right)\right]$$

试求该光的振幅、周期、频率、波长、玻璃的折射率以及波的传播方向。

5. 若要使光经红宝石（$n = 1.76$）表面反射后成为完全偏振光，入射角应等于多少？求在这个入射角的情况下，折射光的偏振度 P_t。

6. 假设窗玻璃的折射率为 1.5，斜照的太阳光（自然光）的入射角为 60°，试求太阳光的反射率和透射率。

7. 如图 7 – 32 所示，用棱镜改变光束方向，并使光束垂直棱镜表面射出，入射光是平行于纸面振动的 He – Ne 激光（$\lambda = 0.632\ 8\ \mu m$）。问入射角 ϕ_1 等于多少时透射最强？由此计算出该棱镜底角 α 应为多大（$n = 1.52$）？

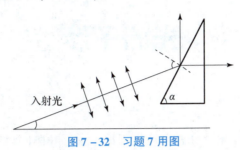

入射光

图 7 – 32　习题 7 用图

第8章

光的干涉

知识目标

1. 掌握光的干涉现象、相干条件及产生相长干涉、相消干涉的条件。
2. 掌握杨氏双缝干涉、等倾干涉、等厚干涉装置及光路图，能分析干涉条纹特点。
3. 掌握增透膜、增反膜的相关知识。
4. 掌握光圈检验原理。
5. 掌握迈克尔逊干涉仪的结构、工作原理及干涉条纹特性。

技能目标

1. 会设计增透膜、增反膜的膜层厚度。
2. 会搭建劈尖干涉装置，完成工件尺寸、表面平整度等参数检测。
3. 会利用牛顿环进行透镜表面形状检测，并判断元件加工的偏差。
4. 会调节迈克尔逊干涉仪，并用干涉仪测量激光波长、介质折射率等。

素质目标

1. 通过教学过程中融入学思结合、知行统一的教学方法，培养学生理论联系实际的工程观点。
2. 通过完成光路搭建、精密仪器调节等任务，培养注重细节、精益求精的品质精神。

先导案例：

阳光照射下，肥皂泡（图8-1）上的彩色斑纹、雨后路面上的彩色油膜（图8-2）都是因为光的干涉而产生的。什么是干涉现象？它的产生条件是什么？获得干涉条纹的典型装置有哪些？

图8-1 肥皂泡（书后附彩插）

图8-2 雨后路面上的彩色油膜（书后附彩插）

210

光的干涉是光的波动性的主要特征。干涉是一切波动都可能产生的现象。在历史上人们最先通过对光的干涉现象的研究认识到光的波动性。现在光的干涉已广泛地应用于科学技术的许多领域。本章讨论光波干涉的基本条件、典型的干涉装置、干涉图样特征及其应用。

8.1　光的干涉概述

8.1.1　光波的叠加

杨氏双缝干涉实验干涉条纹与实验装置参数的关系　　杨氏双缝干涉实验装置与原理

当两列或多列光波同时在同一空间传播时，空间各点都要参与每列光波在该点引起的振动，所以交叠区域内各点的振动是各列光波单独在该点所产生的振动的矢量和，这是光波的叠加原理。

若各列光波在场 P 点产生的光振动分别为 $\boldsymbol{E}_1$，$\boldsymbol{E}_2$，$\boldsymbol{E}_3$，$\cdots$，根据叠加原理，P 点的合场为

$$\boldsymbol{E} = \boldsymbol{E}_1 + \boldsymbol{E}_2 + \boldsymbol{E}_3 + \cdots$$

如图 8-3 所示，两个平面简谐光波 S_1、S_2 在空间 P 点相遇，其在 P 点的电矢量分别为 $\boldsymbol{E}_1$ 和 $\boldsymbol{E}_2$，$\boldsymbol{E}_1$ 和 $\boldsymbol{E}_2$ 的传播方向夹角为 α，S_1、S_2 到达 P 点的距离分别为 d_1、d_2。

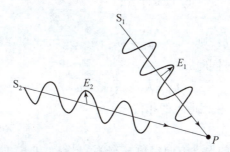

图 8-3　两列平面简谐光波的叠加

则

$$\boldsymbol{E}_1 = \boldsymbol{E}_{01}\cos(\omega_1 t - k_1 d_1 + \varphi_{01})$$
$$\boldsymbol{E}_2 = \boldsymbol{E}_{02}\cos(\omega_2 t - k_2 d_2 + \varphi_{02}) \tag{8-1}$$

式中，φ_{01} 和 φ_{02} 分别为振源 S_1 和 S_2 的振动初相位，令 $\varphi_1 = -k_1 d_1 + \varphi_{01}$，$\varphi_2 = -k_2 d_2 + \varphi_{02}$，$\varphi_1$、$\varphi_2$ 分别为两列光波在 P 点的初相位。

式（8-1）可改写为

$$\left.\begin{array}{l}\boldsymbol{E}_1 = \boldsymbol{E}_{01}\cos(\omega_1 t + \varphi_1)\\ \boldsymbol{E}_2 = \boldsymbol{E}_{02}\cos(\omega_2 t + \varphi_2)\end{array}\right\} \tag{8-2}$$

则由光波的叠加原理得，P 点的合振动为

$$\boldsymbol{E} = \boldsymbol{E}_1 + \boldsymbol{E}_2 \tag{8-3}$$

$\boldsymbol{E}_1$ 和 $\boldsymbol{E}_2$ 两列光波在 P 点叠加后的光强 I 表示为

$$I = \langle \boldsymbol{E} \cdot \boldsymbol{E} \rangle$$
$$= \langle (\boldsymbol{E}_1 + \boldsymbol{E}_2) \cdot (\boldsymbol{E}_1 + \boldsymbol{E}_2) \rangle = \langle \boldsymbol{E}_1 \cdot \boldsymbol{E}_1 \rangle + \langle \boldsymbol{E}_2 \cdot \boldsymbol{E}_2 \rangle + 2 \langle \boldsymbol{E}_1 \cdot \boldsymbol{E}_2 \rangle$$
$$= I_1 + I_2 + I_{12} \qquad\qquad (8-4)$$

式中，I_1、I_2 分别为两列光波的光强。

从 I 表示式可以看出，因为 I_{12} 的存在，该点合振动的强度不是简单地等于两振动单独在该点产生的强度之和，I_{12} 称为干涉项。若干涉项为零，叠加后各点光强等于两光源光强之和，并不重新分布；当干涉项不为零时，各点光强重新分布，会发生光的干涉，这种能产生干涉现象的叠加称为相干叠加。

$$I_{12} = 2\langle \boldsymbol{E}_1 \cdot \boldsymbol{E}_2 \rangle = 2\boldsymbol{E}_{01} \cdot \boldsymbol{E}_{02} \langle \cos(\omega_1 t + \varphi_1) \cos(\omega_2 t + \varphi_2) \rangle$$
$$= E_{01} E_{02} \cos\alpha \langle \cos[(\omega_1 + \omega_2)t + (\varphi_1 + \varphi_2)] + \cos[(\omega_1 - \omega_2)t + (\varphi_1 - \varphi_2)] \rangle$$
$$= E_{01} E_{02} \cos\alpha \{ \langle \cos[(\omega_1 + \omega_2)t + (\varphi_1 + \varphi_2)] \rangle + \langle \cos[(\omega_1 - \omega_2)t + (\varphi_1 - \varphi_2)] \rangle \}$$
$$\qquad\qquad (8-5)$$

由于 ω_1、ω_2 极高，达 10^{14} Hz 量级，在观察时间内求平均值时 $\langle \cos[(\omega_1 + \omega_2)t + (\varphi_1 + \varphi_2)] \rangle = 0$，因此式（8-5）简化为

$$I_{12} = E_{01} E_{02} \cos\alpha \langle \cos[(\omega_1 - \omega_2)t + (\varphi_1 - \varphi_2)] \rangle \qquad\qquad (8-6)$$

8.1.2　相干条件

分析式（8-6）可得产生干涉的条件为：

1. 频率相同

若两光波的频率不相同，则 $\langle \cos[(\omega_1 - \omega_2)t + (\varphi_1 - \varphi_2)] \rangle = 0$，将使 $I_{12} = 0$，不产生干涉现象。当两光波的频率相同时

$$I_{12} = E_{01} E_{02} \cos\alpha \langle \cos\delta \rangle \qquad\qquad (8-7)$$

式中，$\delta = \varphi_1 - \varphi_2$ 为两光波在相遇点的相位差。

2. 振动方向相同

干涉项 I_{12} 与 $\boldsymbol{E}_1$ 和 $\boldsymbol{E}_2$ 的振动方向夹角 α 有关。当 $\boldsymbol{E}_1$ 和 $\boldsymbol{E}_2$ 的振动方向互相垂直时（即 $\alpha = 90°$），式（8-7）中的 $\cos\alpha = 0$，将使 $I_{12} = 0$，因此不产生干涉现象；当 $\boldsymbol{E}_1$ 和 $\boldsymbol{E}_2$ 的振动方向相同时（即 $\alpha = 0°$），$\cos\alpha = 1$，$I_{12} = E_{01} E_{02} \langle \cos\delta \rangle$，$I_{12}$ 最终的取值由 δ 决定；当 $\boldsymbol{E}_1$ 和 $\boldsymbol{E}_2$ 的振动方向夹角 α 取任意其他值时，只有两个振动在同一方向上的分量能够产生干涉，而其垂直分量将在观察面上形成背景光，对干涉条纹的清晰程度产生影响。一般 α 值小时，这种影响可以忽略。

3. 相位差恒定

在两光波相遇的区域内，对于确定的点要求在观察时间内两光波的相位差 δ 恒定，即 δ 只是空间位置的函数，而与时间无关，则 $\langle \cos\delta \rangle = \cos\delta$，$I_{12} = E_{01} E_{02} \cos\delta$，该点的强度才稳定。不然，$\delta$ 随时间变化，则 $\langle \cos\delta \rangle = 0$，将使 $I_{12} = 0$。空间不同的点，有不同的相位差，因而有不同的强度，则在空间形成稳定的强度强弱分布。

光波的频率相同、振动方向相同和相位差恒定是能够产生干涉的必要条件，称为相干条件。满足干涉条件的光波称为相干光波。

8.1.3　光的干涉定义

满足干涉条件时，由式（8-4）可得 P 点的叠加光强 I 为

$$I = I_1 + I_2 + E_{01}E_{02}\cos\delta = I_1 + I_2 + 2\sqrt{I_1 I_2}\cos\delta \qquad (8-8)$$

由上式可知任意点 P 的强度决定于两列光波在 P 点的相位差 δ。

当 $\delta = 2m\pi$，$m = 0,\pm1,\pm2,\cdots$ 时，$\cos\delta = 1$，光强取极大值，称为干涉相长，P 点光强增强。

$$I_M = I_1 + I_2 + 2\sqrt{I_1 I_2} \qquad (8-9)$$

当 $\delta = (2m+1)\pi$，$m = 0,\pm1,\pm2,\cdots$ 时，$\cos\delta = -1$，光强取极小值，称为干涉相消，P 点光强减弱。

$$I_m = I_1 + I_2 - 2\sqrt{I_1 I_2} \qquad (8-10)$$

当 δ 为其他值时，光强是介于最大值和最小值之间的固定值。所以当两束或多束相干光相遇叠加时，在叠加区域将形成稳定的、光强强弱分布的现象，出现了明暗相间或彩色条纹，这种现象称为光的干涉。

8.1.4　获得相干光的方法

为了产生相干光波，可以利用光学方法将每一发光原子发出的一列波分成两束（或多束），由于其初相位相同，它们经过不同光程后相遇，在相遇点保持稳定的相位差，从而可以产生干涉现象。

1. 分波阵面法

如图 8-4 所示，由点光源 S 发出的光的波阵面同时到达一不透光屏上的两个细小的孔 S_1 和 S_2，由 S_1 和 S_2 透过的光在屏后某些区域产生交叠而形成干涉场。由于 S_1 和 S_2 是由 S 发出的同一波阵面的两部分，所以这种获得相干光波的方法叫作分波阵面法。

2. 分振幅法

如图 8-5 所示，MM′ 是一透明介质薄膜，一束光 OA 入射到薄膜 A 点上，一部分反射，一部分折射，形成的反射光束 1 和 2 与下表面形成的透射光束 1′ 和 2′ 分别在点 P 和 P' 相遇时会产生干涉。这种由薄膜两表面反射或透射出去的光所形成的干涉，通常称为薄膜干涉。因为两束光的光强是入射光在界面反射和折射获得的，而光强正比于振幅的平方，所以可形象地说成振幅被"分割"了，这种由薄膜表面反射和折射将一束光分成两束（或多束）相干光的方法称为分振幅法。

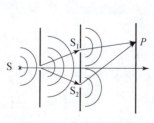

图 8-4　分波阵面干涉

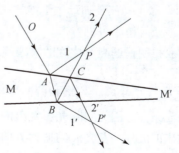

图 8-5　分振幅干涉

8.1.5　干涉条纹的对比度

满足相干条件是产生干涉条纹的必要条件，能否观察到明暗相间的干涉图样，还有赖于其清晰度。为反映其亮暗对比的鲜明程度，引入对比度这一概念，其定义式为

$$K = \frac{I_M - I_m}{I_M + I_m} \qquad (8-11)$$

将式（8-9）和式（8-10）代入式（8-11）有

$$K = \frac{2\sqrt{I_1}\sqrt{I_2}}{I_1 + I_2} \qquad (8-12)$$

可见，当 $I_1 = I_2$ 时，$I_m = 0$，$K = 1$，干涉图样的可见度最大，条纹清晰可见。而 I_1 与 I_2 相差越大，K 值越小，干涉图样越模糊，当 $I_M = I_m$ 时，$K = 0$，干涉场中光强均匀，条纹完全消失。

所以，设计干涉系统时应尽可能使两列相干光波的光强相等，从而使 $K = 1$，以获得最大的条纹可见度。

8.1.6　知识应用

例 8-1　波的叠加与干涉有何区别与联系？两列振幅相等的相干波发生干涉加强时，其强度是每列波单独产生的强度的 4 倍，这与能量守恒定律是否有矛盾？

答：波的叠加是指当两列或多列波同时在同一介质中传播时，在它们交叠区域内各点的振动是各列波单独在该点所产生的振动的合成。若两列波满足相干条件，则交叠区域内各点的光强会出现交叉项 $2\sqrt{I_1 I_2}\cos\delta$，由交叠处的双光束间的相位差 δ 进行强度分布调制，且各点合振动的强度是稳定的，不随时间发生变化，场中某些点的强度始终增强，而另外一些点的强度则始终减弱，这种现象称为波的干涉现象。因此，我们可以说光的干涉是一种特殊的光的叠加现象。

若 $A_1 = A_2 = A$，则 $I_1 = I_2 = I_0$，由式（8-9）可知，$I_M = 4I_0$，即亮纹处，合光强是两列波单独产生的光强的 4 倍，这似乎与能量守恒定律相矛盾。但是，由式（8-10）可知，$I_m = 0$，即暗纹处两光波能量之和变为零。这表明，干涉使光场中能量发生了重新分布，亮纹处能量的增多是以暗纹处能量的减少为代价的，总能量仍然守恒。

例 8-2　除了光波叠加产生干涉的三个必须保证的条件外，还需要满足什么条件才能使双光束干涉条纹清晰可见？

答：为获得明显的高对比度的干涉现象，尚有两个补充条件：

（1）光强不能相差太大。

（2）光程差不能太大。在具体的干涉装置中，两叠加光波的光程差不超过光波的波列长度这一补充条件。因为实际光源发出的光波是一个个波列，原子这一时刻发出的波列与下一时刻发出的波列，其光波的振动方向和相位都是随机的，因此不同时刻相遇波列的相位已无固定关系，只有同一原子发出的同一波列相遇才能相干。

8.2　杨氏干涉

典型分割波面的干涉装置有杨氏实验装置、各种菲涅耳型分波面装置（如双面镜、双棱镜、洛埃镜等）。

8.2.1　杨氏干涉

1. 干涉装置

杨氏干涉装置如图 8-6 所示。

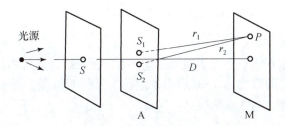

图 8-6　杨氏干涉装置

为了提高干涉条纹的亮度，常用三个互相平行的狭缝代替针孔 S、S_1 和 S_2；为了更清晰地观察干涉条纹可不用屏幕接收，而代之以目镜直接观测。

2. 干涉条纹的特点

图 8-7 所示为杨氏双缝干涉实验原理图。设双缝 S_1 与 S_2 之间的距离为 d，屏幕 M 与双缝屏 A 间的距离为 D。P 点为屏幕上任意一点，P 点到 S_1 与 S_2 的距离为 r_1、r_2，P 点到屏幕上 O 点的距离为 x，P 点的角位置用 θ 表示。假定 $SS_1 = SS_2$，且通常情况下，d 可小到毫米以下，而 D 可以大到几米，因此，从 S_1 和 S_2 发出到达 P 点的两光波近似平行。

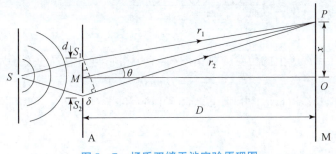

图 8-7　杨氏双缝干涉实验原理图

1）光程差

由图 8-7 可知，光程差为

$$\Delta = r_2 - r_1 \approx d\sin\theta \tag{8-13}$$

式中，θ 为 P 点的角位置，通常这一夹角很小。

2）相位差

由式（8-2）可知，相位差为

$$\delta = \varphi_1 - \varphi_2 = \frac{2\pi}{\lambda}(r_1 - r_2) + (\varphi_{01} - \varphi_{02})$$

由于 $SS_1 = SS_2$，S_1 和 S_2 处的光振动相位相同，即 $\varphi_{01} = \varphi_{02}$。

$$\delta = \varphi_2 - \varphi_1 = \frac{2\pi}{\lambda}\Delta \approx \frac{2\pi}{\lambda}d\sin\theta \tag{8-14}$$

3. 光强分布

由于 S_1、S_2 对称设置且大小相等，可认为由 S_1、S_2 发出的两光波在 P 点的光强度相等，即 $I_1 = I_2 = I_0$，由式（8-8）有

$$I = I_1 + I_2 + 2\sqrt{I_1 I_2}\cos\delta = 2I_0(1 + \cos\delta) \tag{8-15}$$

当 $\delta = \frac{2\pi}{\lambda}\Delta = 2m\pi$，$m = 0, \pm 1, \pm 2, \cdots$，即

$$\Delta = m\lambda, \quad m = 0, \pm 1, \pm 2, \cdots \tag{8-16}$$

时，光强为最大值，$I_M = 4I_0$，P 点干涉加强，P 点为明条纹（简称明纹）。

式中，m 称为干涉条纹的级次。$m = 0$ 的明条纹称为零级明纹或中央明纹，$m = \pm 1, \pm 2, \cdots$ 的分别称为第 1 级明纹、第 2 级明纹、……。

而当 $\delta = \frac{2\pi}{\lambda}\Delta = (2m+1)\pi$，$m = 0, \pm 1, \pm 2, \cdots$，即

$$\Delta = (2m+1)\frac{\lambda}{2}, \quad m = 0, \pm 1, \pm 2, \cdots \tag{8-17}$$

时，光强为最小值，$I_m = 0$，P 点干涉减弱，P 点为暗条纹（简称暗纹）。

而当两光波在 P 点的光程差为其他值时，P 点的光强值在 0 与 $4I_0$ 之间变化，干涉条纹介于最明和最暗之间，如图 8-8 所示。

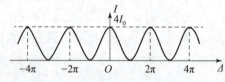

图 8-8　杨氏干涉图样光强的分布

若以 x 表示 P 点在屏上的位置，则由图 8-7 可得它与角位置的关系为

$$x = D\tan\theta$$

当 θ 很小时，$\sin\theta \approx \tan\theta$。再利用式（8-14）和式（8-16）可得明纹中心的位置为

$$x_m = \frac{D}{d}m\lambda \quad m = 0, \pm 1, \pm 2, \cdots \tag{8-18}$$

利用式（8-14）和式（8-17）可得暗纹中心的位置为

$$x_{m+1} = \frac{D}{d}(2m+1)\frac{\lambda}{2} \quad m = 0, \pm 1, \pm 2, \cdots \tag{8-19}$$

由出现明纹和暗纹的位置可知，条纹中央位置为零级明纹，两侧对称地分布着较高级次的明暗相间的直条纹。这些明暗相间的直条纹与狭缝 S、S_1 和 S_2 平行，如图 8-9 所示。

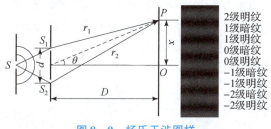

图 8 – 9　杨氏干涉图样

4. 条纹间距

相邻两明纹（或暗纹）间的距离叫作条纹间距，用 Δx 表示。由式（8 – 18）和式（8 – 19）可知，相邻明纹之间的距离为

$$\Delta x = x_{m+1} - x_m = \frac{D}{d}\lambda \qquad (8-20)$$

对于暗纹，同样可以得到式（8 – 20）的形式。此式表明 Δx 与级次 m 无关，当干涉装置和波长一定时，干涉条纹的间距 Δx 也一定，说明当单色光入射时，杨氏双缝干涉条纹是等间距的平行的明暗相间的条纹。

8.2.2　杨氏干涉的改良——菲涅耳型干涉

分析图 8 – 6，光源发射的光经过针孔 S 之后再经过 S_1、S_2，大部分光能损失掉，因而杨氏干涉条纹的亮度是很低的。为了克服这个缺点，人们还设计了其他分波面干涉装置，主要方法是利用一个点光源成像而获得相干光波，这类装置可以统称为"菲涅耳型干涉装置"。

菲涅尔双棱镜
测激光波长
原理动画

1. 菲涅耳双面镜

如图 8 – 10 所示，菲涅耳双面镜由两块彼此夹角很小的平面反射镜 AM 和 BM 组成，S 是与双面镜的交线平行的狭缝。从狭缝光源发射出来的光波经两块平面镜反射后成 S_1 和 S_2 两个虚像，从双面镜反射的两束相干光可以看成 S_1 和 S_2 发出的，在它们叠加的区域置一观察屏，就可在屏上 FG 区域内接收到与交线平行的干涉条纹，S_1 和 S_2 相当于一对相干光源。

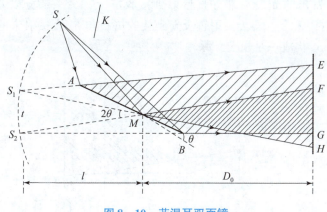

图 8 – 10　菲涅耳双面镜

如图 8−10 所示，S 到 M 的距离为 l，根据平面镜成像的对称性，$S_1M = S_2M = l$。θ 为二面角的夹角，由二面角的反射特性知 $\angle S_1MS_2 = 2\theta$，所以 $d = t = 2l\theta$。设接收屏到两镜面交线的距离为 D_0，则连线 S_1S_2 到接收屏的距离 $D = D_0 + l$。

于是接收屏上干涉条纹的间距

$$\Delta x = \frac{D}{d}\lambda = \frac{D_0 + l}{2l\theta}\lambda \tag{8−21}$$

2. 菲涅耳双棱镜

如图 8−11 所示，菲涅耳双棱镜由两个相同的薄棱镜底面相接组成（实际制作时，可将一薄平板玻璃的一面研磨成两个斜面即成），棱镜的顶角 α 很小，一般约为 30′。从缝光源 S 发出的光波经双棱镜的上下部分折射后分割成为两列相干光波，它们可以看成是 S 经上、下棱镜折射后形成的两个虚像 S_1 和 S_2 发出的光，在它们交叠的区域内将产生干涉。如将光阑 M 放在图 8−11 中所示位置，则在接收屏上 FG 区域内可观察到干涉条纹。

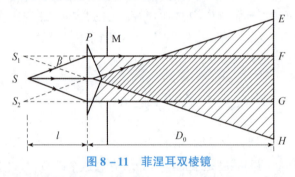

图 8−11　菲涅耳双棱镜

如图 8−11 所示，对菲涅耳双棱镜同样有 $D = D_0 + l$，但 $\angle S_1MS_2 = 2\beta$，β 为由 S 发出的垂直入射光线经每个薄棱镜产生的偏向角。设棱镜的折射率为 n，则 $\beta = (n-1)\alpha$，于是 $d = 2l\beta$，得干涉条纹间距为

$$\Delta x = \frac{D}{d}\lambda = \frac{D_0 + l}{2l(n-1)\alpha}\lambda \tag{8−22}$$

3. 劳埃德镜

如图 8−12 所示，缝光源 S_1 与反射镜面 K 平行，并放在离反射镜面 K 相当远并且接近镜平面的地方，S_1 发出的光波一部分直接射到接收屏上，另一部分以差不多 90° 的角度（掠射）入射到反射镜 K 上，再经反射镜反射到接收屏，与 S_1 直接射来的光波叠加产生干涉。S_1 和它的虚像 S_2 构成一对相干光源。

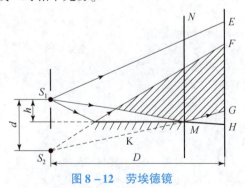

图 8−12　劳埃德镜

从图 8 – 12 可看出，两相干光在接收屏上的重叠区是在 F 和 G 之间。显然，在接收屏上观察不到光程差为零的干涉条纹，除非将接收屏移到图中的 MN 位置（即接收屏放得与反射镜端接触），在 M 点入射光与反射光的路程相同，因而 M 点似乎应为亮纹的中心，而实际上它却位于暗纹中心。这说明两相干光在 M 处的光振动具有相反的相位，这是因为光从空气入射到玻璃表面上时，表面上的反射光波的相位突变了 π，即有半波损失。

设 S_1 到反射镜面 K 的垂直距离为 h，则 $d = 2h$。D 为 S_1 到接收屏的距离，则

$$\Delta x = \frac{D}{d}\lambda = \frac{D}{2h}\lambda \tag{8-23}$$

8.2.3　应用案例

应用一：利用杨氏双缝干涉装置测量波长

例 8 – 3　杨氏双缝干涉中，已知 $d = 0.1\ \text{mm}$，$D = 20\ \text{cm}$，若某种光照射此装置，测得第 2 级明纹之间的距离为 5.44 mm 时，此光波长为多少？

解：由题意可求得条纹间距为

$$\Delta x = \frac{5.44}{4} = 1.36\ (\text{mm})$$

再由条纹间距公式 $\Delta x = \frac{D}{d}\lambda$ 得

$$\lambda = \frac{d}{D}\Delta x = \frac{0.1}{20 \times 10} \times 1.36 = 680\ (\text{nm})$$

即照射光的波长为 680 nm。

应用二：利用杨氏双缝干涉装置测介质折射率或厚度

例 8 – 4　如图 8 – 13 所示，在杨氏双缝干涉装置中，已知 $d = 1\ \text{mm}$，$D = 50\ \text{cm}$。将一折射率 $n = 1.50$ 的薄玻璃片盖在其中一个缝上，加上玻璃片后零级亮纹的位移为 2 cm。试求玻璃片的厚度。

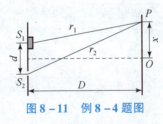

图 8 – 11　例 8 – 4 题图

解：将厚 h 的薄玻璃片盖在缝 S_1 上则零级亮条纹应向上移 2 mm，如图 8 – 13 所示，在图中 P 点形成零级亮纹。S_2 和 S_1 至场中某 P 点的光程差恰为零，即

$$\Delta = S_2P - S_1P - (n-1)h = 0$$

而 $S_2P - S_1P = \frac{d}{D}x$，代入上式并整理得 $h = \frac{d}{(n-1)D}x$

将已知代入上式得

$$h = \frac{1 \times 2}{(1.5 - 1) \times 500} = 8 \times 10^{-3}\ (\text{mm})$$

8.3　薄膜干涉（一）——等倾干涉

　　分振幅干涉装置是利用两个能部分分光的表面进行工作。简单的情况是这两个表面是平面，它们可以有两种排布：①夹着一层透明物质形成平板，对应的干涉装置叫作平板分振幅干涉装置，如果这两个表面平行，该平板称为平行平板，如果不平行，相互成一楔角，则平板称为楔形平板；②沿着两个互相垂直的方向分开，这样形成的干涉装置叫作双臂式干涉装置。

8.3.1　等倾干涉装置

　　图 8-14 所示为一种常用的观察等倾干涉的简单装置的示意图，图中会聚透镜 L 的光轴与薄膜 F 表面的法线重合，与薄膜表面成 45° 角放置的分束镜 M 可使入射光一半反射一半透射。用于扩展光源照明时，接收屏 P 置于透镜 L 的焦平面内，若用眼睛直接观察，则需调焦在无穷远处。

等倾干涉装置图

8.3.2　等倾干涉光程差

　　如图 8-15 所示，设有一均匀透明的平行平面介质膜，其折射率为 n，厚度为 h，放在折射率为 n_0 透明介质中。波长为 λ 的单色光入射到薄膜的上表面，入射角为 i，折射角为 i'，经膜的上下表面反射后生成一对相干平行光束 1 和 2，下面我们称这两束相干光为反射光线对。

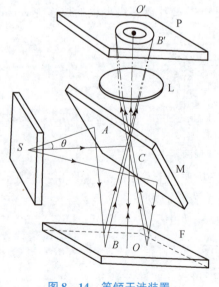

图 8-14　等倾干涉装置

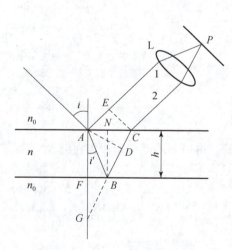

图 8-15　光程差的计算

如图 8-15 所示，作 CE 垂直于光线 1 并交光线 1 于 E，根据物像间的等光程性，EP 的光程与 CP 的光程相同，故光束 1 和 2 到达 P 点的光程差来自路径 AE 和路径 ABC 的光程差，即

$$\Delta = n(AB + BC) - n_0 AE$$

作 $AD \perp BC$ 并交 BC 于 D，由折射定律及几何关系可得

$$\Delta = 2nh\cos i'$$

式中，Δ 仅表示由于光线路径不同产生的光程差。考虑到薄膜上下两界面的反射光可能存在半波损失，上式中应补充附加光程差，得

$$\Delta = 2nh\cos i' \left(+ \frac{\lambda}{2} \right) \tag{8-24}$$

式中，λ 为入射光在真空中的波长，括号表示该项是否加上，应视薄膜上下两侧介质的介质折射率与薄膜本身介质折射率来确定。

由折射定律知，Δ 也可表示为入射角 i 的函数

$$\Delta = 2h \sqrt{n^2 - n_0^2 \sin^2 i} \left(+ \frac{\lambda}{2} \right) \tag{8-25}$$

由式（8-25）可知，对一定波长 λ 的单色光而言，光程差是 n、h、i 的函数。在等倾干涉中对于等厚度的均匀薄膜（n、h 为常数），则光程差只取决于入射光在薄膜上的入射角 i，因此凡具有相同入射角的光束所形成的反射光在相交区有相同的光程差，必定属于同一级干涉条纹，所以我们把这种干涉称为等倾干涉。由此也可看出为了获得等倾干涉条纹，必须具备两个条件：一是要有厚度均匀的薄膜；二是入射到薄膜上的光束要有各种不同的入射角。

8.3.3 等倾干涉条纹特点

等倾干涉装置的平面简图如图 8-16 所示。从点光源 S 发出的同一圆锥面上的光线经 M 反射后均以相同的入射角入射到薄膜上，在薄膜上下表面反射后，相干光形成两个平行的锥面，被透镜 L 会聚在像方焦平面 P 的同一圆周上，由于在该圆上相交的各点对相干光有相同的光程差，所以该圆属同一级条纹。由 S 发出的处于不同大小顶角的圆锥面上的光线最终将会在接收屏上产生其他各级干涉条纹，这些干涉条纹最终组成以 O 为中心的一系列明暗相间的同心圆环，如图 8-17 所示。

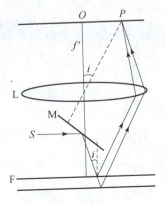

图 8-16 等倾干涉半径和入射角的关系　　　图 8-17 等倾干涉图样

1. 从中心到边缘干涉级逐渐减小

如图 8-16 所示，假设薄膜上入射角为 i 的光束在屏上 P 点生成第 m 级明条纹，则 P 点的光程差满足

$$\Delta = 2h\sqrt{n^2 - n_0^2\sin^2 i} + \frac{\lambda}{2} = m\lambda \qquad (8-26)$$

上式说明，$i = 0$ 时，m 最大，i 增加，则 m 减小，即等倾干涉环中心的干涉级最高，从中心到边缘干涉级逐渐小。

2. 干涉环的角半径和线半径

假定中心点正好为亮点，级次为 m_0，则

$$2nh + \frac{\lambda}{2} = m_0\lambda \qquad (8-27)$$

从中心点向外数第 N 个亮环级次为 $m = m_0 - N$，其半径用 r_n 表示，对应的角半径（条纹半径对透镜中心的张角）为 i_n。对该级条纹有

$$2nh\cos i_n' + \frac{\lambda}{2} = m\lambda \qquad (8-28)$$

式（8-27）减式（8-28），得

$$2nh(1 - \cos i_n') = N\lambda$$

假定观察范围不大，近似有 $\cos i_n' = 1 - i_n'^2/2$，故上式可简化为

$$i_n'^2 = \frac{N\lambda}{nh}$$

这时折射定律 $n_0\sin i_n = n\sin i_n'$ 可简化成 $n_0 i_n = n i_n'$，代入上式得

$$i_n = \frac{1}{n_0}\sqrt{\frac{nN\lambda}{h}} \qquad (8-29)$$

对上式等号两边求微分，得第 N 个条纹附近相邻两圆环间的角间距

$$\Delta i_n = \frac{n\lambda}{2n_0^2 h i_n} \qquad (8-30)$$

在观察范围较小的条件下，根据式（8-29）可得圆环干涉条纹半径为

$$r_n = f' \cdot i_n = \frac{f'}{n_0}\sqrt{\frac{nN\lambda}{h}} \qquad (8-31)$$

式中，f' 为透镜的焦距。以上讨论对暗条纹同样适用。

3. 干涉环的间距

在观察范围较小的条件下，根据式（8-30）可得圆环干涉条纹间距为

$$\Delta r_n = f' \cdot \Delta i_n = \frac{nf'\lambda}{2n_0^2 h i_n} \qquad (8-32)$$

由此可见，从中心越往外走，N 越大，干涉环分布越密，所以等倾干涉圆环条纹的特征是中央疏而边缘密。

8.3.4 应用案例

1. 增透膜

为了避免反射损失，近代光学仪器中都采用真空镀膜的方法，在透镜表面上镀上一层

膜，设计该膜层的厚度，通过减少光的反射来增加光的透射，这种膜叫增透膜或减反射膜，增透膜的原理就是薄膜干涉，增透膜单膜的结构如图 8 – 18 所示。

问题： 如图 8 – 18 所示，若在透镜表面镀上一层透明氟化镁（MgF_2，折射率 $n_2 = 1.38$）薄膜，为了使该透镜对人眼视觉最灵敏的黄绿色光（$\lambda = 5\,500$ Å）增透，算一算 MgF_2 薄膜厚度至少多大？

解决方法： 为了使透射光能量增强，就得使反射光能量减弱，即使薄膜上下表面的反射光满足干涉相消的条件。

如图 8 – 17 所示，假定光垂直入射，则有 $i' = 0$；又因为 $n_1 < n_2 < n_3$，则两束反射光间无半波损失，希望 MgF_2 两个表面上反射的光能够干涉相消，就要求光程差满足

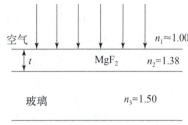

图 8 – 18 增透膜单膜的结构

$$\Delta = 2n_2 t = (2m + 1)\frac{\lambda}{2}$$

所以

$$t = \frac{1}{2n}(2m + 1)\frac{\lambda}{2} = \frac{5\,500}{4 \times 1.38}(2m + 1) = 1\,000(2m + 1)\,, \quad m = 0, 1, 2, \cdots$$

$$t = 1\,000 \text{ Å}, 3\,000 \text{ Å}, 5\,000 \text{ Å}, \cdots$$

可见 MgF_2 的厚度取 $1\,000$ Å、$3\,000$ Å、$5\,000$ Å、$\cdots$ 都行，厚度至少是 $1\,000$ Å。

由上面的讨论可以看出，增透膜只能使某个波长的光增透，对于其他波长相近的光也有不同程度的增透。

2. 增反膜

实际中有时提出相反的需要，即尽量降低透射率，提高反射率，这时就需要镀上一层增反膜。例如宇航员头盔和面甲上都须镀上反射红外线的增反膜来屏蔽红外辐射；在放映机中可用红外反射镜滤掉光源中的红外线，避免电影胶片过热；在飞机表面镀一层透明膜，它的厚度刚好使雷达发射的无线电波因干涉相消而不反射，那么敌人的雷达就发现不了这架飞机。

那么增反膜的原理是什么呢？请大家思考。

3. 肥皂膜上的干涉

例 8 – 6 如图 8 – 19 所示，肥皂膜的反射光呈现绿色，这时膜的法线和视线的夹角约为 35°，试估算膜的最小厚度。设肥皂水的折射率为 1.33，绿光波长为 5 000 Å。

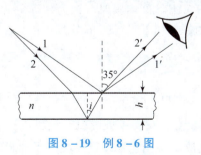

图 8 – 19 例 8 – 6 图

解：考虑到膜存在半波损失，反射光出现绿色亮场的光程差应满足（图8-19）

$$2nh\cos i' + \frac{\lambda}{2} = m\lambda , \quad m = 1,2,3,\cdots$$

令 $m = 1$，并由折射定律 $\sin 35° = n\sin i'$ 得肥皂膜的最小厚度为

$$h_{\min} = \frac{\lambda}{4n\cos i'} = \frac{\lambda}{4n\sqrt{1 - \sin^2 i'}} = \frac{\lambda}{4\sqrt{n^2 - \sin^2 35°}}$$

$$= \frac{5\,000}{4\sqrt{1.33^2 - \sin^2 35°}} \approx 1\,042(\text{Å})$$

8.4 薄膜干涉（二）——等厚干涉

前面讨论了光照射到厚度均匀薄膜的干涉。而实际上，薄膜的厚度通常是不均匀的，下面讨论厚度不均匀的薄膜产生的薄膜干涉。

如图8-20所示，只要光源 S 发出的光束足够宽，相干光束的交叠区可以从薄膜表面附近一直延伸到无穷远。若要计算从 S 经两表面到场中任一点 P 的光程差是颇为复杂的，我们仅限于讨论膜很薄的膜表面附近场点的干涉，如图8-20（d）所示。

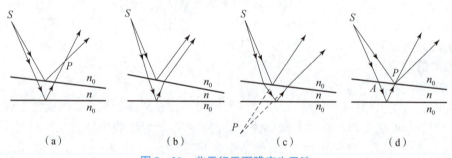

（a）　　　　　（b）　　　　　（c）　　　　　（d）

图8-20　非平行平面膜产生干涉

8.4.1　等厚干涉的光程差

如图8-21所示，设有一均匀透明的、折射率为 n 的厚度不均匀的介质膜，放在折射率为 n_0 透明介质中。当膜很薄时，图8-21中的 A、P 两点相距很近，在 AP 区间内膜厚可视为相等。从 S 发出经两表面反射到达 P 点的一对相干光线的光程仍可由

$$\Delta = 2nh\cos i' + \frac{\lambda}{2}$$

$$= 2h\sqrt{n^2 - n_0^2\sin^2 i} + \frac{\lambda}{2} \quad\quad (8-33)$$

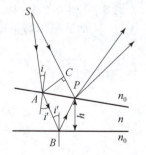

图8-21　薄膜表面干涉场中光程差的计算

近似表示。式中，i 为 A 处入射角；h 为 A 处膜厚。如果用入射角完全相同的单色光投射到薄膜上，则光程差仅仅决定于薄膜的

厚度。在薄膜厚度相同的地方，反射光线对所产生的光程差相同，形成同一级干涉条纹，因此这种干涉称为等厚干涉。等厚干涉条纹取决于薄膜上厚度相同点的轨迹。

　　为了能产生等厚干涉条纹，应具备两个必要条件：一是要有两表面不平行的薄膜；二是入射到薄膜上的各光线有相同的入射角。图 8 - 22 所示为通常观察等厚干涉的实验装置，图中 S 为一准单色光源，D 为放在凸透镜 L_1 焦点上的带孔光澜，M 是与水平方向成 45°角的半反射镜，来自 D 的光线经 L_1 后成为沿水平方向的平行光线，被 M 反射后沿竖直方向射到薄膜上，这样就使投射到薄膜上的光线的入射角都相同（$i \approx 0°$）。这些光线经膜两表面反射后形成反射光线对在表面相交，然后穿过 M 和 L_2 进入人眼。因为人眼瞳孔很小，不能直接接收透过 M 的全部光束，所以在 M 之上放一会聚透镜 L_2。将它调焦到薄膜表面上，这样一来，在薄膜表面上各点 P_1、P_2、…相遇的各反射光线对就可通过 L_2 在视网膜上的 P_1'、P_2'、…点相遇，即视网膜和薄膜表面构成一对共轭面，因而可观察到薄膜表面上形成的干涉图样。如果需要对干涉条纹做记录和定量测量，只需用 CCD 相机代替 L_2 和人眼，并将 CCD 调节至与薄膜表面共轭。

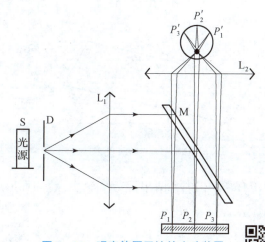

图 8 - 22　观察等厚干涉的实验装置

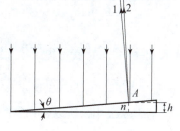

劈尖条纹的运动　　利用劈尖检验工件尺寸

8.4.2　劈尖

1. 干涉装置

　　产生干涉的部件是一个放在空气中的劈尖形状的介质薄片或膜，简称劈尖。它的两个表面是平面，两平面之间有一个很小的夹角 θ。实验时使一束单色光近于垂直地入射到劈尖上，如图 8 - 23 所示。从介质膜上、下表面反射的光就在膜的上表面附近相遇而发生干涉。因此当观察介质表面时就会看到干涉条纹。

2. 光程差

　　以 h 表示在入射点 A 处膜的厚度，则两束相干的反射光在相遇时的光程差为

图 8 - 23　劈尖

$$\Delta = 2nh + \frac{\lambda}{2} \tag{8 - 34}$$

3. 条纹特点

1）明条纹

干涉相长产生明条纹的条件是

$$2nh + \frac{\lambda}{2} = m\lambda, \quad m = 1,2,3,\cdots \tag{8 - 35}$$

2）暗条纹

干涉相消产生暗条纹的条件是

$$2nh + \frac{\lambda}{2} = (2m+1)\frac{\lambda}{2}, \quad m = 0,1,2,3,\cdots \tag{8 - 36}$$

这里 m 是干涉条纹的级次。以上两式表明，每级明或暗条纹都与一定的膜厚 h 相对应。

3）条纹形状

由于劈尖的等厚线是一些平行于棱边的直线，所以等厚条纹是一些与棱边平行的明暗相间的直条纹，如图 8 - 24 所示。

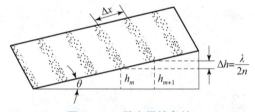

图 8 - 24　劈尖干涉条纹

在棱边处 $h = 0$，由于有半波损失，两相干光程差为 $\frac{\lambda}{2}$，因而形成暗条纹。

4）条纹间距

由图 8 - 24 可知

$$\Delta x = \frac{\Delta h}{\sin\theta} \tag{8 - 37}$$

式中，θ 为劈尖角；Δh 为与相邻暗条纹（或明条纹）对应的膜厚差，对相邻的两条暗条纹，由式（8 - 36）有

$$2nh_{m+1} + \frac{\lambda}{2} = (2m+3)\frac{\lambda}{2} \text{ 与 } 2nh_m + \frac{\lambda}{2} = (2m+1)\frac{\lambda}{2}$$

两式相减得

$$\Delta h = h_{m+1} - h_m = \frac{\lambda}{2n} \tag{8 - 38}$$

代入式（8 - 38）就可得

$$\Delta x = \frac{\lambda}{2n\sin\theta}$$

通常 θ 很小，所以 $\sin\theta \approx \theta$，上式又可改写为

$$\Delta x = \frac{\lambda}{2n\theta} \tag{8 - 39}$$

式（8–39）表明，劈尖干涉形成的干涉条纹是等间距的，条纹间距与劈尖角 θ 有关。θ 越大，条纹间距越小，条纹越密。当 θ 大到一定程度后，条纹就密不可分了。对于给定的劈尖，不同波长的光产生的干涉条纹疏密程度不同，因此，用复色光时，将形成彩色条纹。

从前面的分析可知，劈尖干涉的每一条纹处，劈尖的厚度是一定的，而且由式（8–38）可知，两相邻明条纹或暗条纹对应的厚度差为 $\lambda/2n$。因此，若将劈尖厚度每增加或减少 $\lambda/2n$ 时，则整个干涉条纹就会向棱边或背离棱边的方向移动一个距离 Δx。因此，通过跟踪某干涉条纹移动的距离 $N\Delta x$ 或数出越过视场中某一处的明条纹（或暗条纹）的数目 N，可以求出劈尖厚度的变化为

$$\Delta h = N\frac{\lambda}{2n} \tag{8–40}$$

8.4.3　牛顿环

1. 干涉装置

将一个球面曲率半径很大的平凸透镜 A 的凸面紧贴在一块平板玻璃 B 上，凸面和平面相切于 O 点 [图 8–25（a）]，在透镜和平板玻璃之间形成一厚度不均匀的空气薄膜，从切点到边缘空气膜的厚度逐渐增加。用单色光垂直入射，在空气层两个表面的反射光产生等厚干涉，形成以 O 为中心的一系列明暗相间的同心圆环，如图 8–25（b）所示。

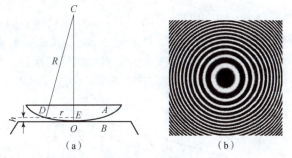

（a）　　　　　　　　　（b）

图 8–25　牛顿环

2. 光程差

在图 8–25（a）中，设透镜凸面的曲率半径为 R，对应于某干涉环的空气层厚度为 h，该环的半径为 r，在光线正入射时，从空气层两表面反射的相干光线的光程差为

$$\Delta = 2h + \frac{\lambda}{2} \tag{8–41}$$

由 $\triangle CDE$ 可得 $R^2 = r^2 + (R-h)^2$，因为 $h \ll R$，所以化简得 $r^2 = 2hR - h^2 = h(2R-h) \approx 2hR$，则 $h = \dfrac{r^2}{R}$。

$$\Delta = 2h + \frac{\lambda}{2} = \frac{r^2}{R} + \frac{\lambda}{2} \tag{8–42}$$

3. 条纹特点

1）明环

当 $\Delta = \dfrac{r^2}{R} + \dfrac{\lambda}{2} = m\lambda$ 时，可得第 m 级亮环的半径

$$r = \sqrt{\left(m - \frac{1}{2}\right)R\lambda}, \quad m = 1, 2, 3, \cdots \tag{8-43}$$

2）暗环

当 $\Delta = \dfrac{r^2}{R} + \dfrac{\lambda}{2} = (2m+1)\dfrac{\lambda}{2}$ 时，可得第 m 级暗环的半径

$$r = \sqrt{mR\lambda}, \quad m = 0, 1, 2, 3, \cdots \tag{8-44}$$

式中，$m = 0$ 时，$r = 0$，与同心圆环中心对应，即牛顿环中心为一暗点。

由上述圆环半径公式可知，圆环半径越大，相应的干涉级次就越高，这与等倾干涉圆环的情形刚好相反。与等倾圆环条纹一样，牛顿环的条纹间距也不是均匀的，随着圆环半径的增大，空气层上下两面间的夹角也增大，因而条纹变密。

8.4.4　应用案例

劈尖检验待测
平面平行度

案例一：检测工件表面光滑度

问题：如何检测光学玻璃表面的平整度？若要求不平度与理想平面之差小于一个波长，则条纹变形最大可以是多少？

解决方法：把待测平面与标准平面叠放成劈尖，劈尖中的介质是空气，用已知波长的单色光垂直照射。

（1）若获得的等厚干涉条纹是平行的等间距的直线，则待测表面是完全平整的。

（2）若获得的等厚干涉条纹中，有变形，则变形处所对应的表面是不平整的。如图 8-26 所示，由等厚干涉可知，A 点与 P 点的光程差相等，所以，干涉条纹 P 点处对应的表面 P' 点处是凸出来的。

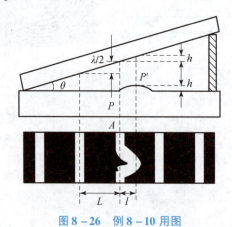

图 8-26　例 8-10 用图

（3）设 h 为缺陷点 P' 处在待测平面上凸起的高度，则有

$$\sin\theta = \frac{h}{l}$$

又因相邻条纹所对应的空气层厚度差为 $\lambda/2$，故有

$$\sin\theta = \frac{\lambda/2}{L}$$

所以，缺陷处的凸起的高度为

$$h = \frac{l\lambda}{2L}$$

显然，若要求不平度与理想平面之差小于一个波长，只要 $l \leq 2L$，待测光学零件就是合格的。

案例二：牛顿环用于透镜面形质量检测

牛顿环原理检验球面零件的半径

问题： 在光学冷加工车间中，如何检验透镜表面的曲率半径是否合格？

解决方法： 将玻璃样板与待测透镜表面紧贴（图 8 – 27），用单色平行光正入射。

（1）如果被检透镜表面与样板表面的形状和曲率完全相同，两表面完全贴合，整个表面呈均匀照明，不产生干涉条纹。

（2）若在样板表面观察到与牛顿环类似的等厚干涉环（图 8 – 27），则说明被检透镜表面与样板表面的形状相同，但曲率有偏差，根据光圈的形状、数目、四周加压后条纹的移动情况，就可检验出透镜表面与样板表面的偏差情况，由于这些干涉环通常称为"光圈"，故这种方法称为"光圈检验"。

假设透镜球面的曲率半径为 R，样板的曲率半径为 R_0，透镜孔径的半径为 r，两表面所夹空气层的最大厚度为 Δh，由图 8 – 27 中的几何关系可得

$$\Delta h = \frac{r^2}{2}\left(\frac{1}{R} - \frac{1}{R_0}\right)$$

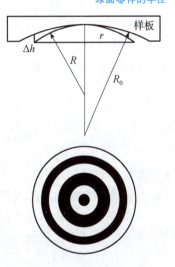

图 8 – 27　光圈数与曲率差关系

假如在半径为 r 的圆内包含 N 个光圈，因为相邻两圆所对应的膜厚之差为 $\frac{\lambda}{2}$，则

$$\Delta h = N\frac{\lambda}{2}$$

由上式可得

$$\frac{1}{R} - \frac{1}{R_0} = \frac{N\lambda}{r^2}$$

上式表示光圈数越多，曲率的偏差越大，将上式改写成

$$\frac{R_0 - R}{RR_0} = \frac{N\lambda}{r^2} \tag{8-45}$$

根据光圈的多少虽然可以判断透镜表面与样板表面曲率偏差的多少，但仅仅根据光圈数尚不能确定它是偏大还是偏小，为此只需轻轻压一下样板边缘，根据光圈移动的情况就可做出判断。如图 8 – 27 所示，若透镜表面半径偏小，则透镜与样板中心接触，空气层边缘部分较中心厚，边缘干涉级高，轻轻下压样板边缘，空气层厚度减小，相应各点光程差也变小，与中心相距一定距离处条纹的干涉级降低，所以原来靠近中心的低级次圆环就要向边缘移动，反之，透镜表面曲率半径偏大，空气层的中央比边缘厚，轻轻下压样板时，干涉环向中心收缩。

（3）若观察到干涉环不是圆环，样板表面的形状不是标准的球面，曲率与标准样板相比也有偏差。

案例三：劈尖干涉测微小量

问题： 如何测量金属细丝的直径？

解决方法： 把金属细丝夹在两块平玻璃之间，形成空气劈尖，用单色光垂直照射，如图 8-28 所示，根据所观察的等厚干涉条纹的间距进行测量。

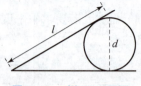

图 8-28　例 8-8 用图

若测得金属细丝和棱边间距离为 $D = 28.88$ mm，用 $\lambda = 589.3$ nm 的钠黄光垂直照射时，测得 30 条明条纹之间的总距离为 4.295 mm，求金属细丝的直径 d。

解： 由图 8-28 所示的几何关系可得

$$d = D\tan\alpha \approx D\alpha$$

式中，α 为劈尖角，相邻两明条纹间距和劈尖角的关系为 $\Delta x = \dfrac{\lambda}{2n\alpha}$。

所以

$$d = D\frac{\lambda}{2\Delta x} = 28.88 \times \frac{589.3 \times 10^{-6}}{2 \times \dfrac{4.295}{29}} \approx 5.746 \times 10^{-2}\,(\text{mm})$$

金属细丝的直径为 5.746×10^{-2} mm。

若将细丝向棱边靠近或移远，干涉条纹有何变化？

若将细丝向劈棱靠近或移远，劈尖的顶角将增大或减小，干涉条纹的间距将减小或增大，而在劈棱至细丝范围内干涉条纹的数目是不变的。

8.5　典型干涉仪

干涉仪是基于光的干涉原理的光学仪器，在科学研究、生产和计量部门都有广泛的应用，干涉仪的种类很多，但各种干涉仪在光路结构上都有相似之处，因此本节主要介绍典型的双光束干涉仪——迈克尔逊干涉仪和多光束干涉仪——法布里-珀罗干涉仪。

8.5.1　迈克尔逊干涉仪

1. 干涉装置

迈克尔逊干涉仪的结构如图 8-29（a）所示，M_1 和 M_2 都是平面反射镜，分别安装在相互垂直的两臂上，其中 M_2 是固定的，M_1 可通过精密丝杠沿滑轨移动，M_1 和 M_2 的倾斜还可由镜后的螺钉分别调节。

迈克尔逊
干涉仪原理

G_1 和 G_2 是厚度和折射率完全相同的一对平行平面玻璃板，两者平行放置，与两平面反射镜都成 45°角。在 G_1 的背面镀有一层半透半反膜，可将照射到 G_1 上的光线一半反射一半透射，所以 G_1 称为分光板。

如图 8-29（b）所示，从扩展光源 S 来的一束光入射到 G_1 上，折射进入 G_1 的光线在

分光板 G_1 背面的半反射面 A 上的 C 点分成反射光束 1 和透射光束 2，反射光束 1 受到平面镜 M_1 反射后，再穿过 G_1 进入眼睛或光电探测器，透射光束 2 通过 G_2 后经平面镜 M_2 反射，再经过半反射面 A 在 D 点反射进入人眼或探测器，两束光来自同一光束，因而是相干光束，在视网膜上或探测器内相遇产生干涉。

从图 8-29（b）中可看出，光束 1 通过玻璃板 G_1 三次，而光束 2 只通过 G_1 一次。为使两光束在叠加时的光程差不致太大，在光束 2 的路径上放置一个和 G_1 完全一样的板 G_2，使光束 2 两次通过 G_2，从而补偿光束 2 因只通过 G_1 一次而少走的光程，使两光束在 G_1、G_2 内通过的光程相等，因此 G_2 称为补偿板。

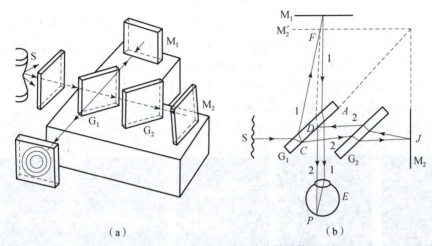

（a）　　　　　　　　　（b）

图 8-29　迈克尔逊干涉仪的结构

2. 等效光路

在图 8-29（b）中，M_2' 为 M_2 通过半反射面 A 所生成的虚像，位置在 M_1 附近，它可以在 M_1 之前，也可以在 M_1 之后。在 E 处的观察者看来，就好像两相干光束是从 M_1 和 M_2' 反射而来的。因此，可以认为由 M_1 和 M_2 两平面反射光所产生的干涉是实反射面 M_1 和虚反射面 M_2' 所构成的虚空气膜两表面反射光所产生的干涉。图 8-30 所示为它的等效光路。

3. 光程差

因为空气的折射率 $n=1$，光束进入薄膜时不发生偏折，膜内的折射角就是 M_1 的入射角 i，因此，1 和 2 两光束在 P 点的光程差为

$$\Delta = 2h\cos i \qquad (8-46)$$

式中，h 为 M_1 和 M_2' 间的距离。

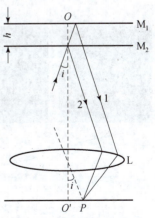

4. 条纹特点

1）等倾条纹

调节 M_1 或 M_2 背后的螺钉，当 M_1、M_2 严格垂直时，则 M_2' 与 M_1 严格平行，可观察到等倾圆环条纹。

图 8-30　等效光路

等倾干涉条纹的第 m 级明环应满足

$$\Delta = 2h\cos i = m\lambda$$

显然，越靠近圆心的明环相应的 i 越小，级次 m 就越大，$i=0$ 时，级次最大，假设圆环中心是明条纹，则其干涉级为

$$m_{max} = \frac{2h}{\lambda}$$

由上式可知，每当 h 减小半个波长时，m_{max} 减小一个数目，从中心消失一个明环。同理，每当 h 增大半个波长时，m_{max} 增大一个数目，从中心冒出一个明环。若中心冒出（或消失）的明环数目为 N，则 M_1 平移的距离为

$$\Delta h = N\frac{\lambda}{2} \tag{8-47}$$

如图 8-31 所示，M_2' 与 M_1 严格平行时，若 M_1 与 M_2' 相距较远，这时在视场中看到的等倾圆条纹较细较密 [图 8-31（a）]，将 M_1 移向 M_2' 的过程中，h 不断减小，干涉圆环不断向中心收缩消失，条纹变稀变粗，同一视场中条纹数变少，如图 8-31（b）所示。当 M_1 移至与 M_2' 重合时（这时光程差为零），中心斑点是亮点且扩大到整个视场，如图 8-31（c）所示。如继续移动 M_1 使它逐渐离开 M_2'，h 不断增大，干涉圆环不断从中心冒出，视场里的圆环又变密变细，如图 8-31（d）、（e）所示。

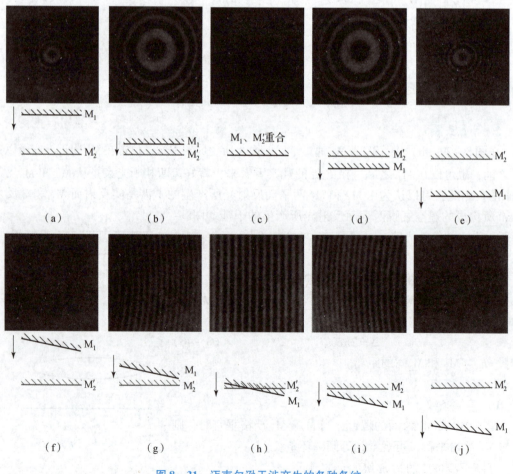

图 8-31　迈克尔逊干涉产生的各种条纹

2）等厚条纹

当 M_1、M_2 不严格垂直时，M_1、M_2' 之间有微小的夹角，形成空气劈尖，这时可观察到等厚条纹。

若 M_1 与 M_2' 较远，由于光程差较大，条纹的对比度极小，看不清条纹，如图 8－31（f）所示。将 M_1 逐渐向 M_2' 移动，开始出现越来越清晰的条纹。因为此时用的是扩展光源，所以光程差与厚度 h 和入射角 i 两个因素有关，所以干涉条纹不是直线，而是朝背离 M_1 和 M_2' 的交线方向弯曲。在 M_1 向 M_2' 靠近的过程中，这些条纹朝背离 M_1 与 M_2' 交线方向（向左）平移，如图 8－31（g）所示。当 M_1 和 M_2' 十分靠近，甚至相交的时候，条纹变直了，如图 8－31（h）所示。若继续移动 M_1，使 M_1 逐渐远离 M_2'，可观察到条纹朝 M_1 和 M_2' 的交线方向（仍向左）平移，且条纹两端朝背离 M_1 和 M_2' 的交线方向弯曲，如图 8－31（i）所示。当 M_1 和 M_2' 的距离太大时，条纹的对比度逐渐减小，直到看不见，如图 8－31（j）所示。

8.5.2　多光束干涉

前面讨论的干涉现象都是双光束的干涉，这样的干涉图样的光强变化比较缓慢。用实验法很难准确测定光强的极大值或极小值的位置，所以双光束干涉条纹比较模糊。而对干涉的实际应用来说，干涉图样最好是十分细锐、边缘清晰且被宽阔的黑暗背景隔开的明亮条纹。利用多光束的干涉可以满足这些要求。所谓多光束是指一组彼此平行的光束，而且任意相邻两束光的光程差是相同的。

1. 干涉原理图

设有一平行平面介质薄膜，厚为 h，折射率为 n，置于折射率为 n_0 的介质中，如图 8－32 所示。实际上一束光入射到薄膜上时，它将在表面上相继产生多次反射和折射而形成多束反射光和透射光。入射光经膜两表面反射和折射产生多束相干的反射光 1，2，3，…和透射光 1′，2′，3′…，用透镜 L 和 L′分别把它们会聚起来，就可以在它们的焦平面上产生干涉。

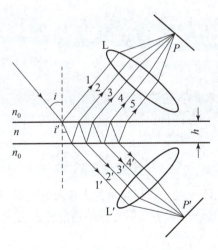

图 8－32　多光束干涉

通常的介质膜的反射率都很低，例如一束光正入射到图 8 - 32 所示的介质薄膜上时，反射率约为 4%，各反射光束和透射光束的光强如表 8 - 1 所示。由表 8 - 1 可见，除前两条反射光强外其余都很弱。它们对干涉场的贡献很小，可以忽略不计，所以可以只考虑反射光 1 和 2，即双光束干涉。

表 8 - 1　反射率为 4% 和 90% 的平行平面玻璃上的反射光强和透射光强（设入射光强为 100）

光线号	未镀银反射率为 4% 的平板		镀银反射率为 90% 的平板	
	反射光强	透射光强	反射光强	透射光强
1	4.0	92.2	90.0	1.0
2	3.69	0.014 7	0.90	0.81
3	0.005 9	2.36×10^{-4}	0.730	0.656
4	9.44×10^{-6}	3.77×10^{-7}	0.590	0.531
5	1.51×10^{-8}	6.05×10^{-10}	0.478	0.431
6	…	…	0.397	0.394

但是如果薄膜表面镀增反膜提高反射率后，则除第一条反射光较强外，其余诸光束的强度变化不大。例如薄膜两表面镀有反射率为 90% 的高反射膜时，各反射光束和透射光束的光强见表 8 - 1，这时诸光束对场点的干涉效应都有贡献，不能忽略，会出现多光束干涉，但因反射光 1 的光强太大，干涉条纹清晰度不行，各透射光的光强变化缓慢，可观察到清晰的多光束干涉条纹。

2. 光程差

若薄膜上下两侧折射率相同，各相邻透射光束间没有半波损失，相邻两光束到达 P 点的光程差为

$$\Delta = 2nh\cos i' \tag{8-48}$$

相位差为

$$\delta = \frac{2\pi}{\lambda}\Delta = \frac{4\pi}{\lambda}nh\cos i' \tag{8-49}$$

3. 条纹特点

1）光强

因反射率 $R = r^2$，I_i 表示入射光强，则

$$I_t = \frac{I_i}{1 + \dfrac{4R\sin^2(\delta/2)}{(1-R)^2}} \tag{8-50}$$

因 P' 点为透镜 L' 焦面上任一点，它与倾角为 i 的入射光对应，所以上式表示 L' 焦面上的透射光强分布公式。入射光强应等于反射光强的透射光强之和，即 $I_i = I_t + I_r$，于是

$$I_r = I_i - I_t = \frac{I_i}{1 + \dfrac{(1-R)^2}{4R\sin^2(\delta/2)}} \tag{8-51}$$

图 8 – 33 所示为多光束干涉强度分布曲线，图中曲线表明，I_t 和 I_r 的极大值和极小值的位置仅由 δ 决定，与 R 无关。I_t 的极大值在 $\delta = 2m\pi$ 的地方，极小值在 $\delta = (2m+1)\pi$ 的地方；I_r 的极大值和极小值位置刚好对调。

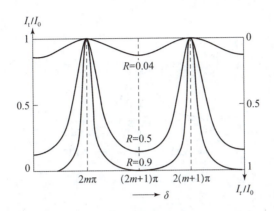

图 8 – 33　多光束干涉强度分布曲线

为了讨论方便，引入参数

$$F = \frac{4R}{(1-R)^2} \tag{8-52}$$

称为精细度系数，则式（8 – 50）和式（8 – 51）可写为

$$I_t = \frac{I_i}{1 + F\sin^2(\delta/2)} \tag{8-53}$$

$$I_r = I_i \frac{F\sin^2(\delta/2)}{1 + F\sin^2(\delta/2)} \tag{8-54}$$

因为 $\dfrac{I_r}{I_i} + \dfrac{I_t}{I_i} = 1$，所以，反射光和透射光的强度互补，即对某一个反射光，其干涉条纹为亮纹时，相应的透射光的干涉条纹为暗纹。

2）条纹的锐度

图 8 – 34 中以 δ 为横坐标示出了透射光干涉图样中的一条亮条纹。通常以半宽度的概念来描述亮纹的细锐程度，称为条纹的锐度。半宽度即强度等于极大值强度一半的两点对应的相位差范围，记为 $\Delta\delta$。

$$\Delta\delta = \frac{4}{\sqrt{F}} = \frac{2(1-R)}{\sqrt{R}} \tag{8-55}$$

3）精细度

通常用相邻两极大值间的相位间隔 2π 和条纹的锐度之比表示条纹的细锐程度，称为条纹的精细度 N，即

$$N = \frac{2\pi}{\Delta\delta} = \frac{\pi\sqrt{F}}{2} = \frac{\pi\sqrt{R}}{1-R} \tag{8-56}$$

即 R 越大，N 值越大，条纹越细。

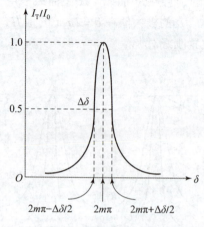

图 8 – 34　透射亮条纹的半宽度

8.5.3　法布里 – 珀罗干涉仪

1. 干涉装置

法布里 – 珀罗（Fabry – Perot）干涉仪（简称 F – P 干涉仪）是利用多光束干涉产生细锐条纹的典型仪器，它除了是一种分辨率极高的光谱仪器外，还应用于激光器中的谐振腔。其结构和光路如图 8 – 35 所示。仪器中最主要的部分是两块高精密磨光的石英板或玻璃板 G_1、G_2，利用精密调节装置可将它们调节成精确地互相平行，这样在它们之间形成一个平行平面的空气层，为了提高反射率，在这两个表面上镀有多层介质膜或金属膜。另外，为了避免 G_1、G_2 两板外表面（非工作表面）反射光所造成的干扰，每块板的两个表面并不严格平行，而是有微小角度（一般为 $5'\sim30'$）。如果 G_1、G_2 两板间的距离用间隔器固定，则称为法布里 – 珀罗标准具。如果 G_1、G_2 两板间的间距可以调节，则称为法布里 – 珀罗干涉仪。

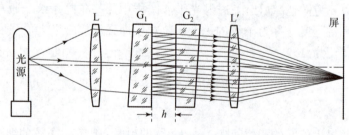

图 8 – 35　F – P 干涉仪

扩展单色光源位于透镜 L 的物方焦面上，光源上某一点发出的光线经 L 后变为平行光入射到空气膜上，在 G_1、G_2 间反复反射后形成光强递减的多束相干光。相干光透射出去入射到 L' 上，在置于 L' 的像方焦面处的接收屏上形成等倾干涉条纹，如图 8 – 36 所示。

图 8 - 36　等倾干涉条纹

2. 条纹特点

F - P 干涉仪干涉条纹的光强分布函数就是上面所讨论的公式。这些条纹的形状与迈克尔逊干涉仪产生的等倾条纹相似，也是同心环，但是迈克尔逊干涉仪是两光束的干涉装置，而法布里 - 珀罗干涉仪是多光束干涉装置，所以后者比前者产生的干涉条纹要细锐得多，这正是法布里 - 珀罗干涉仪胜过迈克尔逊干涉仪的最大优点。

8.5.4　应用案例

案例一：测量介质折射率

问题： 如何改装迈克尔逊干涉仪，测量空气折射率？

解决方法： 在迈克尔逊干涉仪的一个臂上放置一个长方体透明容器，容器两底与光线垂直，调节好干涉仪，获得等倾干涉条纹，此时把容器中空气缓缓抽空，同时观察条纹的移动情况，根据条纹的移动量可测出空气折射率。

若用波长为 589 nm 的钠光灯作为光源，透明容器长度 $l = 5$ cm 的两底与光线垂直，空气缓缓抽空后，看到中心处吞入 49.5 个等倾圆环，则空气的折射率等于多少呢？

设空气的折射率为 n，则容器中空气抽空使得光程差变化量为 $2(n-1)l$。光程差变化为一个 λ 时，干涉条纹移过一个条纹，当中心处吞入 49.5 个圆环时，光程差的改变量满足

$$2(n-1)l = 49.5\lambda$$

所以

$$n = \frac{49.5 \times \lambda}{2l} + 1 = \frac{49.5 \times 589 \times 10^{-9}}{2 \times 5 \times 10^{-2}} + 1 \approx 1.000\ 292$$

案例二：测量未知光波波长

问题： 迈克尔逊干涉仪的可动反射镜移动了 0.310 mm，干涉条纹移动了 1 250 条，则所用的单色光的波长为多少？

解： 由题意知 $\Delta h = 0.310$ mm，$N = 1\ 250$，由公式 $\Delta h = N\frac{\lambda}{2}$ 得

$$\lambda = \frac{2\Delta h}{N} = \frac{2 \times 0.310}{1\ 250} = 496\ (\text{nm})$$

知识拓展

1. 空间相干性

1）杨氏实验中点光源位置移动对干涉条纹的影响

在图 8-37 所示杨氏实验装置中，当点光源 S 位于 z 轴上时，在接收屏上生成的干涉图样的零级亮纹中心在 P_0 点，干涉条纹对称分布在 yz 平面的上下两侧，将点光源沿 x 方向移至 S' 处，因为 S' 至 S_1、S_2 的距离不等，所以相干光的初相位不同，但它们的初相位差是一常量，此时接收屏上光强分布的形式没有变化，只是整个图样在 x 方向上产生了平移。

$$\delta x' = \frac{D}{l}\delta x \tag{8-57}$$

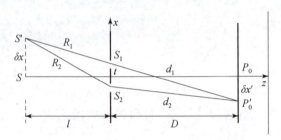

图 8-37　杨氏实验装置中当点光源至轴外

由此可见，在光源和屏至双孔距离一定条件下，条纹平移的距离和光源平移的距离成正比，条纹移动的方向和光源移动的方向则相反。由于干涉条纹的取向沿 y 方向，当点光源沿 y 方向平移时，不会引起干涉条纹的变动，因此将点光源换为平行于狭缝的线状光源时，在傍轴近似条件下，线光源上各点所产生的干涉条纹彼此重叠，即用线光源时可以增加条纹的可见度，却不至于引起条纹位置的变化，所以在通常的实验中都采取狭缝光源。

2）光源的大小对干涉条纹可见度的影响

如果光源有一定的宽度，它对干涉条纹的可见度有什么影响呢？我们仍以杨氏实验为例进行讨论。首先，假设杨氏实验装置中的光源只包含两个强度相等的发光点 S 和 S' 是不相干的，它们将在屏上各自产生一组条纹，从上面的讨论可知，两组条纹的间距相等，但彼此有位移，如果两组条纹恰好相对平移了半个条纹，如图 8-38 所示，图中实曲线表示 S 产生的强度分布，虚线则表示 S' 产生的强度分布，这时一组条纹的极大值刚好落在另一组条纹的极小值上，这两组条纹相加，使屏上处处强度相等，因此条纹可见度下降为零，不可能观察到干涉图样。

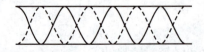

图 8-38　两点源两组条纹平移半个条纹

其次，假设光源是以 S 为中心、宽度为 b 的面光源，或者称扩展光源，它可以看作由许多点光源所组成，每一点光源在接收屏上产生一组干涉条纹，且各组条纹之间有一定的位移，如图 8-39 所示。如果选择 b 的大小，使光源边缘两点 S' 和 S'' 所产生的两组条纹的位移等于一个条纹间距，则可将 $S'S''$ 分为很多相距为 $\dfrac{b}{2}$ 的点对，每一点对产生的条纹的可见度都为零，整个屏上干涉条纹的可见度为零。

（1）光源的临界宽度。

干涉条纹的可见度为零时对应的光源宽度称为临界宽度，以 b_c 表示。此时式（8-57）中的 $\delta x = \dfrac{b_c}{2}$，$\delta x' = \dfrac{e}{2} = \dfrac{D}{2d}\lambda$，可计算得

$$b_c = \frac{l}{d}\lambda \tag{8-58}$$

通常将临界宽度的 $\dfrac{1}{4}$ 称为光源的许可宽度，即

$$b_p = \frac{\lambda}{4\alpha} \tag{8-59}$$

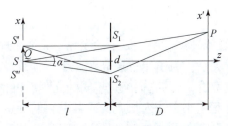

图 8-39　扩展光源照杨氏双孔

（2）横向相干长度。

对一定的光源宽度 b，通常称光通过 S_1 和 S_2 恰好不发生干涉时所对应的这两点的距离为横向相干长度，以 d_t 表示。

由式（8-58）可得

$$d_t = \frac{l}{b}\lambda \tag{8-60}$$

上式表明，对于给定的 b、l、λ，只要双孔间距 $d < \dfrac{l}{b}\lambda$，在双孔前方任一屏上都可以得到干涉条纹，它对光源中心的张角 α 称为干涉孔径角，由图 8-39 可知

$$\alpha = \frac{d}{l}$$

代入式（8-58）得

$$b\alpha = \lambda \tag{8-61}$$

上式表明，光源宽度越大，干涉孔径角越小。

3）光场的空间相干性

光场的空间相干性是光场中两点在同时刻的振动相关程度的描写，接收屏上干涉条纹的可见度就可以定量地表示场中两点振动的相关程度。

从上面的讨论可知，在以 S 为中心的扩展光源 $S'S''$ 所产生的光场中，对于与光源相距为 l 且与传播方向垂直的面上相距为 d 的两点 S_1、S_2 而言，若光源宽度 $b > \dfrac{l}{d}\lambda$，则通过 S_1

和 S_2 两点的光波在空间相遇而叠加时，可认为其干涉条纹的可见度 $K=0$，我们称光场中两点 S_1 和 S_2 是空间不相干的，反之，若 $b < \dfrac{l}{d}\lambda$，通过 S_1、S_2 两点的光波在空间相遇叠加时，$K>0$，我们称 S_1 和 S_2 两点是空间相干的；当光源是点光源时，$K=1$，任意两点 S_1 和 S_2 的光场都是空间相干的。

2. 时间相干性

1）定义

光场的时间相干性是场中同一点在两个不同时刻振动相关程度的描述，光场的时间相干性和光源的单色性密切相关。

2）相干时间与相干长度

任何实际光源发出的光波都不可能是在时间和空间上无限延续的简谐波，而是一些断断续续的波列，假设光源中原子每次发光的持续时间为 τ_0，相应的波列长度为 L_0，则它们之间的关系为

$$L_0 = c\tau_0 \qquad (8-62)$$

式中，c 为光波在真空中的传播速度。由于原子的发光是完全无规则的，它相继发射的各波列之间完全没有确定的相位关系，为了用普通光源产生干涉现象，必须将同一原子发出的一列波一分为二（例如通过双缝），使它们经过不同的光程后再相遇，如图 8-40 所示。但是只有当它们达到 P 点的光程差小于波列长度，或者说它们到达 P 点的时间间隔小于波列的持续时间时，即一波列尚未完全通过 P 点时另一波列的前端已到达 P 点，这两列波才能产生干涉，因此称 τ_0 为相干时间，L_0 为相干长度。

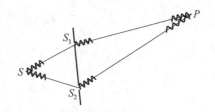

图 8-40 光程差小于波列长才产生干涉

3）相干长度与谱线宽度的关系

实际上使用的各种单色光源都含有一定的波长成分，或者说有一定的光谱宽度 $\Delta\nu[\Delta\nu = (\nu_2 - \nu_1)/2]$。作为一种理想化的情形，假设光源中原子在一次持续发光时间内发出的光波是一段有限长的简谐波列 [图 8-41（a）]，波列的持续时间为 τ_0。根据傅里叶分析可以证明，频宽和相干时间有下列关系

$$\tau_0 \Delta\nu = 1 \qquad (8-63)$$

或

$$\Delta\nu = \frac{c}{\lambda^2}\Delta\lambda \qquad (8-64)$$

式中，$\Delta\lambda$ 和 $\Delta\nu$ 相应的波长范围称为谱线宽度，简称线宽。代入式（8-62）得

$$L_0 = \frac{\lambda^2}{\Delta\lambda} \qquad (8-65)$$

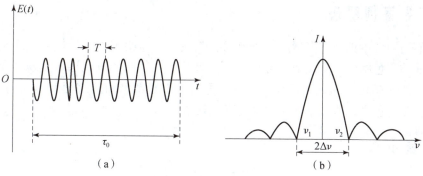

（a）

（b）

图 8 - 41　频宽与相干时间的关系

4）光源的非单色性对干涉条纹可见度的影响

假设在杨氏双缝实验装置中，光源发出中心波长为 λ、线宽为 $\Delta\lambda$ 的准单色光，而且各波长成分有相同的强度，在干涉实验中，$\Delta\lambda$ 范围内的每一种波长的光都生成各自的一组干涉条纹，不同波长的条纹间距不同，除零级干涉级外，各组条纹间均有位移，其相对位移量随光束间光程差的增大而增大，由于不同波长的光是不相干的，所以接收屏上任一点的光强是各种波长成分各自形成的干涉条纹在该点的光强的非相干叠加，因此，条纹可见度会随着光程差的增大而下降。

对应使 $K=0$ 的光程差是能够发生干涉的最大光程差，以 Δ_c 表示，可以证明

$$\Delta_c = \frac{\lambda^2}{\Delta\lambda} \tag{8-66}$$

将上式与式（8-65）比较可得，最大光程差即波列的相长干度 L_0，因此，Δ_c 也称为相干长度。

我们考察非单色点光源的光场中任一点 P 在两个不同时刻 t_1 和 t_2 的振动，因为点光源在相干时间 τ_0 内不同时刻发出的光波才是相干的，若 $t_2-t_1 \geqslant \tau_0$，则光波在 t_1 和 t_2 两个时刻通过 P 点的不是同一个波列，P 点在 t_1 和 t_2 两个时刻的振动不相关，若 $t_2-t_1 < \tau_0$，则点 P 在 t_1 和 t_2 两个时刻的振动是相关的，相干时间（或相干长度）越长，通过场中任一点的振动保持相关的时间间隔也越长，我们说光场的时间相干性越好。

3. 扩展光源对等倾干涉的影响

前面关于等倾干涉一直考虑的是点光源情形，现在讨论扩展光源的情况。对于扩展光源，可将其看成许多个点光源。我们在扩展光源上任取另一点 S'（见图 8-42），图中幕上 P 和 Q 是从 S 点发出的光线形成的同一干涉条纹上的点。从 S' 点发出的与 S 点到 P 和 Q 的光线平行的光线具有相同的倾角和光程差，所以经透镜 L 后也会聚到 P 和 Q 点。也就是说，从 S' 点发出的光线在幕上产生和 S 点完全一样的干涉图样。所以若将点光源换成扩展光源，等倾干涉条纹的强度大大加强，使干涉图样更加明亮。

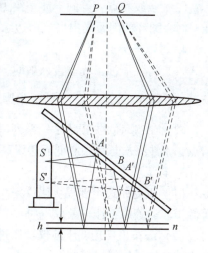

图 8 - 42　扩展光源观察等倾干涉条纹

先导案例解决

在我们周围可以见到许多薄膜干涉现象，都属于分振幅干涉。例如肥皂泡及平静水面上油膜表面的彩色图样，金属或半导体经高温处理后，表面的氧化层所呈现的彩色，以及许多昆虫（蝉、蜻蜓）翅翼上所见的缤纷色彩等，都是薄膜前后表面反射光的干涉所致，因为太阳光是复色光，所以干涉条纹都是彩色条纹。

本章小结

1. 干涉现象

（1）干涉的定义：当两束或多束相干光在空间相遇时，各点光强稳定分布，出现明暗相间或彩色条纹。

（2）相干条件：振动频率相同，振动方向相同，相位差恒定。

（3）干涉相长条件：$\delta = 2m\pi$ 或 $\Delta = m\lambda$（$m = 0, \pm 1, \pm 2, \cdots$）。

（4）干涉相消条件：$\delta = (2m+1)\pi$ 或 $\Delta = (2m+1)\dfrac{\lambda}{2}$（$m = 0, \pm 1, \pm 2, \cdots$）。

（5）相位差和光程差之间的关系：$\delta = \dfrac{2\pi}{\lambda}\Delta$。

（6）获得相干光的两种方法：分波阵面法、分振幅法。

2. 杨氏干涉

（1）条纹间距：$\Delta x = \dfrac{D}{d}\lambda$。

（2）条纹特点：若用单色光作为光源，零级明条纹两侧对称地分布着较高级次的与中央明条纹平行的等间距的明暗相间的条纹，各级明纹、暗纹光强相等。若用白光作为光源，除零件明纹为白光外，其他各级为彩色条纹。

3. 等倾干涉

（1）光程差：$\Delta = 2nh\cos i'\ (\ + \lambda/2)$。

（2）条纹特点：等倾干涉条纹为一系列明暗相间的同心圆环，条纹级次中心高而边缘低，同心圆环的间距是中央疏而边缘密。

4. 等厚干涉

（1）劈尖干涉：光垂直入射时，干涉条纹是一系列与棱边平行的、明暗相间等距的直条纹，其间距 $\Delta x = \dfrac{\lambda}{2n\theta}$，干涉级由厚度决定，$h$ 越大，干涉级数越高。

（2）牛顿环：牛顿环是一系列以切点为中心的明暗相间的同心圆环，圆环的中心为一暗点，干涉级次是从中心低而边缘高。

5. 典型干涉仪

（1）迈克尔逊干涉仪：属反射光的双光束干涉，调节两反射镜的相对位置，可观察到等倾干涉和等厚干涉现象。

（2）法布里–珀罗干涉仪：属透射光的多光束干涉，干涉条纹比迈克尔逊干涉仪的等倾干涉条纹要细锐、精细。

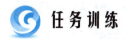任务训练

任务 8.1　用菲涅耳双棱镜测激光的波长

1. 实验目的

（1）熟悉菲涅耳双棱镜干涉的光路图。

（2）掌握在光具座上多元件的同轴等高调节方法。

（3）观察菲涅耳双棱镜产生的双光束干涉现象。

（4）学会用菲涅耳双棱镜测定激光波长。

2. 实验仪器及光路图

（1）实验仪器：光学导轨、菲涅耳双棱镜、凸透镜、半导体激光器、观察屏、小孔屏、读数装置等。

（2）光路图，如图 8-43 所示。

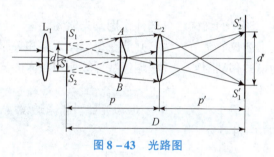

图 8-43　光路图

3. 实验内容及步骤

（1）利用小孔屏调节激光光源与光学实验平行。

（2）按光路图依次将各光学元件装配在光学导轨上，并调节各光学元件同轴等高。

（3）调节双棱镜左右位置，使光照射到相交的棱边上，从而使两个虚光源 S_1、S_2 的光强尽量相等，以保证干涉条纹的清晰度，调节凸透镜 L_1 及双棱镜前后位置，获得清晰的干涉条纹。

（4）测量 5~6 条条纹位置，计算条纹间距，并填表 8-2。

表 8-2　干涉条纹间距测量记录

条纹数	1	2	3	4	5	6
光强 I						
条纹位置 x						
条纹间距			$\Delta x = \dfrac{x_6 - x_1}{5} =$			

（5）调节凸透镜 L_2 位置，在观察屏上获得两个虚光源 S_1、S_2 清晰的放大的实像，测量两个像点之间的距离 d' 及像距 p'。

（6）根据高斯公式计算物距 p，根据三角形相似公式，计算两虚光光源之间的距离 d，根据杨氏干涉条纹间距公式计算待测波长，如表 8 – 3 所示。

表 8 – 3 波长测量数据记录及计算

测量序号	像间距 $d' = \|d_1' - d_2'\|$			白屏位置	L_2 的位置	p'	$p = \dfrac{f_2 p'}{p' - f_2}$	$d = d'p/p$	$D = p + p'$	$\lambda = \dfrac{D}{d}\Delta x$
	读数 d_1'	读数 d_2'	d'							
1										
2										
3										

任务 8.2 迈克尔逊干涉仪的调节及应用

1. 实验目的

（1）熟悉迈克尔逊干涉仪的结构、各部件作用及光路图。

（2）掌握迈克尔逊干涉仪的调节方法，并能获得等倾干涉和等厚干涉条纹。

（3）会正确读取动镜的移动距离，并根据读数计算所用激光的波长。

2. 实验仪器及光路图

（1）实验仪器：迈克尔逊干涉仪、He – Ne 激光器、扩束透镜等。

（2）光路图，如图 8 – 44 所示。

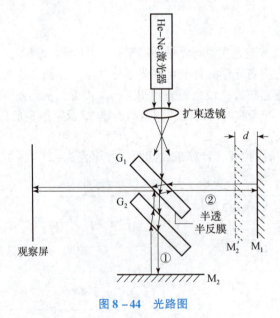

图 8 – 44 光路图

3. 实验内容及步骤

（1）熟悉干涉仪的结构及部件，弄清各部件的作用。

（2）学会由导轨、粗调手轮和微调螺钉组成的读数系统的读数方法。

（3）调节干涉仪底座螺钉、激光器，使激光束垂直入射到 M_2，此时反射光与激光器的出射光重合。

（4）调节 M_1、M_2 反射镜，使观察屏上分别来看两个反射镜的最亮的两个反射光点严格重合，此时看到重合光点呈指纹状的条纹。

（5）装调扩束镜，获得扩展光源，并思考为什么要用扩展光源？

（6）调节垂直拉簧螺钉和水平拉簧螺钉，观察屏上出现等倾或等厚干涉条纹，并思考什么情况下出现等倾干涉？什么情况下出现等厚干涉？

（7）调节干涉仪，使观察屏上出现圆条纹，调节粗调手轮，使 M_1、M_2 反射镜处在相对于 G_1 板大致相等的距离上，以获得清晰的等倾圆条纹。

（8）转动微调螺钉，观察等倾圆条纹的“涌出”和“内陷”，并说明为什么？在微调螺钉转变旋转方向时，“涌出”和“内陷”变换时，思考为什么条纹较长一段时间内不动？

（9）测量条纹“涌出”和“内陷”N 条（可自我选取，但不少于 100 条）时，M_1 移动的距离。

（10）计算所用激光器的波长，并与标准值比较，验证等倾干涉条纹特点，如表 8 - 4 所示。

表 8 - 4　迈克尔逊干涉仪测量数据表

实验次数	条纹移动数	M_1 初始位置 d_0	M_1 最终位置 d	位置移动量 $\Delta d = \lvert d - d_0 \rvert$	激光波长 $\Delta d = N \cdot \dfrac{\lambda}{2}$
1					
2					
3					

 习题

1. 汞弧灯发出的光通过一滤光片后照射双缝干涉装置。缝间距 $d = 0.66$ mm，观察屏与双缝相距 $D = 2.5$ m，并测得相邻明纹间距离 $\Delta x = 2.27$ mm。试计算入射光的波长，并指出属于什么颜色。

2. 在菲涅耳双面镜干涉实验中，单色光波长 $\lambda = 500$ nm。光源和观察屏到双面镜交线的距离分别为 0.5 m 和 1.5 m，双面镜夹角为 10^{-3} rad。试求观察屏上条纹的间距。

3. 双缝实验中两缝间距为 0.15 mm，在 1.0 m 远处测得第 1 级和第 10 级暗纹之间的距离为 36 mm。求所用单色光的波长。

4. 用很薄的玻璃片盖在双缝干涉装置的一条缝上，这时屏上零有条纹移到原来第 7 级明纹的位置上。如果入射光的波长 $\lambda = 550$ nm，玻璃片的折射率 $n = 1.58$，试求此玻璃片的厚度。

5. 白光照射到折射率为 1.33 的肥皂膜上，若从 $45°$ 角方向观察薄膜呈现绿色（500 nm），试求薄膜最小厚度。若从垂直方向观察，肥皂膜正面呈现什么颜色？

6. 一片玻璃（$n=1.5$）附有一层油膜（$n=1.32$），今用一波长连续可调的单色光束垂直照射油面。当波长为 485 nm 时，反射光干涉相消。当波长增为 679 nm 时，反射光再次干涉相消，求油膜的厚度。

7. 一薄玻璃片，厚度为 0.4 μm，折射率为 1.50，用白光（波长范围为 390 ~ 760 nm）垂直照射，问哪些波长的光在反射中加强？哪些波长的光在透射中加强？

8. 在折射率 $n_1=1.52$ 的镜头表面涂有一层折射率 $n_2=1.38$ 的 MgF_2 增透膜，如果此膜适用于波长 $\lambda=550$ nm 的光，膜的厚度应是多少？

9. 在制作珠宝时，为了使人造水晶（$n=1.5$）具有强反射本领，就在其表面上镀一层一氧化硅（$n=2.0$）。要使波长为 560 nm 的光强烈反射，这镀层至少应多厚？

10. 一玻璃劈尖，折射率 $n=1.52$。波长 $\lambda=589.3$ nm 的钠光垂直入射，测得相邻条纹间距 $\Delta x=5.0$ mm，求劈尖夹角。

11. 制造半导体元件时，常常要精确测定硅（Si）片上二氧化硅（SiO_2）薄膜的厚度，这时可把二氧化硅薄膜的一部分腐蚀掉，使其形成劈尖，利用等厚条纹测出其厚度。已知 SiO_2 的折射率为 3.42，Si 的折射率为 1.5，入射光波长为 589.3 nm，观察到 7 条暗纹，如图 8-45 所示。问 SiO_2 薄膜的厚度 e 是多少？

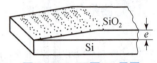

图 8-45　习题 11 用图

12. 块规是一种长度标准器。它是一块钢质长方体，两端面磨平抛光，很精确地相互平行，两端面间距离即长度标准。块规的校准装置如图 8-46 所示，其中 G_1 是一合格块规，G_2 是与 G_1 同规号待校准的块规。二者置于平台上，上面盖以平玻璃。平玻璃与块规端面间形成空气劈尖。用波长为 589.3 nm 的光垂直照射时，观察到两端面上方各一组干涉条纹。

（1）两组条纹的间距都是 $\Delta x=0.50$ mm，试求 G_1、G_2 的长度差。

（2）如何判断 G_2 比 G_1 长还是短？

（3）如两组条纹间距分别为 $\Delta x_1=0.50$ mm，$\Delta x_2=0.30$ mm，这表示 G_2 加工有什么不合格？如果 G_2 加工完全合格，应观察到什么现象？

13. 一牛顿环干涉装置各部分折射率如图 8-47 所示。试大致画出反射光的干涉条纹的分布。

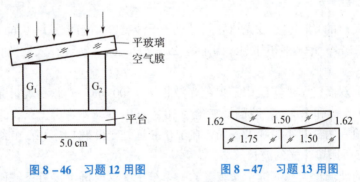

图 8-46　习题 12 用图　　　图 8-47　习题 13 用图

14. 用单色光观察牛顿环，测得某一明环的直径为 3.00 mm，它外面第 5 个明环的直径为 4.60 mm，平凸透镜的半径为 1.03 m，求此单色光的波长。

15. 将折射率 1.54 的玻璃板插入迈克尔逊干涉仪的一臂内，观察到 20 个条纹的移动，若所用的光波长 $\lambda=590$ nm，求玻璃板厚度。

第 9 章

光的衍射

知识目标

1. 掌握光产生明显衍射现象的条件、衍射现象的特点、光衍射的分类。
2. 掌握惠更斯原理、惠更斯－菲涅耳原理，并用原理解释光衍射现象的特点。
3. 了解菲涅耳半波带法，掌握菲涅耳半波片的定义及作用。
4. 掌握夫琅禾费圆孔、单缝、矩孔和多缝衍射图样的特点及缺级现象的产生原因。
5. 知道衍射对光学系统分辨本领的影响，掌握瑞利判据。
6. 掌握光栅的相关概念、光栅方程和分光特性。

技能目标

1. 会搭建夫琅禾费衍射实验装置，根据衍射图样判断衍射孔径的形状。
2. 能根据光谱亮度及所测数据调整测量设备的参数。
3. 会调节分光计，并用分光计测量光谱衍射角，求出被测光栅的光栅常数。

素质目标

1. 通过泊松亮斑的故事，让学生明白在科学研究上必须重视理论的指导作用和实践的检验作用，以此促进学生在实验中认真观察实验现象，会总结现象的规律，并利用学过的理论去分析实验现象，以提高分析、解决问题的能力。

2. 通过介绍与光学干涉与光学衍射相关的全息照相技术，及全息信息存储在防伪上的应用，讨论假冒商品的危害，来告诫学生要有诚实守信的品质。

先导案例：

大气的一种光学现象——日华（图 9-1）。用相机拍摄灯光产生的星芒（图 9-2）都是因为光的衍射产生的。什么是衍涉现象？它的产生条件是什么？如何产生不同的衍射图样？衍射现象的应用是什么？

除干涉现象外，衍射现象从另一个侧面体现了光的波动性质。衍射是光传播的基本方式，也是近代光学的理论基础。光的衍射决定了光学仪器的分辨本领。光的衍射在光谱分析、结构分析、成像等方面得到了越来越广泛的应用。本章讨论光波衍射现象的特点、产生条件、相关波动理论、各种衍射图样特征及多缝衍射的应用——光栅。

图 9 – 1　日华

图 9 – 2　星芒

9.1　光的衍射现象和惠更斯 – 菲涅耳原理

9.1.1　光的衍射现象

1. 定义

若光波在传播过程中遇到障碍物时偏离直线传播路径，绕过障碍物进入几何阴影区继续传播，并在障碍物后的接收屏上呈现出光强的不均匀分布，即出现明暗相间的条纹，此现象称为光的衍射，如图 9 – 3 所示。

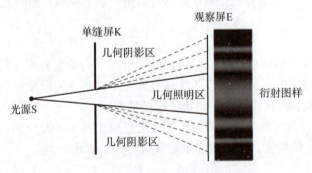

图 9 – 3　光的衍射现象

2. 条件

在日常生活中我们经常见的是光的直线传播和反射、折射现象，极少发现光的衍射现象，这是因为衍射是有条件的，只有当障碍物的尺寸与光波的波长相近时，光的衍射现象才显著。由于日常生活中各类障碍物的空间尺寸（ $\sim 10^{0}$ m）远大于可见光波长（ $\sim 10^{-7}$ m），因此光的衍射现象并不明显。如果障碍物的尺寸很小，比如让光通过很细的狭缝，或很小的圆孔，或在平直的挡板边缘，仔细观察的话，我们还是可以观察到衍射现象的。如在夜晚，通过手指间隙远眺前方的灯火，可以看到灯光沿垂直于缝隙的方向扩展。而在实验室条件下，常采用高亮度的激光或普通的强点光源，并保证接收屏的距离足够大，就可以清楚地演示出光的衍射现象。

3. 特点

下面以一组光波衍射的演示实验来认识一下衍射现象的特点。实验装置如图 9 – 4 所示。

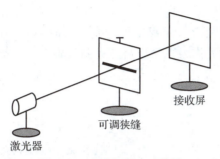

图 9 – 4 光波衍射实验装置

激光器发射的激光照射在一个宽度可调的水平单狭缝上，狭缝后面放置接收屏。如果狭缝较宽，对入射光束未多加限制，接收屏上出现一个亮斑，它是入射光束沿直线传播投射的结果，这时衍射效应极不明显。图 9 – 5（a）~图 9 – 5（d）所示为狭缝宽度从大变小时对应的衍射图样。缝宽逐渐减小，则狭缝上下对光束的限制越来越大，接收屏上的光斑呈明暗相间的图样沿狭缝上下展开，衍射现象越来越明显。其中中央亮斑光强度最大，两侧光斑亮度递减。从图 9 – 5（a）~图 9 – 5（d），缝宽减小时，接收屏上的中央亮斑长度沿竖直方向延长，两侧亮斑随之向外扩展，图样的光强总的来说是变得越来越暗了。

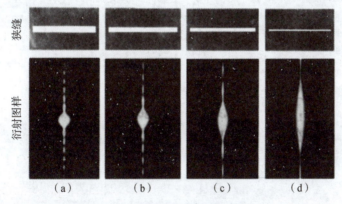

图 9 – 5 不同宽度的单缝衍射图样

如果转动上述实验中的狭缝，则衍射图样也随之转动，其延伸方向总保持与缝的方向垂直。

可以看出衍射现象有以下特点：第一，光束在什么方向上受到限制，则接收屏上的衍射图样就沿该方向展开；第二，障碍物尺寸越小，对光束的限制越厉害，则衍射图样扩展越明显，即衍射现象越明显。

4. 分类

实验室里为了观察衍射现象，总是由光源、衍射屏（导致衍射发生的障碍物称作衍射屏）和接收屏组成一个衍射系统。为了研究的方便，通常根据衍射系统中三者的相互距离的大小，将衍射现象分为两类：

一类称为菲涅耳衍射或称近场衍射，就是光源和接收屏（或两者之一）距衍射屏有限远时所发生的衍射现象。这时入射光和衍射光（或两者之一）不是平行光，波面的曲率半径不可忽略，如图9-6（a）所示。

另一类称为夫琅禾费衍射或远场衍射，就是光源和接收屏距衍射屏都是无限远时所发生的衍射现象。因此入射光和衍射光都是平行光，波面的曲率可以忽略，如图9-6（b）所示。实际的装置可以用激光作为光源或将点光源放置在一个会聚透镜的前焦点位置产生平行入射光，在衍射屏后也放置一个会聚透镜，并将接收屏放在该凸透镜的后焦点位置，如图9-6（c）所示。

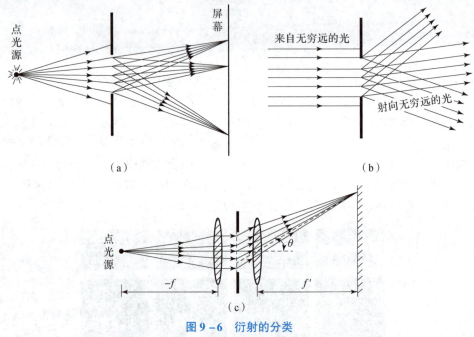

图9-6　衍射的分类

（a）菲涅耳衍射；（b）夫琅禾费衍射；（c）夫琅禾费衍射的实验装置

9.1.2　惠更斯－菲涅耳原理

1. 惠更斯原理

在波的传播过程中，波阵面上的每一点都可以看作一个新的波源，它向外发出球面次波，在其后的任一时刻，这些次波的包络面就成为新的波阵面，这就是惠更斯原理。

如图9-7（a）所示，点光源 O 向周围发出球面波，光波以波速 u 在各向同性的均匀介质中传播，某一时刻 t 的波阵面是半径为 R_1 的球面 S_1。S_1 上各点都可以看作次波源，经 Δt 时间后，形成许多半径为 $u\Delta t$ 的次波球面。在波的前进方向上，这些次波的包络面 S_2 就成为 $t + \Delta t$ 时刻的新波阵面。显然，S_2 是以 O 为圆心，以 $R_1 + u\Delta t$ 为半径的球面。若已知平面波在某时刻的波阵面 S_1，根据惠更斯原理，应用同样的办法也可以作出下一时刻新的波阵面，如图9-7（b）所示。

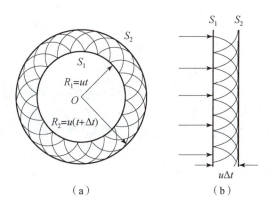

图 9 - 7　用惠更斯原理做新的波阵面
（a）球面波；（b）平面波

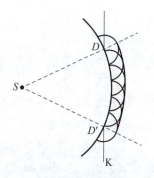

利用惠更斯原理可以解释衍射的"绕射"特点。

如图 9 - 8 所示，S 为单色点光源，K 为一个圆孔衍射屏，当光源发出的球面波到达圆孔边缘时，波前只有 DD' 部分暴露在圆孔范围内，其余部分被衍射屏阻挡。按照惠更斯原理，波阵面 DD' 上每一点都可以看作次波源发出球面次波，并且这些次波的包络面决定圆孔后的新的波面，图 9 - 8 中可看到，新的波面扩展到 SD、SD' 限定的几何照明区之外，进入了几何阴影区，发生了绕射。

利用惠更斯原理可以说明"绕射"现象，但不能确定光波通过衍射屏后沿不同方向传播的振幅，因而不能解释衍射中发生的光强的重新分布的现象。

图 9 - 8　惠更斯原理解释光的绕射

2. 惠更斯 – 菲涅耳原理

菲涅耳在杨氏双缝干涉实验的启发下，引入了"子波干涉"的思想，充实了惠更斯原理。他假设：从同一波阵面上各点发出的子波，在传播到空间某一点相遇时，也可以相互叠加而产生干涉现象。这就是惠更斯 – 菲涅耳原理，它是光的衍射理论的基础。

根据惠更斯 – 菲涅耳原理，已知某时刻的波阵面 S，可以计算波动传到 S 面前方任一点 P 时的振幅和相位。如图 9 - 9 所示，为了计算 P 点的合振动，设想波阵面 S 是由无数个面元 dS 构成的。每个 dS 面元都是发射子波的波源，其发射的子波传到 P 点所引起 P 点振动的振幅，正比于面元 dS 的面积，反比于 dS 到 P 点的距离 r，并与 r 和 dS 的法线之间的夹角 θ 有关。θ 越大，引起的振幅越小，当 $\theta \geqslant \dfrac{\pi}{2}$ 时，振幅为零。子波传到 P 点的相位，由光程 nr 决定。这样 P 点的合振动就是这些子波在该点所产生的振动的合成，它决定了 P 点处衍射光的强弱。

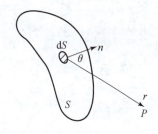

图 9 - 9　惠更斯 – 菲涅耳原理

9.1.3 知识应用

例 9 – 1 为什么声波的衍射比光波的衍射更加显著？

答：因为声波的波长远远大于光的波长，所以声波衍射比光波显著。

例 9 – 2 衍射和干涉有什么联系和区别？

答：衍射和干涉的实质都是满足相干条件光波的叠加，都能产生明暗相间的条纹或彩色条纹，都可以证明光的波动性。但衍射是光束在传输过程中遇到与波长相近的障碍物后偏离直线传播；干涉是分离的多光束之间的叠加。干涉条纹的亮度都是相同的，衍射条纹都是中央条纹最亮。

9.2 菲涅耳圆孔衍射

9.2.1 菲涅耳半波带法

半波带法是处理次波相干叠加的一种重要方法。

1. 菲涅耳半波带

首先介绍如何用半波带法分割波面。如图 9 – 10（a）所示，由单色点光源 S 发出的球面光波，被一个开有圆孔的遮光屏 CC' 阻挡。设光在圆孔处露出的波面半径为 R，P_0 为光源 S 和圆孔的中心连线的延长线与屏幕的交点（为轴上点），圆孔处的球波面顶点 B_0 到 P_0 的距离为 r_0，现在考虑轴上点 P_0 的光强，为此，以 P_0 为中心，以 r_1，r_2，$\cdots$，r_N 为半径，分别在圆孔露出的波面上截圆，把 CC' 分割成一个球冠和若干个环形带，所选取的半径分别为

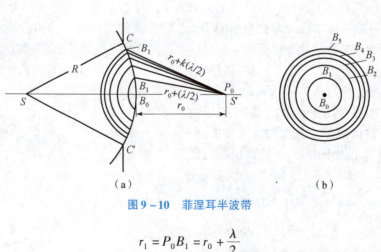

图 9 – 10 菲涅耳半波带

$$r_1 = P_0 B_1 = r_0 + \frac{\lambda}{2}$$

$$r_2 = P_0 B_2 = r_0 + \frac{2\lambda}{2}$$

$$r_3 = P_0 B_3 = r_0 + \frac{3\lambda}{2}$$

$$\vdots$$

$$r_N = P_0 B_k = r_0 + \frac{N\lambda}{2}$$

由于各相邻面元上的对应点波源（如图 9-10 中的 B_0 与 B_1、B_2 与 B_3，等等）在传播到 P 时的光程差均为半个波长，相位差为 π。也就是，相邻带在 P_0 点所产生的振动，方向相反。因而，用以上分割法得到的波带元，称为菲涅耳半波带，简称波带。

2. P_0 点的振幅

设 a_1、a_2、$\cdots$、a_N 分别为第 1、第 2、$\cdots$、第 N 个波带在 P_0 点产生光场振幅的绝对值，P_0 点的光场振幅应为各波带在 P_0 点产生光场振幅的叠加，近似为

$$A_N = a_1 - a_2 + a_3 - a_4 + \cdots \pm a_N \tag{9-1}$$

当 N 为奇数时，a_N 前面取 +；当 N 为偶数时，a_N 前面取 -。这种取法是由于相邻的波带在 P_0 点引起的振动相位相反决定的。

由惠更斯-菲涅耳原理得知，各波带在 P_0 点所产生的振动的振幅大小，取决于各波带的面积、各波带到 P_0 点的距离以及各波带对 P_0 点连线的倾角。所以为了求 a_1、a_2、$\cdots$、a_N 各值以便计算合成振幅，须先求各带的面积，各带到 P_0 点的距离以及各带对 P_0 点连线的倾角。

通过计算可得，各个波带在 P_0 点产生的振动振幅

$$a_N \propto \frac{\pi R\lambda}{R + r_0} \cdot \frac{1 + \cos\theta_N}{2} \tag{9-2}$$

可见，各个波带产生的振幅 a_N 的差别只取决于倾角 θ_N。由于随着 N 增大，θ_N 也相应增大，所以各波带在 P_0 点所产生的光场振幅将随之单调减小，即

$$a_1 > a_2 > a_3 > \cdots > a_N$$

又由于这种变化比较缓慢，所以近似有下列关系：

$$a_2 = \frac{a_1 + a_3}{2}$$

$$a_4 = \frac{a_3 + a_5}{2}$$

$$\vdots$$

$$a_{2m} = \frac{a_{2m-1} + a_{2m+1}}{2}$$

$$\vdots$$

为了利用这种关系，可把式（9-1）中的奇数项分为两部分，a_1 写成 $\frac{a_1}{2} + \frac{a_1}{2}$，$a_3$ 写成 $\frac{a_3}{2} + \frac{a_3}{2}$，$\cdots$，于是，当 N 为奇数时

$$A_N = \frac{a_1}{2} + \frac{a_N}{2} \tag{9-3}$$

当 N 为偶数时

253

$$A_N = \frac{1}{2}a_1 + \frac{a_{N-1}}{2} - a_N \tag{9-4}$$

当 N 较大时，$a_{N-1} \approx a_N$，故式（9-3）和式（9-4）可并在一起写成

$$A_N = \frac{a_1}{2} \pm \frac{a_N}{2} \tag{9-5}$$

式中，N 为奇数时，取 +；N 为偶数时，取 -。

由此得出结论：圆孔对 P_0 点露出的波带数 N 决定了 P_0 点衍射光的强弱。

3. 波带数 N

利用图 9-11，由各量之间的几何关系可以得出

$$N = \frac{\rho_N^2}{\lambda}\left(\frac{1}{R} + \frac{1}{r_0}\right) \tag{9-6}$$

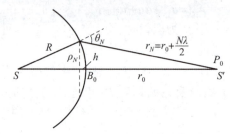

图 9-11 求波带数 N 的示意图

9.2.2 菲涅耳波带片

1. 定义

由于相邻波带的相位相反，它们对于观察点的作用是相互抵消。因此，可以设想，若将奇数波带（或偶数波带）挡住，只露出偶数（或奇数）波带时，那么 P_0 点的振幅和光强会大大增加。这种将奇数波带或偶数波带挡住所制成的光屏叫菲涅耳波带片。

图 9-12 所示为奇数波带和偶数波带被挡住（涂黑）的两种菲涅耳波带片。

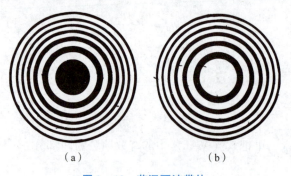

（a）　　　　　　　　（b）

图 9-12 菲涅耳波带片

（a）奇数波带；（b）偶数波带

2. 作用

假若有一个可以露出 20 个波带的衍射孔，则根据式（9-5），P_0 为暗点。现在如果让

其中的 1、3、5、…、19 等 10 个奇数波带通光，而使 2、4、6、…、20 等 10 个偶数波带不通光，则 P_0 点的合振幅为

$$A_k = a_1 + a_3 + a_5 + \cdots + a_{19} \approx 10a_1$$

因波前完全不被遮住时 P_0 点的合振幅为

$$A \approx \frac{a_1}{2}$$

所以，挡住偶数带（或奇数带）后，P_0 点光强约为波前完全不被遮住时的 400 倍。

因此，菲涅耳波带片类似于透镜，具有聚光作用，所以又称为菲涅耳透镜。

由式（9-6）经过变换可得

$$\frac{1}{R} + \frac{1}{r_0} = \frac{N\lambda}{\rho_N^2} \tag{9-7}$$

这个关系式与薄透镜成像公式很相似，可视为波带片对轴上物点的成像公式。R 相当于物距（物点与波带片之间的距离），r_0 相当于像距（观察点与波带片之间的距离），而焦距为

$$f' = \frac{\rho_N^2}{N\lambda} \tag{9-8}$$

可知，焦距与波带数 N 有关，若圆孔恰好为一个波带，此时对应的焦距为主焦距，主焦距的位置对应最亮的主焦点；而 N 与 r_0 相关，r_0 缩小，N 增大，对应许多较亮的次焦点。波带片除了上述实焦点外，还有与之相应的虚焦点。因此，波带片不仅有会聚透镜的作用，也有发散透镜的作用。

菲涅耳波带片的焦距与波长成反比，与透镜的焦距与波长成正比相反，它与透镜组合使用可以消除色差。

波带片有轻便、易制作、大口径的特点，特别适用于长程光通信、卫星通信和宇航器上对太阳光能的收集。但菲涅耳半波片只能让奇数和偶数半波带通光，因此，会损失一半的光能。

9.2.3 知识应用

例 9-3 波长为 0.45 μm 的单色平面波入射到不透明的屏 A 上，屏上有半径 $\rho = 0.6$ mm 的小孔和一个与小孔同心的环形缝，其内外半径为 $0.6\sqrt{2}$ mm 和 $0.6\sqrt{3}$ mm，求距离 A 为 80 cm 的屏 B 上出现的衍射图样中央亮点的强度比无屏 A 时光强大多少倍？

解： 单色平面波入射，所以 R 为无穷大。若屏 A 上只有一个半径 $\rho = 0.6$ mm 的小孔，则相对于衍射图中心亮点，波面上露出的半波带数为

$$N = \frac{\rho^2}{\lambda r_0} = \frac{0.6^2}{0.45 \times 10^{-3} \times 800} = 1$$

如果屏上小孔半径为 $0.6\sqrt{2}$ mm，则 $N=2$。

同样，如果屏上小孔半径为 $0.6\sqrt{3}$ mm，则 $N=3$。

所以，同心环形缝的存在，说明第二个半波带被挡住，这时 $A_3 = a_1 + a_3$。如果 $a_1 \approx a_3$，则 $A_3 \approx 2a_1$。

如果不存在屏 A，则 $A_0 = a_1/2$。所以在这两种情况下，屏 B 上中央亮点强度之比为

$$\frac{I_N}{I_0} = \frac{(2a_1)^2}{(a_1/2)^2} = 16$$

即屏 A 存在时，中央亮点光强是不存在的屏 A 时光强的 16 倍。

例 9 - 4 如图 9 - 13 所示，如果用一个不透明的圆形板（或一切具有圆形投影的不透明障碍物）替代圆孔衍射屏，将会产生怎样的衍射图样？

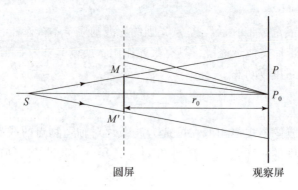

图 9 - 13　例 9 - 4 菲涅耳圆屏衍射

解：在圆屏的情况下，开头的 N 个波带被挡住，第 $(N+1)$ 个以外的波带全部通光。因此，P_0 点的合振幅为

$$A_\infty = a_{N+1} - a_{N+2} + \cdots + a_\infty$$

$$= \frac{a_{N+1}}{2} + \left(\frac{a_{N+1}}{2} - s_{N+2} + \frac{a_{N+3}}{2} \right) + \left(\frac{a_{N+3}}{2} - a_{N+4} + \frac{a_{N+5}}{2} \right) + \cdots$$

$$= \frac{a_{N+1}}{2}$$

这就是说，只要屏不十分大，$(N+1)$ 为不大的有限值，则 P_0 点的振幅总是刚露出的第一个波带在 P_0 点产生的光场振幅的一半，即 P_0 点永远是亮点（称为泊松亮斑），所不同的只是光的强弱有差别而已。如果圆屏较大，P_0 点离圆屏较近，N 是一个很大的数目，则被挡住的波带就很多，P_0 点的光强近似为零，基本上是几何光学的结论：几何阴影处光强为零。

9.3　夫琅禾费圆孔衍射

光通过小圆孔时，也会产生衍射现象。由于光学仪器的光瞳通常是圆形的，而且大多是通过平行光或近似的平行光成像的，所以讨论夫琅禾费圆孔衍射现象对光学仪器的应用，具有重要的实际意义。

9.3.1　夫琅禾费圆孔衍射光强分布

1. 光强公式

图 9 - 14 所示为夫琅禾费圆孔衍射原理图，假定圆孔的半径为 a，圆孔中心 C 位于光轴

上。由于圆孔的圆对称性，在计算圆孔的衍射强度分布时采用极坐标表示比较方便。圆孔中任意点 Q 的位置，用极坐标表示时为 (r_1, ψ_1)。

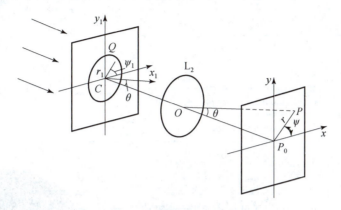

图 9 - 14　夫琅禾费圆孔衍射原理图

根据基尔霍夫衍射公式可计算出接收屏上任意一点 P 点的光强为

$$I = I_0 \left[\frac{2J_1(\phi)}{\phi} \right]^2 = (\pi a^2)^2 |C'|^2 \left[\frac{2J_1(ka\theta)}{ka\theta} \right]^2 \qquad (9-9)$$

式中，$I_0 = (\pi a^2)^2 |C'|^2$ 为接收屏上轴上（中心）点 P_0 的强度；$J_1(\phi)$ 为一阶贝塞尔函数，$\phi = \dfrac{2\pi}{\lambda} a \sin\theta \approx ka\theta$，$\theta$ 为 P 点衍射方向与光轴的夹角，称为衍射角。图 9 - 15 所示为夫琅禾费圆孔衍射的强度分布曲线，表 9 - 1 所示为其光强分布。

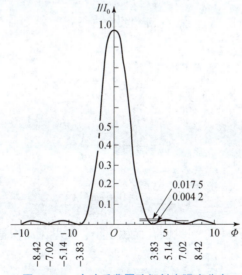

图 9 - 15　夫琅禾费圆孔衍射光强度分布

表 9 - 1　圆孔衍射的光强分布

条纹序数	ϕ	$[2J_1(\phi)/\phi]^2$	光能分布
中央亮纹	0	1	83.78%

续表

第一暗纹	$1.220\pi = 3.832$	0	0%
第一亮纹	$1.635\pi = 6.136$	0.017 5	7.22%
第二暗纹	$2.233\pi = 7.016$	0	0
第二亮纹	$2.679\pi = 8.417$	0.004 15	2.77%
第三暗纹	$3.238\pi = 10.174$	0	0
第三亮纹	$3.699\pi = 11.620$	0.001 6	1.46%

2. 衍射图样特点

1）图样形状

由 $\phi = ka\theta$ 及式（9-9）可见，夫琅禾费圆孔衍射的光强度分布与 P 点的衍射角 θ 有关（或者，由于 $\theta = r/f'$，仅与 P 点和中心点 P_0 间的距离 r 有关），而与方位角 ψ 大小无关。这说明，夫琅禾费圆孔衍射图样是圆环形条纹，如图 9-16 所示。

2）艾里斑半径

由表 9-1 可见，中央亮斑集中了入射在圆孔上能量的 83.78%，这个亮斑通常称为艾里斑。艾里斑的半径 r_0 由第一光强极小值处的 ϕ 值决定，即

图 9-16　夫琅禾费圆孔衍射图

$$\phi = ka\theta = \frac{kar_0}{f'} = 1.22\pi$$

因此

$$r_0 = 0.61 f' \frac{\lambda}{a} \tag{9-10}$$

或以角半径 θ_0 表示为

$$\theta_0 = \frac{r_0}{f'} = 0.61 \frac{\lambda}{a} \tag{9-11}$$

艾里斑的面积为

$$S_o = \pi r_0^2 = \frac{(0.61\pi f'\lambda)^2}{S} \tag{9-12}$$

式中，$S = \pi a^2$ 为衍射圆孔面积。可见圆孔面积越小，艾里斑面积越大，衍射现象越明显。

9.3.2　光学成像系统的分辨本领

1. 定义

光学成像系统的分辨本领是指它能分辨开两个靠近的点物或物体细节的能力，它是光学成像系统的重要性能指标。

2. 瑞利判据

从几何光学的观点看，每个物点的像该是一个几何点，因此，对于一个无像差的理想光学成像系统，两个点物无论靠得多近，像点总可分辨开。但实际上，光波通过光学成像系统时，总会因光学成像系统中的光阑、透镜外框等圆形孔径的限制产生衍射，这就限制了光学成像系统的分辨本领。所以讨论光学成像系统的分辨本领时，都是以夫琅禾费圆孔衍射为理论基础。

瑞利判据

如图 9-17 所示，设有 S_1 和 S_2 两个非相干点光源，发光强度相等，间距为 ε，它们到直径为 D 的圆孔距离为 R，则 S_1 和 S_2 对圆孔的张角 α 为

$$\alpha = \frac{\varepsilon}{R} \tag{9-13}$$

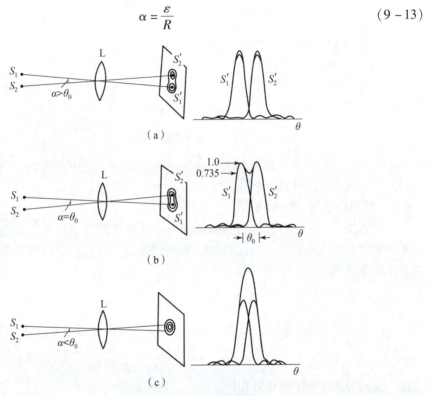

图 9-17　两个点物的衍射像的分辨率
（a）分辨良好；（b）恰能分辨；（c）不能分辨

由于圆孔的衍射效应，S_1 和 S_2 将分别在接收屏上形成各自的"像" S_1' 和 S_2'，即衍射图样。假设 S_1' 和 S_2' 的艾里斑关于圆孔的张角为 θ_0，则由式（9-11）有

$$\theta_0 = 1.22\frac{\lambda}{D} \tag{9-14}$$

（1）如图 9-17（a）所示，当 $\alpha > \theta_0$ 时，S_1' 和 S_2' 的两个艾里斑能完全分开，即 S_1 和 S_2 可以分辨；

（2）如图 9-17（c）所示，当 $\alpha < \theta_0$ 时，S_1' 和 S_2' 的两个艾里斑分不开，即 S_1 和 S_2 不可以分辨；

（3）如图 9-17（b）所示，当 $\alpha \approx \theta_0$ 时，即一个点物衍射图样的中央极大位置与近旁另一个点物衍射图样的第一极小位置重合，作为光学成像系统的分辨极限，认为此时光学

系统恰好可以分辨开这两个点物，称此分辨标准为瑞利判据。此时两点物衍射图样的重叠区中心点强度约为每个衍射图样中心最亮处光强度的73.5%（对于缝隙形光阑，约为81%）。

所以，由于衍射的作用，一个光学成像系统对点物成像的艾里斑角半径 θ_0 决定了该系统的分辨极限。

3. 几种常用光学成像系统的分辨本领

1）人眼的分辨本领

通常人眼的瞳孔直径约为 $D_e = 2\ \text{mm}$（可在 2 ~ 8 mm 调节）。选用可见光的平均波长 $\lambda = 0.55\ \mu\text{m}$，求得人眼分辨的最小分辨角 α_e 为

$$\alpha_e = \theta_0 = 1.22\frac{\lambda}{D_e} = \frac{1.22 \times 0.55}{2 \times 10^3} = 3.4 \times 10^{-4}\,(\text{rad}) \tag{9-15}$$

通常由实验测得的人眼最小分辨角约为 $1'(\approx 2.9 \times 10^{-4}\ \text{rad})$，与上面计算的结果基本相符。

2）望远镜的分辨本领

设望远镜物镜的圆形通光孔径直径为 D，若有两个物点恰好能为望远镜所分辨开，则根据瑞利判据，这两个物点对望远镜的张角 α 为

$$\alpha = \theta_0 = 1.22\frac{\lambda}{D} \tag{9-16}$$

上式表明，物镜的直径 D 越大，分辨本领越高。天文望远镜物镜的直径做得很大，原因之一就是为了提高分辨本领。

3）照相物镜的分辨本领

照相物镜一般用于对较远的物体成像，并且所成的像由感光底片记录，底片的位置与照相物镜的焦面大致重合。若照相物镜的孔径为 D，则它能分辨的最靠近的两直线在感光底片上的距离为

$$\varepsilon' = f'\theta_0 = 1.22f'\frac{\lambda}{D} \tag{9-17}$$

式中，f' 为照相物镜的焦距。照相物镜的分辨率以像面上每毫米能分辨的直线数 N 来表示

$$N = \frac{1}{\varepsilon'} = \frac{1}{1.22\lambda}\frac{D}{f'} \tag{9-18}$$

式中，D/f' 为照相物镜的相对孔径。可见，照相物镜的相对孔径越大，分辨率越高。

4）显微镜的分辨本领

显微镜由物镜和目镜组成，在一般情况下系统成像的孔径为物镜框，因此，限制显微镜分辨本领的是物镜框（即孔径光阑）。

显微镜能分辨两点物的最小距离为

$$\varepsilon = \frac{0.61\lambda}{n\sin u} = \frac{0.61\lambda}{\text{NA}} \tag{9-19}$$

式中，$\text{NA} = n\sin u$ 为物镜的数值孔径。

由此可见，提高显微镜分辨本领的途径是：①增大物镜的数值孔径；②减小波长。

9.3.3 知识应用

例9-5 一天文望远镜的物镜直径 $D = 100\ \text{mm}$，人眼瞳孔的直径 $d = 2\ \text{mm}$，求对于发

射波长为 $\lambda = 0.5\ \mu m$ 光的物体的角分辨极限。为充分利用物镜的分辨本领，该望远镜的放大率 M 应选多大为宜？

解： 望远镜的角分辨率为

$$\theta_t = 1.22\frac{\lambda}{D} = \frac{1.22 \times 0.5}{100 \times 10^3} = 6.1 \times 10^{-6}(\mathrm{rad})$$

人眼的角分辨限度为

$$\theta_e = 1.22\frac{\lambda}{d} = \frac{1.22 \times 0.5}{2 \times 10^3} = 3.05 \times 10^{-4}(\mathrm{rad})$$

为充分利用物镜的分辨本领，望远镜的角分辨极限经望远镜放大后，至少应等于眼睛的角分辨极限，即 M 应保证

$$\theta_e = M\theta_t$$

由此可得

$$M = \frac{\theta_e}{\theta_t} = \frac{D}{d} = \frac{100}{2} = 50$$

此 M 称为望远镜的正常放大率。若望远镜的放大率小于正常放大率，则物镜的分辨本领不能充分利用；若望远镜的放大率大于正常放大率，虽然像可以放得更大，但不会提高整个系统的分辨本领，故过分追求放大率，并非完全必要。

9.4　夫琅禾费单缝衍射和矩孔衍射

9.4.1　夫琅禾费单缝衍射

图 9 – 18（a）所示为夫琅禾费单缝衍射原理图，可以用激光作为光源，实现平行光垂直入射到开有一条狭缝的衍射屏上，缝的宽度为 a，狭缝长度远大于宽度 a。入射光在狭缝上发生衍射，透镜 L_2 把无限远的衍射图样聚焦在它的后焦面上。从放在后焦面上的接收屏上能观察到如图 9 – 18（b）所示的衍射图样。由于狭缝的长度远远大于波长而缝宽很小，

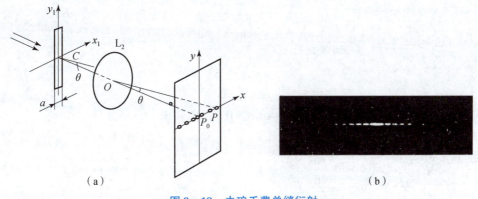

（a）　　　　　　　　　　　　　　　（b）

图 9 – 18　夫琅禾费单缝衍射

（a）原理图；（b）衍射图样

所以只在垂直狭缝的方向发生明显的衍射现象，即接收屏上的衍射图样只在 x 方向上展开。如果在激光后增加望远镜系统构成的扩束器将激光束扩束，则在接收屏上会看到一组平行狭缝的明暗衍射条纹，如图 9 – 19 所示。

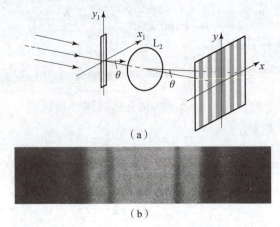

（a）

（b）

图 9 – 19　用扩束光源照明的夫琅禾费单缝衍射

（a）原理图；（b）衍射图样

1. 光强公式

如图 9 – 19（a）所示，P_0 为接收屏中央点，也是衍射图样的中央点；P 为 x 方向上衍射图样上的任意一点，根据基尔霍夫衍射公式可计算出 P 点的光强为

$$I = I_0 \left(\frac{\sin \alpha}{\alpha} \right)^2 \tag{9 – 20}$$

式中，I_0 为 P_0 点的光强；$\alpha = \dfrac{\pi a \sin \theta}{\lambda}$；$\theta$ 为 P 点的衍射角，表示 P 点在接收屏上的位置；通常称 $\left(\dfrac{\sin \alpha}{\alpha} \right)^2$ 为单缝衍射因子。

2. 光强分布

由式（9 – 20）可知，单缝衍射的光强分布由衍射因子确定，不同的衍射角 θ 对应于光屏上不同的观察点。首先来决定衍射图样中光强最大值和最小值的位置，即求出满足光强的一阶导数为零的那些点：

$$\frac{\mathrm{d}}{\mathrm{d}\alpha} \left(\frac{\sin \alpha}{\alpha} \right)^2 = 2 \cdot \frac{\sin \alpha}{\alpha} \cdot \frac{\alpha \cos \alpha - \sin \alpha}{\alpha^2}$$

由此得

$$\sin \alpha = 0$$

或

$$\alpha \cos \alpha - \sin \alpha = 0 \Rightarrow \alpha = \tan \alpha$$

分别解以上两式，可得出所有的极值点。

由 $\sin \alpha = 0$ 解得

$$\alpha = \frac{\pi a \sin \theta}{\lambda} = 0 \ \text{或} \ n\pi \ (n = \pm 1, \pm 2, \pm 3, \cdots)$$

所以

$$\sin\theta = 0 \text{ 和 } \sin\theta = n\frac{\lambda}{a}(n = \pm1, \pm2, \pm3, \cdots)$$

1）单缝衍射中央主极大的位置及光强

当 $\theta_0 = 0°$ 时，对应中央点 P_0 处，$\sin\theta_0 = 0$，此时 $\alpha = 0°$，

则

$$\lim_{\alpha\to0}\frac{\sin\alpha}{\alpha} = 1$$

所以 $I_{P_0} = I_0$，光强为最大，P_0 称为 0 级中央明纹。

2）单缝衍射极小值的位置及光强

当

$$\sin\theta = n\frac{\lambda}{a}(n = \pm1, \pm2, \pm3, \cdots)时 \tag{9-21}$$

$\alpha = n\pi$，所以 $\sin\alpha = 0$，则单缝衍射因子 $\left(\dfrac{\sin\alpha}{\alpha}\right)^2 = 0$。

此时 $I = 0$，是暗条纹，n 为暗纹的级次。

3）单缝衍射次极大的位置及光强

在每两个相邻最小值之间有一最大值，这些最大值的位置可由超越方程 $\alpha = \tan\alpha$ 解得。我们可以用图解法求得 α 的值，作直线 $F = \alpha$ 和正切曲线 $F = \tan\alpha$（见图 9-20 的上半部），它们的交点就是这个超越方程的解，即各级次极大亮条纹的位置为

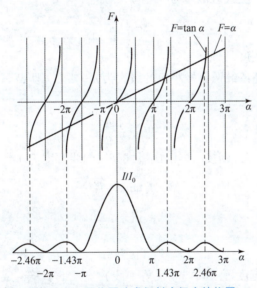

图 9-20　用作图法求衍射次极大的位置

$$\sin\theta_1 = \pm1.43\frac{\lambda}{a} \approx \pm\frac{3}{2}\frac{\lambda}{a}$$

$$\sin\theta_2 = \pm2.46\frac{\lambda}{a} \approx \pm\frac{5}{2}\frac{\lambda}{a}$$

$$\sin\theta_3 = \pm3.47\frac{\lambda}{a} \approx \pm\frac{7}{2}\frac{\lambda}{a}$$

$$\cdots$$

$$\sin\theta_n \approx \pm\left(N+\frac{1}{2}\right)\frac{\lambda}{a} \quad (N = 1,2,3,\cdots) \tag{9-22}$$

式中，n 对应次极大亮条纹的级次。

把求出的 θ 值代入式（9-20）可得各级次极大的相对光强，依次为 $I_1 \approx 0.047I_0$，$I_2 \approx 0.016\,5I_0$，$I_3 \approx 0.008\,3I_0$……

3. 单缝衍射图样的特点

根据以上对夫琅禾费单狭缝衍射光强公式的分析，可知单缝衍射图样相对应的相对光强曲线（见图 9-20 的下半部）具有以下特点：

（1）各级极大值光强不相等，中央极大值的光强最大，次极大值都远小于中央极大值，并随着亮纹级次 N 的增大而很快地减小。

（2）相邻极小值到透镜中心所张的角度为亮条纹的角宽度。

因为各级极小值的位置由式（9-21）确定，对式（9-21）两边取微分，有

$$\cos\theta \Delta\theta = \Delta n \frac{\lambda}{a} \qquad (9-23)$$

n 可取所有不为 0 的正负整数，次极大亮纹两侧（即相邻）极小值的级次差 $\Delta n = 1$，由上式得次极大亮纹的角宽度为

$$\Delta\theta = \frac{\lambda}{a\cos\theta}$$

在衍射角 θ 很小时，上式近似写为

$$\Delta\theta = \frac{\lambda}{a} \qquad (9-24)$$

此即次极大亮条纹的角宽度。

而中央 0 级主极大亮条纹两侧极小值的级次为 $n = \pm 1$，即 $\Delta n = 2$，代入式（9-23）可得 0 级亮纹的角宽度为

$$\Delta\theta_0 = 2\frac{\lambda}{a} \qquad (9-25)$$

若透镜 L_2 的焦距为 f'，则接收屏上次极大亮纹的线宽度为

$$\Delta x = f'\tan\theta \approx f'\frac{\lambda}{a} \qquad (9-26)$$

中央亮纹的线宽度为

$$\Delta x_0 = 2f'\frac{\lambda}{a} \qquad (9-27)$$

即中央亮纹的角（线）宽度等于其他亮纹角（线）宽度的 2 倍，或说中央亮纹的半角宽度与其他亮纹的角宽度相等。

（3）因为中央零级亮纹集中了绝大部分光能，它的半角宽度 $\Delta\theta$ 的大小可作为衍射现象是否显著的标志。由式（9-24）说明，当 λ 一定时，a 越小，则 $\Delta\theta$ 越大，衍射现象就越显著。

9.4.2　应用案例

应用：利用单缝衍射中央亮纹宽度测量细丝直径。

例 9-6　利用夫琅禾费单缝衍射原理制成一种激光衍射细丝测径仪，就是把夫琅禾费

单缝衍射装置中的单缝用细丝代替。今测得一细丝的夫琅禾费零级衍射条纹的宽度为 1 cm，已知入射光波长为 0.63 μm，透镜焦距为 50 cm，求细丝的直径。

解： 根据题意有 $\Delta x_0 = 1$ cm，$f' = 50$ cm，$\lambda = 0.63$ μm，由式（9 – 27）可知

$$\Delta x_0 = 2f'\frac{\lambda}{a} \Rightarrow 1 = 2 \times 50 \times \frac{0.63}{a}$$

所以 $a = 63$ μm。a 为单缝宽度，也就是细丝的直径。

激光衍射细丝测径仪的精度比千分尺高一个量级以上。这种测量不需要接触细丝，不损害样品，便于做连续的动态监测，并使拉丝流程实现自动控制。图 9 – 21 所示为防止接丝过细的自动控制装置原理图。

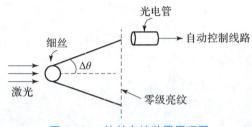

图 9 – 21　拉丝自控装置原理图

9.4.3　夫琅禾费矩孔衍射

图 9 – 22 所示为夫琅禾费矩孔衍射原理图，衍射孔矩形沿 x_1、y_1 方向的边长分别为 a、b。接收屏上任意一点 P 的位置用它的两个方向的衍射角 θ_x、θ_y 来表示。

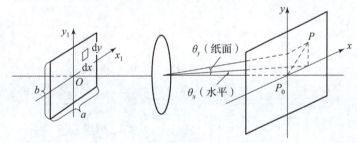

图 9 – 22　夫琅禾费矩孔衍射原理图

1. 光强公式
设矩形中心位于坐标原点，根据基尔霍夫衍射公式可计算出 P 点的光强为

$$I = I_0 \left(\frac{\sin \alpha}{\alpha}\right)^2 \left(\frac{\sin \beta}{\beta}\right)^2 \tag{9 – 28}$$

式中，$\alpha = \dfrac{\pi a}{\lambda} \sin \theta_x$；$\beta = \dfrac{\pi b}{\lambda} \sin \theta_y$；$I_0 = |Cab|^2$ 是 P_0 点的光强度。

2. 光强分布
1）沿 x 轴的衍射光强分布

x 轴上的点 $\theta_y = 0°$，所以 $\beta = 0°$，$\left(\dfrac{\sin \beta}{\beta}\right)^2 = 1$。

根据式（9-28）有

$$I = I_0 \left(\frac{\sin\alpha}{\alpha} \right)^2 \tag{9-29}$$

（1）当 $\alpha = 0°$ 时，I 有极大值，称为主极大，$I_M = I_0$。

（2）当 $\alpha = n\pi$（$n = \pm1, \pm2, \pm3, \cdots$）时，$I$ 有极小值（$I = 0$），与这些 α 值相应的点是暗点，暗点的位置为

$$\sin\theta_x = n\frac{\lambda}{a}$$

相邻两暗点之间的间隔为

$$\Delta x = f'\frac{\lambda}{a} \tag{9-30}$$

（3）当 $\tan\alpha = \alpha$ 时，可求出相邻的两个暗点之间的次极大位置。

2）沿 y 轴的衍射光强分布

因为 $\theta_x = 0°$，所以 $\alpha = 0°$，$\left(\frac{\sin\alpha}{\alpha} \right)^2 = 1$

根据式（9-28）有

$$I = I_0 \left(\frac{\sin\beta}{\beta} \right)^2 \tag{9-31}$$

其分布特性与 x 轴类似。

3）轴外点的光强分布

x、y 轴以外各点的光强可按式（9-28）进行计算，图9-23所示为一些特征点的光强相对值。显然，尽管在 xOy 面内存在一些次极大点，但它们的光强度极弱。

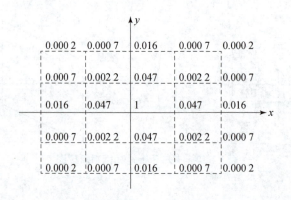

图9-23 夫琅禾费矩孔衍射图样中一些特征点的相对强度

3. 夫琅禾费矩孔衍射的衍射图样

图9-24（b）所示为矩孔的夫琅禾费衍射图样，可以看出矩孔衍射的光能量主要集中在中央亮斑处，其他亮斑的强度比中央亮斑要小得多。

中央亮斑在 x、y 轴上的宽度为

$$\Delta x_0 = 2f'\frac{\lambda}{a} \text{和} \Delta y_0 = 2f'\frac{\lambda}{b}$$

所以中央亮斑的面积

$$S_0 = \Delta x_0 \Delta y_0 = 4\frac{f'^2 \lambda^2}{ab} \tag{9 - 32}$$

该式说明，中央亮斑面积与矩形孔面积成反比，在相同波长和装置下，衍射孔越小，中央亮斑越大，但是，由于

$$I_0 = |C|^2 a^2 b^2 \tag{9 - 33}$$

所以，衍射孔越小，相应的 P_0 点光强度越小。

当孔径尺寸 $a = b$，即为方形孔径时，沿 x、y 方向有相同的衍射图样。当 $a \neq b$，即为矩形孔径时，其衍射图样沿 x、y 方向的形状虽然一样，但线度不同，在 x 轴上的亮斑宽度与 y 轴上亮斑宽度之比，恰与矩形孔在两个轴上的宽度关系相反。例如，$a < b$ 时，衍射图样如图 9 - 24 所示，衍射图样在 x 方向比在 y 方向宽。

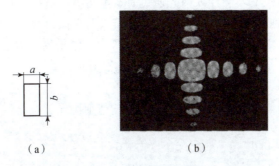

（a）　　　　　　　　　　　（b）

图 9 - 24　夫琅禾费矩孔衍射中央亮斑面积
（a）矩形衍射孔；（b）夫琅禾费矩孔衍射图样

9.5　夫琅禾费多缝衍射

多缝是指在一块不透光的屏上，刻有 N 条等间距、等宽度的通光狭缝。

9.5.1　夫琅禾费双缝衍射

1. 光强公式

若 $N = 2$，衍射屏上是两条宽度均为 $a(\sim \lambda)$、相互平行且间距为 d 的狭缝，如图 9 - 25 所示。若挡住其中的任意一个缝，入射平行光通过狭缝时，在接收屏上都会出现单缝衍射光强分布，由于透镜 L_2 的存在，单缝衍射光强分布与单缝位置无关，通过上、下两个缝的衍射分布图样位置相互重叠。其光强公式都为

$$I' = I_0 \left(\frac{\sin \alpha}{\alpha}\right)^2 \tag{9 - 34}$$

通过上、下两个缝的光是相干光，两组衍射光在屏上重合时将形成相干叠加，光强重新分布。杨氏双缝干涉光强分布的公式为

$$I = I_1 + I_2 + 2\sqrt{I_1 I_2}\cos\delta = 2I'(1 + \cos\delta) = I' \cdot 4\cos^2\frac{\delta}{2} \tag{9 - 35}$$

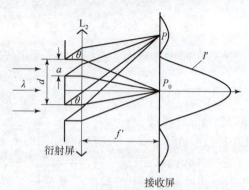

图 9 – 25　夫琅禾费双缝衍射原理图

若双缝屏上的缝宽尺寸不会让入射光通过时产生明显的衍射，则式（9–35）中 I' 为入射光通过每个狭缝在接收屏上产生的均匀光强；若入射光通过每个狭缝都会产生单缝衍射，则式（9–35）中 I' 由式（9–34）决定，即接收屏上双缝衍射光强分布公式为

$$I = I_0 \left(\frac{\sin \alpha}{\alpha} \right)^2 \cdot 4\cos^2 \frac{\delta}{2} \tag{9–36}$$

式中，I_0 为图样中央点 P_0 的光强；$\left(\frac{\sin \alpha}{\alpha} \right)^2$ 为单缝衍射因子；$4\cos^2 \frac{\delta}{2}$ 为双缝干涉因子。其中 $\alpha = \frac{\pi a \sin \theta}{\lambda}$，$\delta = \frac{2\pi}{\lambda} d \sin \theta$。

2. 光强分布

图 9–26 所示为 $d = 2a$ 时双缝的干涉–衍射光强分布。为了比较，图中同时画出了双缝干涉的光强分布，以及单缝的衍射光强分布。

由图 9–26（c）可见，双缝衍射的光强分布是单缝衍射和双缝干涉的双重效应所产生的。考虑了单缝衍射的因素后，接收屏上的极大光强已不是等强度的了，而是要按照单缝衍射光强分布的规律产生强度变化，中央主极大最强，高级次主极大光强逐渐减弱，把这种现象称为干涉条纹受到了单缝衍射因子的调制。

图 9–26（c）中双缝衍射光强出现极大值的位置与图 9–26（a）中双缝衍射光强出现极大值的位置相同，即衍射主极大的位置由双缝干涉因子最大值位置决定，为

$$\sin \theta = m \frac{\lambda}{d}, \quad m = 0, \pm 1, \pm 2, \cdots \tag{9–37}$$

式中，m 为衍射明纹的级次。

3. 缺级现象

图 9–26 中设定 $d = 2a$，导致单缝衍射光强分布暗纹的位置恰好与双缝干涉光强分布的 ± 2，± 4，…级明纹位置重合，此时衍射光强分布图样中 ± 2，± 4，…级明纹缺级。

衍射条纹缺级

单缝衍射光强分布暗纹位置为

$$\sin \theta = n \frac{\lambda}{a}, \quad n = \pm 1, \pm 2, \cdots \tag{9–38}$$

由式（9–37）和式（9–38）可得

$$m = \frac{d}{a} n, \quad n = \pm 1, \pm 2, \cdots \tag{9–39}$$

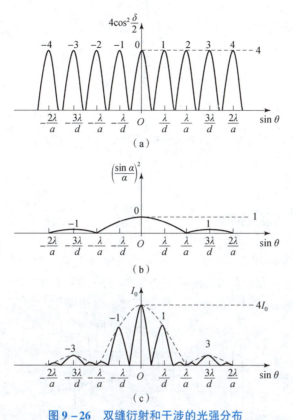

图 9 - 26　双缝衍射和干涉的光强分布

（a）双缝干涉光强分布；（b）单缝衍射光强分布；（c）双缝衍射光强分布

式（9 - 39）为多缝衍射条纹缺级公式。

9.5.2　知识应用

例 9 - 7　在夫琅禾费双缝衍射实验中，所用波长 $\lambda = 632.8$ nm，透镜焦距 $f' = 50$ cm，观察到两相邻亮条纹之间的距离 $\Delta x = 1.5$ mm，并且第 4 级亮纹缺级。试求：（1）双缝的缝距和缝宽；（2）第 1、2、3 级亮纹的相对强度。

解：（1）因为 $\Delta x = \dfrac{D}{d}\lambda \approx \dfrac{f'}{d}\lambda$，代入数据

$$1.5 \times 10^{-3} = \frac{50 \times 10^{-2}}{d} \times 632.8 \times 10^{-9}$$

计算可得 $d \approx 0.21$ mm。

又因为第 4 级亮纹缺级，所以 $a = \dfrac{d}{4} \approx 0.053$ mm。

（2）对 1 级亮纹有 $d\sin\theta = \lambda \Rightarrow \sin\theta = \dfrac{\lambda}{d} \Rightarrow \alpha = \dfrac{\pi}{\lambda}a\sin\theta = \dfrac{\pi}{4}$

所以

$$\frac{I_1}{4I_0} = \left(\frac{\sin\dfrac{\pi}{4}}{\dfrac{\pi}{4}} \right)^2 = 0.81$$

对 2 级亮纹有 $d\sin\theta = 2\lambda \Rightarrow \sin\theta = \dfrac{2\lambda}{d} \Rightarrow \alpha = \dfrac{\pi}{\lambda}a\sin\theta = \dfrac{\pi}{2}$

所以

$$\frac{I_2}{4I_0} = \left(\frac{\sin\dfrac{\pi}{2}}{\dfrac{\pi}{2}}\right)^2 = 0.41$$

同理

$$\frac{I_3}{4I_0} = \frac{\sin\dfrac{3\lambda}{4}}{\dfrac{3\lambda}{4}} = 0.09$$

9.5.3　夫琅禾费多缝衍射

夫琅禾费多缝衍射的原理如图 9 – 27 所示。衍射屏上是一系列等宽度、等间隔的平行狭缝。这里每条狭缝的宽度仍为 a，缝间不透光部分的宽度为 b，则相邻狭缝的间距为 $d = a + b$。当单色平行光垂直入射衍射屏时，将会产生多缝衍射。

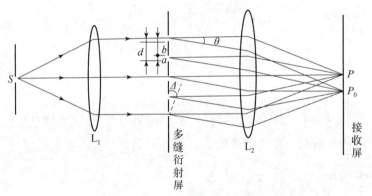

图 9 – 27　夫琅禾费多缝衍射的原理

1. 光强公式

根据基尔霍夫衍射公式可推导出接收屏上 P 点的光强为

$$I = I_0 \left(\frac{\sin\alpha}{\alpha}\right)^2 \left(\frac{\sin\dfrac{N\delta}{2}}{\sin\dfrac{\delta}{2}}\right)^2 \tag{9–40}$$

由式（9–40）可见，N 个狭缝的衍射光强关系式中也包含有两个因子：一个是单缝衍射因子 $\left(\dfrac{\sin\alpha}{\alpha}\right)^2$；另外一个因子是 $\left(\dfrac{\sin\dfrac{N\delta}{2}}{\sin\dfrac{\delta}{2}}\right)^2$，它是 N 个等振幅、等相位差的光束干涉因子。

因此，多缝衍射是单缝衍射和多光束干涉（多缝干涉）共同作用的结果。

2. 光强分布

1）衍射主极大

由多光束干涉因子可以得出，当

$$\sin\frac{N\delta}{2}=0, \quad \sin\frac{\delta}{2}=0$$

即

$$d\sin\theta=m\lambda, \quad m=0, \pm 1, \pm 2, \cdots \tag{9-41}$$

时,多光束干涉因子为极大值,称此时为多缝衍射主极大,其中 m 为主极大的级次。

主极大强度为

$$I_M=N^2 I_0\left(\frac{\sin a}{a}\right)^2 \tag{9-42}$$

即主极大光强为单缝衍射光在该方向强度的 N^2 倍,其中,零级主极大的强度最大,等于 $N^2 I_0$。可见,光能量主要集中在主极大条纹中。

2)衍射极小

当多光束干涉因子中

$$\sin\frac{N\delta}{2}=0, \quad \sin\frac{\delta}{2}\neq 0$$

即

$$d\sin\theta=\left(m+\frac{m'}{N}\right)\lambda, \quad m=0, \pm 1, \pm 2, \cdots, \quad m'=1,2,\cdots,N-1 \tag{9-43}$$

时,多缝衍射强度最小,为零。比较式(9-41)和式(9-43)可见,在两个主极大之间,有 $(N-1)$ 个零点。

3)衍射次极大

在相邻两个极小值之间,必定存在一个极大值,这一极大值比主极大小得多,称为次极大。由于相邻的两个主极大之间有 $(N-1)$ 个极小,因此,在相邻的两个主极大之间,有 $(N-2)$ 个次极大。当 N 很大时,次极大的强度很弱,因而,它们实际上并不重要。

现以 $N=5$,$d=3a$ 为例,作多缝衍射的光强分布曲线,如图 9-28 所示。

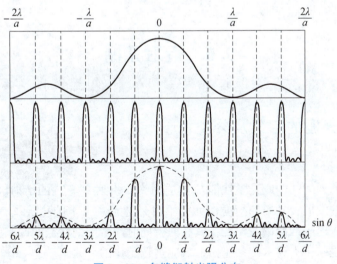

图 9-28　多缝衍射光强分布

3. 主极大的半角宽度

如图 9-29 所示,主极大的半角宽度是指主极大与其相邻的第一个极小值之间的角距离。由式(9-43)可得

$$\Delta \theta = \frac{\lambda}{Nd\cos\theta} \tag{9-44}$$

该式表明，狭缝数 N 越大，主极大的角度越小，即亮纹越细。

4. N 对条纹的影响

图 9-30 所示为夫琅禾费单缝和五种多缝的衍射图样照片，从图中可以看出，当缝数 N 增大时，衍射图样有两个显著的变化：

（1）光的能量向主极大的位置集中（为单缝衍射时的 N^2 倍）。

（2）亮条纹变得更加细而亮。

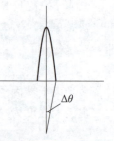

图 9-29　主极大半角宽度

（a）　　　　　　　　　　（d）

（b）　　　　　　　　　　（e）

（c）　　　　　　　　　　（f）

图 9-30　夫琅禾费单缝、双缝、多缝衍射的衍射图样照片

（a）1 条缝；（b）2 条缝；（c）3 条缝；（d）5 条缝；（e）6 条缝；（f）20 条缝

9.6　衍射光栅

9.6.1　衍射光栅的定义及分类

1. 定义

具有周期性的空间结构或光学性能（如透射率、折射率等）的衍射屏称为光栅。随着光栅理论和技术的发展，光栅的衍射单元已不再是通常意义下的狭缝了，广义上可以把光栅定义为：能使入射光的振幅或位相，或者两者同时产生周期性空间调制的光学元件。

衍射光栅都是基于夫琅禾费多缝衍射效应进行工作的。

2. 分类

（1）按工作方式分为透射光栅和反射光栅。

透射光栅是在一块光学平板玻璃上刻划出一系列相互平行、等宽、等间距的多缝，如图 9-31 所示，反射光栅是在一块高反射率的金属平面上刻划出一系列等间距的平行槽纹，如图 9 – 32 所示。一般用于可见光区和紫外线区的光栅大多数是每毫米 600 条线或 1 200 条线。

图 9 – 31　透射光栅　　　　　　　　图 9 – 32　反射光栅

（2）按其对入射光的调制作用可分为振幅光栅和相位光栅。

（3）按光栅工作表面的形状可分为平面光栅和凹面光栅。

（4）按光栅的制作方式又可分为机刻光栅、复制光栅以及全息光栅等。

全息光栅是利用单色激光的双光束干涉产生的等宽、等间距干涉图样来进行光刻，使得刻痕过程变得更加精确与便利。

3. 光栅方程

1）入射光正入射

多缝衍射屏实际上就是一种振幅型平面透射光栅，由多缝衍射理论知道，衍射图样中亮线位置的方向由式（9 – 41）决定：

$$d\sin\theta = m\lambda , \quad m = 0, \pm 1, \pm 2, \cdots \tag{9-45}$$

式中，d 为光栅常数，其倒数 $1/d$ 表示每毫米内有多少条狭缝，称为光栅密度；θ 为衍射角。在光栅理论中，上式称为光栅方程。

2）入射光斜入射

$$d(\sin i \pm \sin\theta) = m\lambda , \quad m = 0, \pm 1, \pm 2, \cdots \tag{9-46}$$

式中，i 为入射角（入射光与光栅平面法线的夹角）；θ 为衍射角（相应于第 m 级衍射光与光栅平面法线的夹角）。入射光与衍射光在光栅法线异侧时取负号，如图 9 – 33（a）所示。入射光与衍射光在光栅法线同侧时取正号，如图 9 – 33（b）所示。

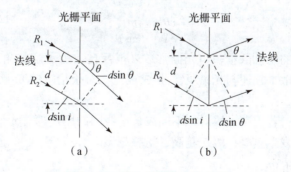

图 9 – 33　斜入射时的光栅方程

（a）i 与 θ 在法线异侧；（b）i 与 θ 在法线同侧

9.6.2 光栅光谱

1. 分光原理

由光栅方程可见，对于给定光栅常数 d 的光栅，当用复色光照射时，除零级主极大外，不同波长的同一级主极大对应不同的衍射角，所以各波长同级衍射亮线位置各不相同，如图 9-34 所示，发生色散现象，这就是衍射光栅的分光原理。这些主极大亮线就是谱线，不同波长的同级谱线集合起来构成的一组谱线称为光栅光谱。如果光源发出的是具有连续谱的白光，则光栅光谱中除中央 0 级仍近似为一条白色亮线外，其他各级主极大亮线都对称地分列在两旁排列成连续的光谱带。由于波长越短，谱线的衍射角就越小，故在同一级光谱中，紫色的谱线在光谱的内缘，红色的在外缘。

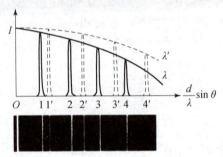

图 9-34　不同波长同级衍射亮线位置不同

可以看出，光栅光谱与棱镜光谱有个重要区别，就是光栅光谱一般有许多级，每级是一套光谱，而棱镜光谱只有一套。

2. 色散本领

色散本领是指光栅将不同波长的同级主极大在空间分开的程度，通常用角色散和线色散表示。

色散与色分辨本领

1）角色散本领 $\delta\theta/\delta\lambda$

如果波长差为 $\delta\lambda$ 的两束光入射光栅后，它们的 m 级谱线分开的角距离为 $\delta\theta$，则定义角色散本领为 $\dfrac{\delta\theta}{\delta\lambda}$。光栅的角色散本领可由光栅方程 [式（9-45）] 对波长取微分求得

$$\frac{\delta\theta}{\delta\lambda} = \frac{m}{d\cos\theta} \tag{9-47}$$

上式表明，光栅的角色散本领与光栅常数 d 成反比，为了增加角色散本领，光栅的缝总是刻得很密。角色散本领还与光谱级次 m 成正比，对于给定的光栅，光谱级次越高，角色散本领也越大。

如图 9-35 所示，若用白光照射，不同波长谱线间的距离随着光谱级次的增大而增加，并且第二级和第三级发生重叠，级次越高，重叠越多。

2）线色散本领 $\delta l/\delta\lambda$

如果波长差为 $\delta\lambda$ 的两束光入射光栅后，m 级谱线在透镜焦平面上对应的距离之差为 δl，则定义线色散本领为 $\dfrac{\delta l}{\delta\lambda}$。

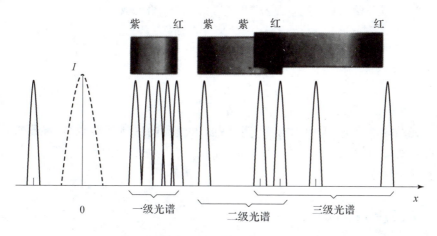

图 9 - 35 白光衍射光谱

$$\frac{\delta l}{\delta \lambda} = f' \frac{\delta \theta}{\delta \lambda} = f' \frac{m}{d \cos \theta} \tag{9-48}$$

式中，f' 为物镜的焦距。显然，在角色散相同的情况下，为了使不同波长的光分得开一些，一般都采用长焦距物镜。

3. 色分辨本领

光栅的色分辨本领是指可分辨两个波长差很小的谱线的能力。光栅的色分辨本领定义为

$$A = \frac{\lambda}{\delta \lambda}$$

色散本领只反映谱线（主极大）中心分离的程度，它不能说明两条谱线是否重叠。所以只有色散本领大还是不够的，要分辨波长很接近的谱线，仍需每条谱线都很细。

如图 9 - 36 所示，三种情况里的色散本领都一样，即波长分别为 λ 和 $\lambda' = \lambda + \delta \lambda$ 的两条谱线的角距离 $\delta \theta$ 一样，但每条谱线的半角宽度 $\Delta \theta$ 不同。根据瑞利判据，当 λ' 的第 m 级主板大刚好落在 λ 的第 m 级主极大旁的第一极小值处时，即 $\Delta \theta = \delta \theta$，这两条谱线恰好可以分辨开，如图 9 - 36（b）所示。这时的波长差 $\delta \lambda$ 就是光栅所能分辨的最小波长差，又称为光栅的分辨极限，$\delta \lambda$ 越小，色分辨本领越高。

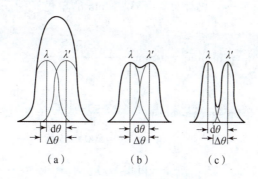

图 9 - 36 光栅的分辨极限

（a）$\Delta \theta > d \theta$；（b）$\Delta \theta = d \theta$；（c）$\Delta \theta < d \theta$

由式（9 - 44）谱线的半角宽度公式和式（9 - 47）角色散公式得

$$\Delta \theta = \delta \theta \Rightarrow \frac{\lambda}{Nd\cos \theta} = \frac{m}{d\cos \theta}\delta \lambda$$

由上式得

$$A = \frac{\lambda}{\delta \lambda} = mN \tag{9 - 49}$$

上式表明，光栅的色分辨本领正比于光谱级次 m 和光栅的总刻痕数 N，与光栅常数 d 无关。

通常光栅所使用的光谱级次并不高（$m = 1 \sim 3$），但是光栅的刻痕数很大，因此，光栅的色分辨本领仍然很高。

9.6.3　知识应用

例 9 - 8　用一个每毫米 500 条缝的衍射光栅观察钠光谱线（$\lambda = 0.589$ μm），问平行光垂直入射和 30° 角斜入射时，分别最多能观察到几级谱线？

解： 当平行光垂直入射时，光栅方程为

$$d\sin \theta = m\lambda$$

对应于 $\sin \theta = 1$ 的 m 为最大谱线级。根据已知条件，光栅常数为 1/500 mm，所以有

$$m = \frac{d}{\lambda} = 3.4$$

因为 m 是衍射级次，对于小数无实际意义，故取 $m = 3$，即只能观察到第三级谱线。

当平行光斜入射时，光栅方程式为

$$d(\sin i + \sin \theta) = m\lambda$$

取 $\sin \theta = 1$，代入已知条件得

$$m = \frac{d(\sin i + 1)}{\lambda} = 5.09$$

即最多能观察到第五级谱线。

例 9 - 9　如果有一光栅宽度为 10 cm，每毫米内有 500 条缝，它产生的波长 $\lambda = 632.8$ nm 的单色光的一级和二级谱线的半角宽度是多少？

解： 由光栅方程 $d\sin \theta = m\lambda$ 可计算 $\lambda = 632.8$ nm 的单色光的一级和二级谱线的位置分别为

$$\theta_1 = \arcsin \frac{\lambda}{d} = \arcsin \frac{632.8 \times 10^{-6}}{\frac{1}{500}} = 18°27'$$

$$\theta_2 = \arcsin \frac{2\lambda}{d} = \arcsin \frac{2 \times 632.8 \times 10^{-6}}{\frac{1}{500}} = 39°15'$$

因此，由谱线的半角宽度公式 $\Delta \theta = \frac{\lambda}{Nd\cos \theta}$ 可得

$$\Delta \theta_1 = \frac{632.8 \times 10^{-6}}{100 \times \cos 18°27'} = 6.67 \times 10^{-6} (\text{rad})$$

$$\Delta\theta_2 = \frac{632.8 \times 10^{-6}}{100 \times \cos 39°15'} = 8.17 \times 10^{-6}(\text{rad})$$

例 9 – 10 钠黄光垂直照射一光栅,它的第二级光谱恰好分辨开钠双线($\lambda_1 = 0.589\,0\ \mu m$, $\lambda_2 = 0.589\,6\ \mu m$),并测得 $0.589\,0\ \mu m$ 的第二级光谱线所对应的衍射角为 $2.5°$,第三级缺级,试求该光栅的总缝数 N、光栅常数 d 和缝宽 a。

解: 由光栅分辨本领 $A = \lambda/\delta\lambda = mN$ 得

$$N = \frac{\lambda}{\delta\lambda \cdot m}$$

将钠双线的平均波长 $\lambda = 0.589\,3\ \mu m$,$\delta\lambda = \lambda_2 - \lambda_1 = 0.6 \times 10^{-3}\ \mu m$,$m = 2$ 代入上式,可得光栅总缝数为

$$N = \frac{0.589\,3}{0.6 \times 10^{-3} \times 2} = 491$$

用 θ_2 表示第二级光谱线的衍射角,则由光栅方程

$$d\sin\theta_2 = 2\lambda_1$$

可得光栅常数 d 为

$$d = \frac{2\lambda_1}{\sin\theta_2} = \frac{2 \times 0.589\,0 \times 10^{-3}}{\sin 2.5°} = 0.027(\text{mm})$$

又由于光栅第三级缺级,故有 $d/a = 3$,所以缝宽为

$$a = \frac{d}{3} = 0.009\ \text{mm}$$

 知识拓展

1. 闪耀光栅

从以上讨论可知,透射光栅的色分辨本领和色散本领与光谱级次成正比。但是,光强度的分布却是级次越小光强度越大。特别是没有色散的零级占了能量的很大部分,但又不能用来做光谱分析,这对于光栅的应用是很不利的。造成这种状况的原因是单缝衍射的中央极大与缝间干涉的零级主极大重合,实际中使用光栅时只利用它的某一级光谱,我们只要设法把光能集中到这一级光谱上来,用闪耀光栅可以解决这个问题。

1)闪耀光栅的结构

目前闪耀光栅多是平面反射光栅。以磨光了的金属板或镀上金属膜的玻璃板为坯子,用劈形钻石刀头在上面刻划出一系列锯齿状槽面(见图 9 – 37),锯齿的周期为 d,槽面的宽度为 a。槽面与光栅平面之间的夹角 θ_b 叫作闪耀角。闪耀角的大小可由刻制时刀口的形状来控制。

2)闪耀光栅的分光原理

第一种情况,如果入射光线与光栅平面法线的夹角为 θ_b,即入射光线垂直于刻槽面,如图 9 – 37(a)所示,此时光线沿原路返回,根据式(9 – 46),光栅方程为

$$2d\sin\theta_b = m\lambda_M \tag{9–50}$$

式(9 – 50)称为主闪耀条件,波长 λ_M 称为该光栅的闪耀波长,m 为相应的闪耀级次。假设一块闪耀光栅对波长 λ_{1b} 的一级光谱闪耀,则式(9 – 50)变为

$$2d\sin\theta_b = \lambda_{1b} \tag{9–51}$$

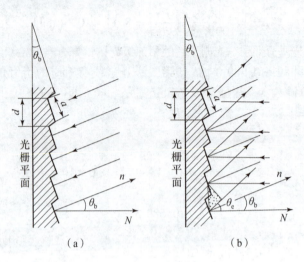

（a）　　　　　　　　　　　　　（b）

图 9 – 37　闪耀光栅

此时，单槽衍射中央主极大方向正好落在 λ_{1b} 的一级谱线上，又因为反射光栅中的 $d \approx a$，所以 λ_{1b} 的其他级光谱（包括 0 级）均成为缺级，这样一来，80%~90% 的光能集中到 λ_{1b} 光的 1 级谱线上，使其强度大大增加，如图 9 – 38 所示，λ_{1b} 称为一级光谱闪耀波长。

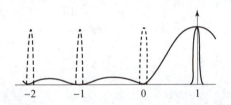

图 9 – 38　一级闪耀光栅光强分布

此外，用同样的办法我们可以把光强集中到 2 级闪耀波长 λ_{2b} 附近的 2 级光谱中去，λ_{2b} 满足

$$2d\sin\theta_b = 2\lambda_{2b}$$

总之，我们可以通过闪耀角 θ_b 的设计，使光栅适用于某一特定波段的某级光谱上。

第二种情况，当入射光垂直于光栅平面，即反射光与入射光夹角为 $2\theta_b$，如图 9 – 38（b）所示，利用式（9 – 46），光栅方程为

$$d\sin 2\theta_b = n\lambda_N \qquad\qquad (9-52)$$

可适当选取闪耀角 θ_b，使 λ_N 的某一级光谱有最大的光强。

2. 光栅的应用——光谱仪

光谱所反映的是光与物质相互作用的结果，这必然带有物质内部粒子的状态及其运动规律的信息，因此光谱分析是研究物质结构的一种有效方法。光谱仪是一种利用光学色散原理设计制作而成的、专用于分析光谱的光学仪器。

光谱仪应用范围极广，主要用于以下几个方面：研究物质的辐射；研究光与物质的相互作用；研究物质的结构、物质含量的定量和定性分析；探测遥远星体和太阳的大小、质量、温度、运动速度和方向等。在采矿、冶金、石油、化工等行业，光谱仪用于物质的定性和定量分析，是控制产品质量的主要手段之一；在生物化学和医学中，光谱仪用于微量

元素的含量分析；在光电技术中，光谱仪用于分析光源的光谱轮廓。而检测光纤、光纤器件的集成光学器件以及光纤系统的分光传输特性，光谱仪是不可缺少的基本仪器。此外，高分辨率光谱仪也是遥感系统中的重要单元。

光谱仪主要由三部分组成：光源和照明系统、分光系统、接收系统。

光源可以是研究的对象，也可以是作为研究工具照射被研究的物质。照明系统是一套精心设计的聚光系统，用于最大限度地收集光源发出的光功率，以提高分光系统的光强度。

分光系统是光谱仪的核心部分，由准光管、色散单元和暗箱组成。透射式分光系统的工作原理如图 9 – 39 所示。光源 C 发出的光经透镜 L 到达光谱仪的入射狭缝 S（狭缝垂直图面），然后进入光谱仪。狭缝 S 在准直透镜 L_1 的前焦面上，入射光经过准直透镜 L_1 后成为平行光束垂直射到透射光栅 G，经过 G 衍射后不同波长的主极大有不同的衍射角度，并被会聚透镜 L_2 会聚于后焦平面上，在后焦面上可以观察到不同波长锐窄的光谱线。反射式分光系统的装置如图 9 – 40 所示。整个分光系统置于暗箱中，以消除外界杂散光的干扰。

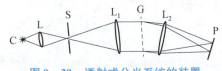

图 9 – 39　透射式分光系统的装置

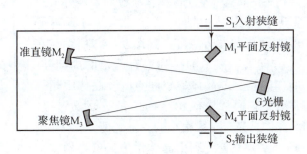

图 9 – 40　反射式分光系统的装置

光学系统中的分光单元有三类：第一类由棱镜分光，这类光谱仪称为棱镜光谱仪，现已少用；第二类用衍射光栅分光，称为光栅光谱仪，目前广泛应用；第三类是频率调制的傅里叶变换光谱仪，这是新一代的光谱仪。

光谱仪的接收系统用于测量光谱成分的波长和强度，从而获得被研究物质的相应参数。接收系统包括光谱的接收、处理和显示。目前有三类接收系统：一类是基于光化学作用的乳胶底片摄像系统；另一类是基于光电作用的 CCD 等光电接收系统；第三类是基于人眼的目视系统。

3. X 射线在晶体上的衍射

1）X 射线

X 射线是伦琴于 1895 年发现的，故又称为伦琴射线。图 9 – 41 所示为 X 射线管的结构示意图，图中 G 是一抽成真空的玻璃泡，其中密封有电极 K 和 A，K 是发射电子的阴极，A 是阳极，又称为对阴极。两极间加数万伏高电压，阴极发射的电子在强电场作用下加速，高速电子撞击阳极（靶）时，就从阳极发出 X 射线。

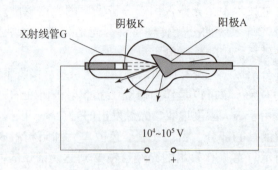

图 9 - 41　X 射线管的结构示意图

这种射线人眼看不见，具有很强的穿透能力，在当时是前所未知的一种射线，故称为 X 射线。后来认识到 X 射线是一种波长很短的电磁波，波长为 $10^{-2} \sim 10$ Å。既然 X 射线是一种电磁波，也应该有干涉和衍射现象。但是由于 X 射线波长太短，用普通光栅观察不到射线的衍射现象，而且也无法用机械方法制造出适用于 X 射线的光栅。

2）晶体点阵

晶体的特点是外部具有规则的几何形状，内部原子具有周期性的排列。例如，大家熟悉的食盐（NaCl），其晶粒的宏观外形总具有直角棱边，其微观结构则是由钠离子（Na^+）与氯离子（Cl^-）彼此相间整齐排列而成的立方点阵，如图 9 - 42 所示。在三维空间里无论沿哪个方向看，离子的排列都有严格的周期性。这种结构，晶体学上叫作晶格，或晶体的空间点阵。晶体中相邻格点的间隔叫作晶格常数，它通常具有 10^{-8} cm，即 Å 的数量级。晶体的这种点阵结构可看作是光栅常数很小的三维光栅。

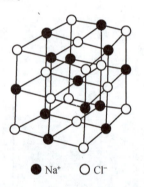

● Na⁺　○ Cl⁻

图 9 - 42　氯化钠晶体

1912 年，德国物理学家劳厄首先利用晶体作为天然光栅观察到了 X 射线的衍射现象，从而首次以实验证实了 X 射线与光一样是一种电磁波，同时也为用 X 射线研究晶体结构开辟了道路。

3）X 射线在晶体上的衍射——布拉格条件

现在来分析 X 射线进入晶体以后所产生的衍射效果。当 X 射线照在晶体上时，处在格点上的原子或离子，其内部的电子在外来电磁场的作用下做受迫振动，成为一个新的波源，向各个方向发射电磁波。也就是说在 X 射线照射下，晶体的每个格点成为一个散射中心，发射出频率与照射 X 射线相同的散射光波。这些散射波是彼此相干的，将在空间发生干涉，干涉的结果使某些特定方向的衍射波具有最大的强度（即干涉主极大）。在实际中我们最关心的是主极大的位置。这个问题可分为两步来处理：第一步，研究同一晶面各个格点的衍射光的干涉——点间干涉；第二步，考虑不同晶面之间的干涉——面间干涉。

如图 9 - 43 所示，当平行光以 φ 角掠入射到晶面上时，其二维点阵的 0 级主极大方向，就是以晶面为镜面的反射线方向，即其衍射角等于入射的掠射角。要使各晶面的反射线叠加起来产生主极大，需满足

$$2d\sin\varphi = k\lambda, \quad k = 1, 2, 3, \cdots \tag{9-53}$$

此式就是晶体衍射的布拉格条件。

应该指出，同一块晶体的空间点阵，从不同方向看去，可以看到粒子形成取向不相同、间距也各不相同的许多晶面族。如图 9 - 44 所示画出了三个可能的晶面族。当 X 射线入射到晶面上时，对于不同的晶面族，晶面间距 d 不同，掠射角 φ 也不同。凡是满足布拉格条件的，都能在相应的反射方向得到加强。

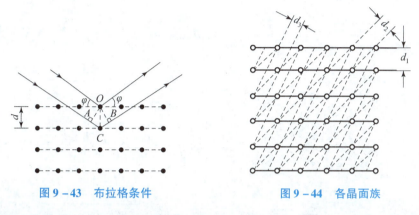

图 9 - 43　布拉格条件　　　　　图 9 - 44　各晶面族

布拉格条件是 X 射线衍射的基本规律，它的应用是多方面的。若已知晶面间距 d，就可以根据 X 射线衍射实验由掠射角 φ 计算出入射 X 射线的波长，从而研究 X 射线谱，进而研究原子结构。反之，若用已知波长的 X 射线投射到某种晶体的晶面上，由出现最大强度的掠射角 φ 可以计算出相应的晶面间距 d 从而研究晶体结构，进而研究材料性能。这些研究在科学和工程技术上都是很重要的。

4. 全息照相

全息照相原理是 1948 年英国科学家伽伯（Dennis Gabor）为了提高电子显微镜的分辨本领而提出的。他曾用汞灯作光源成功地拍摄了第一张全息照片。其后，由于缺乏强相干光源以及某些技术上的困难，直到 1960 年激光问世以后，全息技术才获得了迅速发展，并成为一门应用广泛的重要新技术。

全息照相的"全息"是指物体发出的光波的全部信息，即包括波长、振幅（或光强）和相位。与普通照相相比，全息照相的基本原理、拍摄过程和观察方法都不相同。

普通照相是根据几何光学原理，将来自物体表面各点的光经透镜成像于感光底片上。底片所记录的仅是物体各点的光强即振幅信息，彩色照相底片还记录了颜色即光波长信息，但都不能把相位信息记录下来。所以普通照片只能得到二维的平面图像，不能获得逼真的立体图像。如果将普通照相底片撕去一角，则所记录的图像也就不完整了。

全息照相是以干涉、衍射等波动光学理论为基础的无透镜拍摄，底片上所记录的是物体所发光波的全部信息（包括振幅和相位），因而可以再现物体逼真的立体形象。同时全息图中的每一个局部都包含了物体整体的光信息，因此，如果底片有缺损，也不会影响完整物像的再现。

1）全息照片的拍摄和再现

全息摄影过程有两个步骤：第一步是"记录"过程，第二步是"再现"过程。

（1）全息记录。

全息照片的拍摄是利用光的干涉原理，基本光路如图 9 - 45 所示。将激光器的输出光分为两束，一束直接投射到感光底片上，称为参考光；另一束先投射到物体上，然后再由物体反射（或透射）后到达感光底片，称为物光。参考光和物光在底片上相遇叠加，形成复杂的干涉条纹。

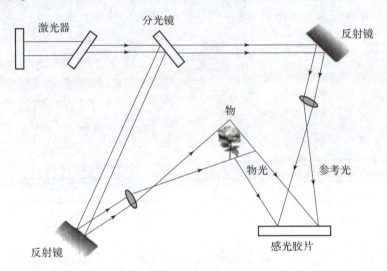

图 9 – 45　全息照片的拍摄示意图

因为从物体上各点反射出来的物光，其振幅和相位各不相同，所以感光片上各处的干涉条纹也不相同。振幅不同使条纹明暗程度不同；相位不同则使条纹的间距、形状各异。因此，感光片上记录的是物光波的振幅和相位的全部信息。但它不像普通照相底片能直接显示物体的形象，而是一张张形状迥异的干涉条纹图，简称全息图，如图 9 – 46 所示。

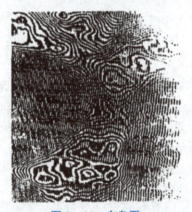

图 9 – 46　全息图

（2）全息图像的再现。

全息摄影的第二步是全息图像的再现和观察。这时，只需用拍摄该照片时所用的同一波长的照明光沿原参考光方向照射底片即可，如图 9 – 47 所示。当我们在照片的背面向照片看时，就可看到在原位置处原物体完整的立体形象，而照片本身就像一个窗口一样。产生这样的效果，是因为全息底片上各处的透射率不同，它就相当于一个"透射光栅"，照明光透过后将产生衍射，而衍射光波将再现物光波，因而获得栩栩如生的原物图像。

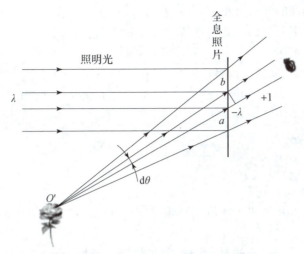

图 9 - 47　全息图像的再现和观察

更有趣的是，当人眼换一个位置观察时，会看到物体的侧面像，而且原来被其他物体挡住的地方这时也能显露出来。由于在拍摄时物体上任一发光点发出的物光在整个底片上各处都和参考光发生干涉，因而底片上各处都有该发光点的信息记录。所以，即使是取底片上的一小块残片来观察，也照样能看到整个物体的立体形象。这些都是普通照片所望尘莫及的。

2. 全息术的应用

由于全息照相有诸多新特点，因而它的应用也极其广泛。

（1）全息显微术。

普通高倍率显微镜无法同时观察有深度分布的悬浮粒子，尤其对不停运动的微生物极难跟踪测量，全息术则可克服这一困难，用短脉冲激光在一张底片上相继记录一系列全息图。再现时，可用显微镜对各全息图的三维再现像层层聚焦，按记录时的顺序逐次观察粒子的运动状态及瞬时分布。

（2）全息信息储存。

在拍摄全息照片时，改变参考光的方向，可以将不同物体摄制在同一张底片上。再现时，只要偏转照明光，就能将各物体互不干扰地显现出来。一张底片可以储存许多信息，如文字、图表或其他资料等，全息照片正在发展成为信息存储器，其存储量要比目前使用的其他存储器高一到两个数量级。

此外，还有全息电影、全息电视、全息 X 射线显微镜、特征字符识别等，均可使用全息术。

除光学全息外，还发展了红外、微波、超声全息术，这些全息技术在军事侦察或监视上具有重要意义。如对可见光不透明的物体，往往对超声波"透明"，因而超声全息可用于水下侦察和监视，也可用于医疗透视以及工业无损探伤等。

先导案例解决

在晴空万里的时候，如果大气中的水滴是均匀分布的，且水滴之间的缝隙大小、水滴的尺度大小都与太阳光的波长大小差不多时，水滴就会类似于一个个小圆盘障碍物，太阳光通过时，就会发生衍射现象，同时在绕过障碍物之后，不同的光还会发生干涉现象。太阳光是复色光，就会形成一层层不同颜色的同心圆环。

星芒现象的出现是光线通过相机的光圈结构时发生了衍射现象。不同多边形的光圈拍摄出的星芒也不同。如果想要避免星芒，可以使用没有边角的光圈或增大光圈；想要产生更多星芒，可以采用多边形光圈并适当缩小光圈。

 本章小结

1. 衍射现象

（1）定义：光波在传播过程中遇到障碍物偏离直线传播，在几何阴影区出现明暗相间的条纹或彩色条纹。

（2）产生条件：当障碍物的尺寸与光波的波长相近时，光的衍射现象才显著。

（3）特点：光在哪个方向受到限制，衍射条纹就沿该方向展开；障碍物尺寸越小，衍射条纹扩展越明显。

（4）分类 $\begin{cases} \text{菲涅耳衍射——光源或接收屏距衍射屏有限远；} \\ \text{夫琅禾费衍射——光源和接收屏距衍射屏都是无限远。} \end{cases}$

（5）惠更斯原理：在波的传播过程中，波阵面上的每一点都可以看作为一个新的波源——解释衍射的"绕射"特点。

（6）惠更斯–菲涅耳原理：从同一波阵面上各点发出的子波，在传播到空间 P 点时，在该点相干叠加——解释衍射出现明暗相间的条纹。

2. 菲涅耳衍射

（1）菲涅耳波带法：以点光源 S 和衍射屏圆孔的中心连线的延长线与屏幕的交点 P_0 为中心，以 $r_N = r_0 + \dfrac{N\lambda}{2}$ 为半径在点光源 S 露出衍射屏圆孔的波阵面上割出一系列半波带，相邻半波带到 P_0 的光程差为 $\dfrac{\lambda}{2}$，在 P_0 点所产生的振动方向相反。圆孔对 P_0 点露出的波带数 N 决定了 P_0 点衍射光的强弱。

$$N = \frac{\rho_N^2}{\lambda}\left(\frac{1}{R} + \frac{1}{r_0}\right)$$

偶数带时 P_0 点暗，奇数带时 P_0 点亮。

（2）菲涅耳波带片。

定义：将奇数波带或偶数波带挡住所制成的光屏。

作用：类似于透镜，具有聚光作用。

$$f' = \frac{\rho_N^2}{N\lambda}$$

3. 夫琅禾费圆孔衍射

（1）衍射图样特点：中心为一圆形亮斑，外围为一些同心亮环，中心亮斑最亮，越往外，圆环亮度越低。中心的圆形亮斑称为艾里斑。

艾里斑角半径 $\theta_0 = \dfrac{r_0}{f'} = 0.61\dfrac{\lambda}{a} = 1.22\dfrac{\lambda}{D}$。

（2）光学成像系统的分辨本领。

定义：系统能分辨开两个靠近的点物或物体细节的能力，受圆孔衍射现象的限制。

判定标准 – 瑞利判据：当一个点物的衍射中央极大位置与另一个点物衍射图样的第一极小位置重合时，光学系统恰好可以分辨开这两个点物。

4. 夫琅禾费单缝衍射和矩形孔衍射

（1）单缝衍射条纹特点：单缝对光束的限制在水平方向则衍射图样分布在水平方向，光束为线光源则衍射条纹为一些与单缝平行的直线亮纹；中央 0 级亮纹光强最大，两边对称分布的高级次亮纹级次越大光强越小；中央亮纹的宽度为其他亮纹宽度的 2 倍。

（2）中央 0 级亮纹的角宽度 $\Delta\theta_0 = 2\dfrac{\lambda}{a}$，线宽度 $\Delta x_0 = 2f'\dfrac{\lambda}{a}$。

（3）矩形孔衍射条纹特点：矩形孔对光束在水平和竖直方向都有限制，可看作水平、竖直方向各产生了单缝衍射，衍射图样分布在水平和竖直方向；中央亮斑为矩形，其水平、竖直方向的宽度与矩孔水平、竖直方向的宽度成反比，亮度最亮。

5. 夫琅禾费多缝衍射

（1）多缝衍射是单缝衍射和多缝干涉共同作用的结果，衍射主极大的级次和位置由干涉因子的主极大级次和位置决定；单缝衍射因子使衍射主极大光强不相等。

（2）衍射条纹特点：多缝衍射主极大宽度相等，光强不相等，中央 0 级主极大光强最大，两边对称分布的高级次主极大级次越大光强越小。

（3）多缝衍射的缺级现象：

产生原因：单缝衍射因子暗纹的位置恰好与多缝干涉因子主极大位置重合时产生缺级现象。

缺级公式：$m = \dfrac{d}{a}n$，$n = \pm1, \pm2, \cdots$

（4）主极大半角宽度

$$\Delta\theta = \frac{\lambda}{Nd\cos\theta}$$

6. 衍射光栅

（1）定义：具有周期性的空间结构或光学性能（如透射率、折射率等）的衍射屏。

（2）光栅方程：决定光栅衍射图样中亮线位置。

入射光正入射：$d\sin\theta = m\lambda$，$m = 0, \pm1, \pm2, \cdots$

入射光斜入射：$d(\sin i \pm \sin\theta) = m\lambda$，$m = 0, \pm1, \pm2, \cdots$

（3）光栅分光原理：除零级主极大外，各波长同级衍射亮线位置各不相同，发生色散现象。

（4）光栅谱线特点：中央 0 级 1 条谱线，颜色与复色光颜色相同；其他级次光谱中波长越短的谱线越靠近中央。

（5）色散本领：指光栅将不同波长的同级主极大在空间分开的程度。

角色散：$\dfrac{\delta\theta}{\delta\lambda} = \dfrac{m}{d\cos\theta}$。

线色散：$\dfrac{\delta l}{\delta \lambda} = f' \dfrac{m}{d\cos\theta}$。

光栅常数越小的光栅，同级谱线间距越大；同一光栅的谱线，级次越高的谱线间距越大。

（6）色分辨本领：指可分辨两个波长差很小的谱线的能力。

$$A = \frac{\lambda}{\delta \lambda} = mN$$

总刻痕数 N 越大的光栅色分辨本领越强，同一光栅，级次越高的谱线色分辨本领越强。

 任务训练

任务9.1　观察夫琅禾费衍射图样并测量单缝衍射光强的分布

1. 实验目的
（1）观察圆孔、矩形孔、方形孔、三角形孔的夫琅禾费衍射现象，理解光的衍射特点。

（2）观察单缝、双缝、三缝、四缝、多缝夫琅禾费衍射现象，判断条纹级次与理解缺级现象。

（3）用光电测量法测量夫琅禾费单缝衍射光强分布。

2. 实验仪器及光路图
（1）实验仪器：光学导轨、半导体激光器（带二维光源调整架）、衍射屏、观察屏、小孔屏、滑座、光栏探头、大一维位移架、激光功率指示计、读数装置等。

（2）光路图，如图9−48所示。

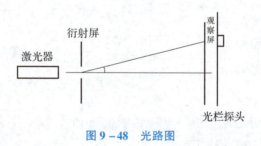

图9−48　光路图

3. 实验内容及步骤
（1）在光学导轨上依次安装半导体激光器、小孔屏、光栏探头，利用小孔屏调节激光光源与光学导轨平行。

（2）取下小孔屏，按光路图依次将衍射屏、观察屏安装在光学导轨上，并调节衍射屏的高度和水平位置，使激光束依次通过衍射屏上的圆孔、矩形孔、方形孔和三角形孔。在观察屏上观察各衍射图样的特点，并记录圆孔、矩形孔、方形孔的衍射图样，总结其规律。

（3）再次调节衍射屏的高度和水平位置，使激光束依次通过射屏上的单缝、双缝、三缝、四缝和多缝。在观察屏上观察各衍射图样的特点，记录衍射图样，标出条纹级次并总结缺级规律。

（4）调节衍射屏的高度和水平位置，使激光束通过射屏上的单缝，取下观察屏，让衍射图样能通过光栅探头的通光口。

（5）利用大一维位移架和激光功率指示计测量单缝衍射图样的中央 0 级亮纹的位置 x_1 与光强 I_1，1 级暗纹的位置 x_2 与光强 I_2，1 级亮纹的位置 x_3 与光强 I_3，2 级暗纹的位置 x_4 与光强 I_4，并进行计算及记入表 9 – 2 中。

表 9 – 2　$I_i - x_i$ 数据记录、处理表

序号 i	1	2	3	4
I_i				
x_i/mm				
$x_4 - x_2$/mm				
$x_2 - x_1$/mm				
I_3/I_1				

任务 9.2　用分光计研究光栅的分光特性

1. 实验目的

（1）熟悉低压钠汞灯的特征光谱。

（2）熟悉分光计的结构、调节方法和读数。

（3）观察光栅的衍射光谱，加深对光栅分光特性的理解。

（4）会用分光计测量光栅光谱的衍射角，并用公式计算出光栅常数和光栅的角色散。

2. 实验仪器

分光计、低压钠汞灯、透射光栅、双面反射镜。

3. 实验内容及步骤

（1）熟悉分光计的结构及部件，弄清各部件的作用。

（2）目测粗调分光计的平行光管、望远镜和载物台，使其大致水平。

（3）分光计望远镜目镜调焦、利用双面反射镜对分光计望远镜物镜调焦并使望远镜光轴与分光计中心轴垂直。

（4）调整分光计平行光管产生平行光且光轴与分光计中心轴垂直。

（5）把光栅放在载物台上，使其表面与分光计的平行光管垂直。转动望远镜，观察低压汞灯的衍射光谱，识别 0 级、1 级、2 级光谱，并注意彩色光谱的颜色排列顺序，各谱线间的间隔特点。

（6）测量中央 0 级明条纹和 1 级绿谱线的位置读数并填入表 9 – 3 中，计算出一级绿谱线的衍射角 φ_1，与已知低压钠汞灯绿光的波长一起代入光栅方程求出光栅常数 d。

（7）测量 2 级黄谱线 1 和 2 级黄谱线 2 的位置读数并填入表 9 – 3 中，计算出二级双黄谱线的衍射角 φ_2、φ_2'，与已知双黄线波长一起代入公式计算光栅的角色散 D。

表 9-3　光栅参数测量的数据记录与数据处理表

绿光的波长	$\lambda_{绿} = 546.1$ nm	
黄光1的波长 $\lambda_{黄}$	$\lambda_{黄} = 577.0$ nm	
黄光2的波长 $\lambda'_{黄}$	$\lambda'_{黄} = 579.1$ nm	
谱线	左刻线读数/mm	右刻线读数/mm
中央零级明条纹	$\theta_{0左} = \underline{\hspace{2cm}}$	$\theta_{0右} = \underline{\hspace{2cm}}$
一级绿谱线	$\theta_{绿左} = \underline{\hspace{2cm}}$	$\theta_{绿右} = \underline{\hspace{2cm}}$
二级黄谱线1	$\theta_{黄左} = \underline{\hspace{2cm}}$	$\theta_{黄右} = \underline{\hspace{2cm}}$
二级黄谱线2	$\theta'_{黄左} = \underline{\hspace{2cm}}$	$\theta'_{黄右} = \underline{\hspace{2cm}}$
绿谱线的衍射角 φ_1	$\varphi_1 = \dfrac{1}{2}(\mid\theta_{绿左}-\theta_{0左}\mid + \mid\theta_{绿右}-\theta_{0右}\mid) = \underline{\hspace{2cm}}$	
光栅常数 d	$d = \dfrac{m\lambda_{绿}}{\sin\varphi_1} = \underline{\hspace{2cm}}$ nm	
黄谱线1的衍射角 φ_2	$\varphi_2 = \dfrac{1}{2}(\mid\theta_{黄左}-\theta_{0左}\mid + \mid\theta_{黄右}-\theta_{0右}\mid) = \underline{\hspace{2cm}}$	
黄谱线2的衍射角 φ'_2	$\varphi'_2 = \dfrac{1}{2}(\mid\theta'_{黄左}-\theta_{0左}\mid + \mid\theta'_{黄右}-\theta_{0右}\mid) = \underline{\hspace{2cm}}$	
黄谱线的衍射角之差 $\Delta\varphi$	$\Delta\varphi = \varphi'_2 - \varphi_2 = \underline{\hspace{2cm}}$	
黄谱线的波长之差 $\Delta\lambda$	$\Delta\lambda = \lambda'_{黄} - \lambda_{黄} = \underline{\hspace{2cm}}$ nm	
光栅的角色散 D	$D = \dfrac{\Delta\varphi}{\Delta\lambda} = \underline{\hspace{2cm}}$ rad/nm	

 习题

1. 为什么菲涅耳圆孔衍射图样的中心可能是亮的，也可能是暗的，而夫琅禾费圆孔衍射图样的中心总是亮的？

2. 在光栅光谱中，为何 0 级和 1 级不发生缺级？

3. 试讨论，当夫琅禾费衍射装置做以下变动时，衍射图样的变化：（1）增大透镜 L_2 的焦距；（2）将衍射屏前后平移。

4. 做夫琅禾费单缝衍射试验时，若用白光照明，衍射条纹有什么变化？

5. 一菲涅耳波带片对 900 nm 的红外光主焦距为 30 cm，改用 632.8 nm 的氦氖激光照明，主焦距变为多少？

6. 有一波带片对波长 $\lambda = 500$ nm 的焦距为 1 m，波带片有 10 个奇数开带，试求波带片的直径是多少？

7. 波长 $\lambda = 563.3$ nm 的单色光，从远处的光源发出，穿过一个直径为 $D = 2.6$ mm 的小圆孔，照射与孔相距 $r_0 = 1$ m 的屏幕。问屏幕正对孔中心的点 P_0 处，是亮点还是暗点？要使 P_0 点的情况与上述情况相反，至少要把屏幕移动多少距离？

8. 一单色点光源 S（波长 $\lambda = 500$ nm）安放在离光阑 1 m 远的地方，光阑上有一个内外半径分别为 0.5 mm 和 1 mm 的通光环，如图 9-49 所示。接收点 P 离光阑 1 m 远。问在 P 点的光强度和没有光阑时的光强度之比是多少？

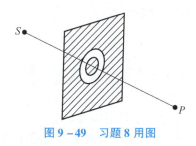

图 9-49　习题 8 用图

9. 由于衍射效应的限制，人眼能分辨某汽车的两前灯时，人离汽车的最远距离为多少？（假设两车灯相距 1.22 m）

10. 一对双星的角间隔为 0.05″，（1）需要多大口径的望远镜才能分辨它们？（2）此望远镜的角放大率应设计为多少才比较合理？

11. 用一架照相机在离地面 20 km 的高空拍摄地面上的物体，如果要求它能分辨地面上相距 1 m 的两点，照相机的镜头至少要多大？设镜头的几何像差已很好地消除，感光波长为 400.0 nm。

12. 一准直的单色光束（$\lambda = 600$ nm）垂直入射在直径为 1.2 cm、焦距为 50 cm 的会聚透镜上，试计算在该透镜焦平面上的衍射图样中心斑的角宽度和线宽度。

13. 用波长 $\lambda = 0.63$ μm 的激光粗测一单缝缝宽。若观察屏上衍射条纹左右两个第五级极小的距离是 6.3 cm，屏和缝的距离是 5 m，求缝宽。

14. 波长为 0.6 μm 的一束平行光照射在宽度为 20 μm 的单缝上，透镜焦距为 20 cm，求零级夫琅禾费衍射斑的半角宽度和线宽。

15. 钠光通过宽 0.2 mm 的狭缝后，投射到与缝相距 300 cm 的照相底片上。所得的第一最小值与第二最小值间的距离为 0.885 cm，试问钠光的波长为多少？

16. 白光形成的单缝衍射图样中，其中某一波长的第三个次最大值与波长为 600 nm 的光波的第二个次最大值重合，求该光波的波长。

17. 考察缝宽 $a = 8.8 \times 10^{-3}$ cm，双缝间隔 $d = 7.0 \times 10^{-2}$ cm、波长为 0.623 8 μm 的双缝衍射，在中央极大值两侧的两个衍射极小值间，将出现多少个干涉极小值？若屏距离双缝 457.2 cm，计算条纹宽度。

18. 白光垂直照射到一个每毫米 250 条刻痕的平面透射光栅上，试问在衍射角为 30° 处会出现哪些波长的光？其衍射如何？

19. 波长为 650.0 nm 的红光谱线，经观测发现它是双线，如果在 9×10^5 条刻线光栅的第 3 级光谱中刚好能分辨此双线，求其波长差。

20. 已知平面透射光栅狭缝的宽度 $a = 1.582 \times 10^{-3}$ mm，若以波长 $\lambda = 632.8$ nm 的氦氖激光垂直入射在这个光栅上，发现第 4 级缺级，会聚透镜的焦距为 1.5 m。试求：（1）屏幕上第一级亮条纹与第二级亮条纹的距离；（2）屏幕上所呈现的全部亮条纹数。

21. 在一透射光栅上必须刻多少条线，才能使它刚好分辨第 1 级光谱中的钠双线（589.592 nm 和 588.995 nm）。

22. 以波长为 5 893 Å 的钠黄光垂直入射到光栅上，测得第 2 级谱线的偏角为 28°8′，用另一未知波长的单色光入射时，它的第 1 级谱线的偏角是 13°30′，求未知波长。

23. 一光栅宽为 5 cm，每毫米内有 400 条刻线。当波长为 500 nm 的平行光垂直入射时，第 4 级衍射光谱处在单缝衍射的第 1 极小位置。试求：

（1）每缝（透光部分）的宽度。

（2）第 2 级光谱的半角宽度。

（3）第 2 级可分辨的最小波长差。

24. 波长为 600 nm 的平行光垂直入射到一块衍射光栅上，有两个相邻的主极大分别出现在 $\sin\theta = 0.2$ 和 $\sin\theta = 0.3$ 的方向上，且第 4 级缺级。求光栅的常数和缝宽。

25. 设计一块光栅，要求：①使波长 $\lambda = 600$ nm 的第 2 级谱线的衍射角 $\theta \leqslant 30°$；②色散尽可能大；③第 3 级谱线缺级；④对波长 $\lambda = 600$ nm 的 2 级谱线能分辨 0.02 nm 的波长差。在选定光栅的参数后，在透镜的焦面上可能看到波长 $\lambda = 600$ nm 的几条谱线？

第 10 章

晶体光学基础

知识目标

1. 掌握双折射现象及 o 光与 e 光的特点。
2. 了解晶体的基本概念，掌握晶体光轴的定义及特性。
3. 知道获得线偏振光的三种方法，掌握马吕斯定律。
4. 掌握波片的作用。
5. 了解偏振光的干涉特点。

技能目标

1. 会利用偏振片、波片鉴别自然光、完全偏振光、部分偏振光。
2. 会分析利用双折射晶体获得线偏振光的典型棱镜的工作原理。
3. 会搭建光路验证马吕斯定律及波片的作用。

素质目标

1. 通过分享行业技能领衔人的故事，培养爱岗敬业、尽职尽责的职业精神。
2. 通过任务训练，培养学生钻研技术、勇于创新的学习态度。

先导案例：

我们透过一块光学玻璃观察物体，看到的是物体的像，我们只会看到一个像，但若透过一块天然的方解石晶体去观察物体（图 10 – 1），我们会看到两个像。

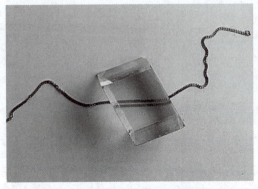

图 10 – 1　方解石的双折射现象

10.1　晶体的双折射

晶体是物质的一种特殊的凝聚态，一般呈现固相，其外形具有一定的规则性，内部原子（离子、分子）排列呈现空间周期性。晶体微观结构上的周期性或对称性导致光在晶体中传播速度的各向异性。

10.1.1　双折射

1. 双折射现象

把一块普通玻璃放在有字的纸上，通过玻璃片看到的是一个字成一个像，这是通常的光的折射结果。如果改用透明的方解石晶体放到纸上，看到的却是一个字呈现双像，如图 10 - 2 所示。这表明光进入方解石晶体后分成了两束。这种一束入射光，经介质折射后分成两束的现象称为双折射现象。

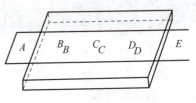

图 10 - 2　双折射现象

2. o 光和 e 光

双折射产生的两束光线中，一束的传播方向遵从折射定律，称为寻常光线，简称 o 光，o 光在晶体中各个方向上的折射以及传播速度都是相同的；另一束不一定遵从折射定律，该光束也不一定在入射面内，这束光线称为非常光线，简称 e 光，e 光在晶体中各个方向上的折射率以及传播速度是随方向的不同而改变的。经检验，o 光、e 光都是线偏振光，且两束光的振动方向相互垂直，如图 10 - 3 所示。

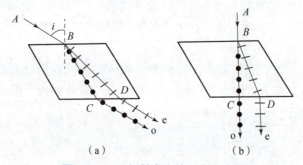

（a）　　　　　　　　（b）

图 10 - 3　双折射产生的 o 光和 e 光

10.1.2　晶体光轴、主平面、主截面

1. 光轴

晶体中存在某些特殊的方向，光线沿着这些方向传播时，不发生双折射，这些特殊方向称为晶体的光轴。应该注意，光轴仅标志一定的方向，在晶体中凡是与此方向平行的任何直线都是晶体的光轴。

1）单轴晶体

只有一个光轴的晶体称为单轴晶体，例如方解石、石英、红宝石、冰等。

方解石和石英是两种常用的单轴晶体。方解石晶体化学成分是碳酸钙（$CaCO_3$）。天然方解石晶体的外形为平行六面体（图 10 – 4），每个表面都是锐角为 78°8′、钝角为 101°52′的平行四边形。六面体共有八个三面角，其中六个三面角都由一个钝角和两个锐角组成，另外两个相对的三面角，它的三面都是由钝角组成的。通过这对棱角顶点并与三个界面成等角的直线方向，就是方解石的光轴方向。

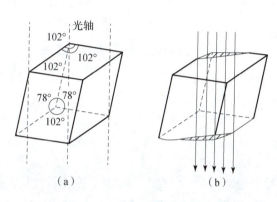

图 10 – 4　方解石晶体及其光轴

2）双轴晶体

有两个光轴的晶体称为双轴晶体，例如蓝宝石、云母、硫黄、石膏等。

需要特别指出，入射光垂直光轴方向传播时，e 光满足折射定律，也就是 o 光和 e 光在晶体中的传播方向是相同的，但是二者传播速度不同，发生了双折射现象，因此光学制造中常用的是单轴晶体，本书主要讨论单轴晶体。

2. 主截面

光轴与晶体表面（晶体的解理面）法线组成的平面叫作晶体的主截面，它由晶体自身的结构决定。

3. 主平面

在晶体中，光轴与 o 光组成的平面称为 o 光的主平面，o 光振动方向垂直于 o 光主平面。光轴与 e 光组成的平面称为 e 光的主平面，e 光振动方向在其主平面内。

由于 o 光总在入射面内，而 e 光一般情况下不在入射面内，所以 o 光、e 光的主平面并不重合。但当光轴在入射面内，也即入射光线在晶体主截面内时，o 光、e 光的主平面以及入射面重合在一起，即若入射光线在主截面内，则 o 光、e 光在主截面内，此时 o 光、e 光主平面就与主截面重合。

10.1.3　惠更斯假说

根据惠更斯假说：单轴晶体中的一点光源，它所激发的 o 光与 e 光两种振动分别形成两个波面，o 光的波面为球面，表示各方向光速相等，记为 v_o，相应的折射率用 n_o 表示。e 光的波面是以光轴为旋转轴的椭球面，它体现了在晶体中 e 光沿各个方向传播速度不同。

由于 o 光和 e 光沿光轴方向传播速度相同，所以 o 光和 e 光形成的两个波面在光轴上相切，如图 10 - 5 所示。

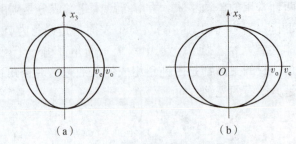

图 10 - 5　单轴晶体中的 o 光、e 光波面
（a）正晶体；（b）负晶体

1. 晶体的主折射率

在垂直于光轴的方向上，两光线传播速度相差最大，e 光在垂直于光轴方向上的传播速度用 v_e 表示，折射率用 n_e 表示。真空中的光速用 c 表示，则 $n_o = c/v_o$，$n_e = c/v_e$，n_o 和 n_e 称为晶体的主折射率，它们是晶体的两个重要光学参数。

o 光在各个方向上折射相同，而 e 光在光轴方向上折射率为 n_o，在垂直光轴方向上折射率为 n_e，在其他方向上的折射率介于 n_o 和 n_e 之间。表 10 - 1 所示为几种常用晶体的主折射率。

表 10 - 1　几种常用晶体的主折射率

晶体的种类及名称		入射光波长/nm	n_o	n_e
正晶体	石英	589.3	1.552 4	1.553 35
	冰	589.3	1.309	1.310
	金红石	589.3	2.616	2.903
	锆石	589.3	1.923	1.968
负晶体	方解石	589.3	1.658 4	1.486 4
	电气石	589.3	1.699	1.638
	硝酸钠	589.3	1.585 4	1.336 9
	红宝石	700.0	1.769	1.761

2. 正晶体与负晶体

1）正单轴晶体

如图 10 - 5（a）所示，有些单轴晶体 $v_o > v_e$，亦即 $n_o < n_e$，这种晶体称为正晶体，如石英等。

2）负单轴晶体

如图 10 - 5（b）所示，有些单轴晶体 $v_o < v_e$，亦即 $n_o > n_e$，这种晶体称为负晶体，如方解石等。

10.1.4　知识应用

例 10 – 1　用 KDP 晶体制成顶角为 $\alpha = 60°$ 的棱镜，光轴平行于棱镜的棱，如图 10 – 6 所示。KDP 晶体对于 $\lambda = 0.546\ \mu m$ 光的主折射率为 $n_o = 1.512$，$n_e = 1.470$。若入射光以最小偏向角的方向在棱镜内折射，用焦距为 0.1 m 的透镜对出射的 o 光、e 光聚焦，在谱面上形成的谱线间距为多少？

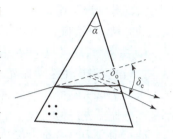

图 10 – 6　KDP 晶体棱镜

解：由于棱镜的光轴平行于折射棱，即光轴垂直于入射面，因此晶体内的 o 光、e 光满足通常的折射定律。根据最小偏向角公式

$$n = \frac{\sin \frac{1}{2}(\alpha + \delta_m)}{\sin \frac{\alpha}{2}}$$

对于 o 光，有

$$n_o = \frac{\sin \frac{1}{2}(\alpha + \delta_{mo})}{\sin \frac{\alpha}{2}} = 1.512$$

对于 e 光，有

$$n_e = \frac{\sin \frac{1}{2}(\alpha + \delta_{me})}{\sin \frac{\alpha}{2}} = 1.470$$

将 $\alpha = 60°$ 代入以上两式，解得 o 光和 e 光的偏向角为

$$\delta_{mo} = 38.2°$$
$$\delta_{me} = 34.6°$$

因此，

$$\Delta\delta = \delta_{mo} - \delta_{me} = 38.2° - 34.6° = 3.6° = 0.062\ 8\ \text{rad}$$

又因透镜焦距 $f = 100\ \text{mm}$，所以谱面上 o、e 光两谱线间距为

$$\Delta l = f\Delta\delta = 100 \times 0.062\ 8 = 6.28\ (\text{mm})$$

10.2　晶体偏振器件

在光电技术应用中，经常需要偏振度很高的线偏振光。凡是能获得线偏振光的元器件，都可以称为偏振器（或偏振片）。

10.2.1　获得偏振光的方法

大部分情况下都是通过对入射光进行分解和选择获得线偏振光的，从自然光获得线偏振光的方法，归纳起来有以下三种：

1. 由反射和折射获得线偏振光

1）由反射产生线偏振光

由第 7 章讨论可知，自然光在介质界面上反射和折射时，一般情况下反射光和折射光都是部分偏振光。但当入射角为布儒斯特角时反射光是线偏振光，其振动方向与入射面垂直，而折射光为 P 分量占优势的部分偏振光，如图 10－7 所示。

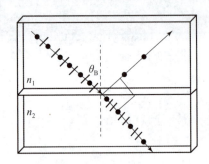

图 10－7　布儒斯特角入射时的反射和折射光（可以画成平面图）

例如，光由空气射向玻璃（$n = 1.52$）时，布儒斯特角为

$$\theta_B = \arctan \frac{n_2}{n_1} = 56°40'$$

由反射率公式可得 $R_s = 15\%$，因此，反射光强

$$I_r = R_n I_i = \frac{1}{2}(R_s + R_p)I_i = 0.075I_i$$

对于透射光，因 $I_{rp} = 0$，有 $I_{tp} = I_{ip}$。又由于入射光是自然光，有 $I_{ip} = 0.5I_i$，因而 $I_{tp} = 0.5I_i$，而 $I_{ts} = I_{is} - I_{rs} = 0.5I_i - 0.075I_i = 0.425I_i$，所以，透射光强 $I_t = 0.925I_i$，偏振度为

$$P_t = \left| \frac{I_{tp} - I_{ts}}{I_{tp} + I_{ts}} \right| = 0.081$$

由此可知：反射光虽然是完全偏振光，但其光强很小，透射光光强很大，但偏振度太小。

2）由折射产生线偏振光

由以上讨论可以看出，要想通过单次反射的方法获得强反射的线偏振光或者高偏振度的透射光是很困难的。在实际应用中，经常采用"片堆"达到上述目的。"片堆"是由一组平行平面玻璃片（或其他透明的薄片，如石英片等）叠在一起构成的，如图 10－8 所示，将这些玻璃片放在圆筒内，使其表面法线与圆筒轴构成布儒斯特角（θ_B）。当自然光沿圆筒轴（以布儒斯特角）入射并通过"片堆"时，因透过"片堆"的折射光连续不断地以相同的状态入射和折射，每通过一次界面，都从折射中反射掉一部分垂直纸面振动的 S 分量，最后通过"片堆"的折射光接近为一个平行于入射面的线偏振光。

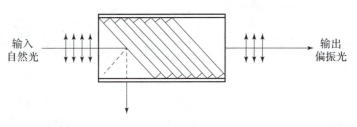

图 10 – 8　用片堆产生偏振光

2. 由晶体双折射获得线偏振光

双折射型偏振器是利用晶体的双折射现象来获得线偏振光的。一块晶体本身就是一个偏振器，从晶体中射出的两束光都是线偏振光。但是，由于由晶体射出的两束光通常靠得很近，不便于分离应用，所以实际应用中的双折射型偏振器，通常是由两块晶体加工成棱镜，并按一定的取向组合而成偏振棱镜，一般分为两类：一类是单光束偏振棱镜，一束光通过这类棱镜后，因双折射而获得的振动方向相互垂直的两束线偏振光中，只有一束输出，另一束被反射、散射或吸收；另一类是双光束偏振棱镜，它输出的是两束振动方向相互垂直的线偏振光，但两束光分开了一定的角度。下面分别介绍这两种常用的偏振棱镜。

1）格兰－汤普森（Glan – Thompson）棱镜

格兰－汤普森棱镜是由著名的尼科尔（Nical）棱镜改进而成的。如图 10 – 9 所示，它由两块方解石直角棱镜沿斜面相对胶合制成，两块晶体的光轴与棱镜表面平行，并且或者与 AB 棱平行，或者与 AB 棱垂直，同时都与光线传播方向垂直。

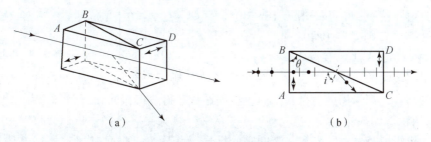

（a）　　　　　　　　　　　　　　（b）

图 10 – 9　格兰 – 汤普森棱镜
(a) 立体图；(b) 顶视图

格兰－汤普森棱镜获得偏振光的原理如下：当一束自然光垂直射入棱镜时，o 光和 e 光均无偏折地射向胶合面，在 BC 面上，入射角 i 等于棱镜底角 θ。制作棱镜时，选择胶合剂（例如加拿大树脂胶）的折射率 n 介于 n_o 和 n_e 之间，并且尽量和 n_e 接近。因为方解石是负单轴晶体，$n_e < n_o$，所以 o 光在胶合面上相当于从光密介质射向光疏介质，当 $i > \arcsin(n/n_o)$ 时，o 光发生全反射，而 e 光相当于从光疏介质射向光密介质，所以照常通过，因此，输出光中只有 e 光一种偏振分量。

在上述结构中，o 光在 BC 面上全反射至 AC 面时，如果 AC 面吸收不好，必然有一部分 o 光经 AC 面反射回 BC 面，并因入射角小于临界角而混到出射光中，从而降低了出射光的偏振度。所以要求偏振度很高的场合，都是把格兰－汤普森棱镜制成图 10 – 10 所示的改进型。

2）渥拉斯顿（Wollaston）棱镜

渥拉斯顿棱镜一般由两个直角方解石（或石英）棱镜沿斜面用胶合剂胶合而成，两个棱镜的光轴相互垂直，如图 10－11 所示，它是同时出射两束线偏振光的偏振棱镜，但加大了两种线偏振光的离散角。

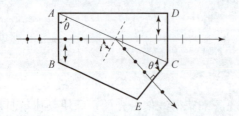 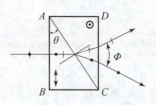

图 10－10　改进的格兰－汤普森棱镜　　　　　图 10－11　渥拉斯顿棱镜

输出偏振光的原理如下：自然光垂直入射 AB 面后，在第一块棱镜内产生 o 光和 e 光，o 光和 e 光传播速度不同，但传播方向仍不分开。在界面 AC 上，o 光和 e 光均满足折射定律。o 光和 e 光经 AC 面进入第二块棱镜时，因光轴方向旋转 90°，使得第一块棱镜中的 o 光变为 e 光，且由于方解石为负单轴晶体（$n_e < n_o$），所以，o 光在第二块棱镜中将远离界面法线偏折；第一块棱镜中的 e 光现在变为 o 光，将靠近法线偏折。这两束光在射出第二个棱镜时，都是从光密介质折射进入光疏介质，o 光和 e 光由于再一次偏折而进一步分开。这样，它们对称地分开一个角度，此角的大小与棱角的材料及底角 θ 有关，对于负单轴晶体近似为

$$\Phi \approx 2\arcsin\left[(n_o - n_e)\tan\theta\right] \qquad (10-1)$$

对于方解石棱镜，Φ 角一般为 10°~40°。例如，在 $\lambda = 0.5\ \mu m$ 时，$n_o = 1.666\ 6$，$n_e = 1.49$，若 $\theta = 45°$，则 $\Phi \approx 20°40'$。

3. 由散射和二向色性获得线偏振光

由于偏振棱镜的通光面积不大，存在孔径角限制、造价昂贵，所以在许多对偏振度要求不很高的场合，都采用散射型和二向色型偏振片获得线偏振光。

1）二向色型偏振片

大多数双折射晶体对 o 光和 e 光的吸收性质是相同的，但是某些双折射晶体和有机化合物对光波中振动方向相互垂直的两种偏振光具有强烈的选择性吸收性，这种性质称为晶体的二向色性。例如天然矿物电气石是一种典型的二向色性晶体，它对入射光中光矢量垂直于光轴的分量强烈吸收，用一块 1 mm 厚的电气石晶片能将 o 光几乎全部吸收，而对光矢量平行于光轴的分量只吸收某些波长成分，当自然光入射到电气石片上，透射光为沿光轴方向振动的线偏振光，如图 10－12 所示。

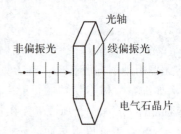

图 10－12　电气石晶体

2）散射型偏振片

这种偏振片是利用双折射晶体的散射而获得偏振光的，其结构如图 10－13 所示，两片具有特定折射率的光学玻璃（ZK₂）夹着一层双折射性很强的硝酸钠（$NaNO_3$）晶体。制作过程大致是：把两片光学玻璃的相对面打毛，竖立在云母片上，将硝酸钠溶液倒入两毛面

形成的缝隙中，压紧两片毛玻璃，挤出气泡，使很窄的缝隙被硝酸钠填满，并使溶液从云母片一边缓慢冷却，形成单晶，其光轴恰好垂直云母片，进行退火处理后，即可截成所需要的尺寸。

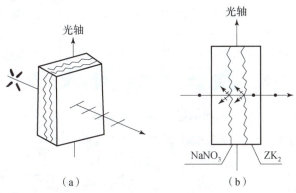

图 10 - 13　散射型偏振片

由于硝酸钠晶体对于垂直其光轴入射的黄绿光主折射率为 $n_o = 1.585\ 4$，$n_e = 1.336\ 9$，而光学玻璃（ZK$_2$）对这束光的折射率为 $n = 1.583\ 1$，与 n_o 非常接近，而与 n_e 相差很大，所以，当光通过光玻璃与晶体间的粗糙界面时，o 光将无阻碍地通过，而 e 光则因受到界面强烈散射以致无法通过。

散射型偏振片本身是无色的，而且它对可见光范围的各种色光的透过率几乎相同，又能做成较大的通光面积，因此，特别适用于需要真实地反映自然光中各种色光成分的彩色电影、彩色电视中。

10.2.2　马吕斯定律

偏振片的作用

1. 偏振化方向
每一个偏振片有其允许光振动通过的方向，称为偏振片的通光方向或偏振化方向。

2. 起偏器与检偏器
如图 10 - 14 所示，两个平行放置的偏振片 P$_1$ 和 P$_2$，它们的偏振化方向分别用它们上面的虚平行线表示。当自然光垂直入射到 P$_1$ 时，只有平行于其偏振化方向的光矢量才能通过，所以从 P$_1$ 出来的光就是线偏振光，其振动方向就是 P$_1$ 的偏振化方向，偏振片这样用来获得线偏振光时，叫起偏器。

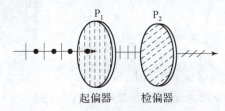

图 10 - 14　起偏与检偏

从 P$_1$ 出来的线偏振光垂直入射到 P$_2$，当 P$_2$ 的偏振化方向平行于入射光的光矢量方向（也即起偏器的偏振化方向）时，所有光都可通过 P$_2$，此时从 P$_2$ 透出的光最强。当 P$_2$ 的偏振化方向垂直于入射光的光矢量方向时，光无法通过 P_2，此时光强为零，称为消光。P_2 旋转一周时，透射光光强将出现两次最强，两次消光，这也是检验线偏振光的方法。偏振片这样用来检验光的偏振状态时，叫检偏器。

偏振片的应用很广。如汽车夜间行车时为了避免对方车灯光晃眼，可以在所有汽车的车窗玻璃和车灯前装上与水平方向成 45°角，而且向同一方向倾斜的偏振片。这样，相向行驶的汽车可以都不必熄灯，各自前方的道路仍然照亮，同时也不会被对方车灯晃眼了。

3. 马吕斯定律

如图 10 – 15 所示，以 E_0 表示线偏振光光矢量的振幅，若入射的线偏振光的 E_0 的方向与检偏器的偏振化方向成 θ 时，则只有 E_0 在 P_2 的偏振化方向上的分量 E_1 能透过 P_2，由图可知

$$E_1 = E_0 \cos \theta \qquad (10 – 2)$$

以 I_0 表示入射线偏振光的光强，则透过 P_2 后的光强为

$$I = I_0 \cos^2 \theta \qquad (10 – 3)$$

这一公式称为马吕斯定律。

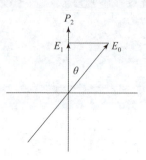

图 10 – 15　马吕斯定律

10. 2. 3　波片与补偿器

在第 7 章有关光的偏振特性讨论中已知，两个频率相同、振动方向相互垂直、传播方向一致的两个线偏振光合成时，其相位差决定了该合成光的偏振状态。显然，如果能控制这两个线偏振光的相位差关系，就可以控制光的偏振状态。波片和补偿器就是能控制相位差，从而改变光偏振状态的光学元件，这种元件在光电技术应用中非常重要。

波片的原理

1. 波片及作用

1）波片

波片是将单轴晶体沿其光轴方向切制而成的厚度均匀的平行平面薄片，其光轴平行于晶面，厚度为 d，如图 10 – 16 所示。

一束正入射的光波进入波片后，在波片内形成 o 光和 e 光，二者的折射率不同。在入射面 a 处，o 光和 e 光振动的相位相同，通过厚度为 d 的波片后，将产生一定的相位差 δ，且

$$\delta = \frac{2\pi}{\lambda}(n_o - n_e)d \qquad (10 – 4)$$

2）常用的波片及作用

由式（10 – 4）可知，选取波片的厚度可获得不同的 δ，从而获得所需的各种偏振态的出射光。

（1）全波片（λ 片）。

对于波长为 λ 的单色光选择波片厚度，使 o 光和 e 光的相位差为

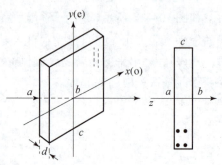

图 10 – 16　波片示意图

$$\delta = \frac{2\pi}{\lambda}(n_{\mathrm{o}} - n_{\mathrm{e}})d = 2m\pi \quad m = \pm 1, \pm 2, \cdots \tag{10-5}$$

可制作全波片，全波片的厚度为

$$d = \left| \frac{m}{n_{\mathrm{o}} - n_{\mathrm{e}}} \right| \lambda \tag{10-6}$$

一束线偏振光经过全波片后，其偏振状态不发生改变，如图 10-17 所示。

（2）半波片（$\lambda/2$ 片）。

对于波长为 λ 的单色光选择波片厚度，使 o 光和 e 光的相位差为

$$\delta = \frac{2\pi}{\lambda}(n_{\mathrm{o}} - n_{\mathrm{e}})d = (2m+1)\pi \quad m = 0, \pm 1, \pm 2, \cdots \tag{10-7}$$

可制作半波片，半波片的厚度为

二分之一波片

$$d = \left| \frac{2m+1}{n_{\mathrm{o}} - n_{\mathrm{e}}} \right| \frac{\lambda}{2} \tag{10-8}$$

半波片可使 o 光和 e 光的相位差为 π 的奇数倍。一束线偏振光经 $\lambda/2$ 片后，仍为线偏振光，若入射光振动面与晶体主截面的夹角为 θ，则出射光的振动面相对于入射光振动面转过 2θ 角，如图 10-18 所示。

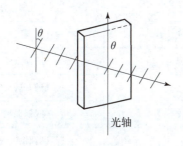

图 10-17　全波片

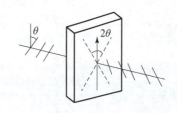

图 10-18　半波片

四分之一波片的
作用一（15°）

四分之一波片的
作用一（30°）

四分之一波片的
作用一（45°）

（3）四分之一波片（$\lambda/4$ 片）。

对于波长为 λ 的单色光选择波片厚度，使 o 光和 e 光的相位差为

$$\delta = \frac{2\pi}{\lambda}(n_{\mathrm{o}} - n_{\mathrm{e}})d = (2m+1)\frac{\pi}{2} \quad m = 0, \pm 1, \pm 2, \cdots \tag{10-9}$$

可制作 $\lambda/4$ 波片，$\lambda/4$ 片的厚度为

$$d = \left| \frac{2m+1}{n_{\mathrm{o}} - n_{\mathrm{e}}} \right| \frac{\lambda}{4} \tag{10-10}$$

$\lambda/4$ 波片可使 o 光和 e 光的相位差为 $\pi/2$ 的奇数倍。一束线偏振光通过 $\lambda/4$ 片后，出射光将变为正椭圆偏振光，如图 10-19（a）所示。当 $\theta = 45°$时（θ 为入射光振动面与晶体主截面的夹角），出射光为一圆偏振光，如图 10-19（b）所示。

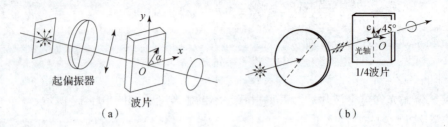

起偏振器

波片

（a）

光轴

e 45°
O

1/4波片

（b）

图 10-19　λ/4 片

设偏振光入射到晶体表面时分解成的 o 光和 e 光之间具有初相位差 φ_0，经过波片后引起的相位差为 φ_e，则出射光中 o 光和 e 光之间的相位差为 $\varphi = \varphi_0 + \varphi_e$，根据 φ 的不同可判断出射光的偏振态。表 10-2 所示为几种光经过 λ/4 片后偏振态的变化。

表 10-2　几种光经 λ/4 片后偏振态的变化

入射光的偏振态	λ/4 片的位置	出射光的偏振态
自然光	任何位置	自然光
部分偏振光	任何位置	部分偏振光
线偏振光	波片主轴与入射光的振动方向一致	线偏振光
	波片主轴与入射光的振动方向成 45°角	圆偏振光
	其他位置	椭圆偏振光
椭圆偏振光	光轴与椭圆的长轴或短轴平行	线偏振光
	其他位置	椭圆偏振光
圆偏振光	任何位置	线偏振光

3）使用波片应注意的问题

（1）波长问题。

由于相位差与波长相关，所以各种波片都是对特定波长而言，例如，对于波长为 0.5 μm 的半波片，对于 0.632 8 μm 的光波长就不再是半波片了；对于波长为 1.06 μm 的 λ/4 片，对 0.53 μm 来说恰好是半波片。所以，在使用波片前，一定要弄清这个波片是对哪个波长而言的。

（2）波片的主轴方向问题。

使用波片时应当知道波片所允许的两个振动方向（即两个主轴方向）及相应波速的快慢。这通常在制作波片时已经指出，并已标在波片边缘的框架上了，波速快的那个主轴方向叫快轴，与之垂直的主轴叫慢轴。

（3）光强变化问题。

波片虽然给入射光的两个分量增加了一个相位差 δ，但在不考虑波片表面反射的情况下，因为振动方向相互垂直的两光束不发生干涉，总光强 $I = I_o + I_e$ 与 δ 无关，保持不变。所以，波片只能改变入射光的偏振态，不改变其光强。

（4）对于非偏振光，任何波片都不能将它转换成偏振光。

2. 补偿器

波片只能对振动方向相互垂直的两束光产生固定的相位差，补偿器则能对振动方向相互垂直的两线偏振光产生连续的相位差，它可以看作是一种有效厚度可变的波片。

最简单的一种补偿器叫巴俾涅补偿器，它的结构如图 10－20 所示，由两个方解石或石英劈尖组成，两个劈尖的光轴相互垂直。当线偏振光射入补偿器后，产生传播方向相同、振动方向相互垂直的 o 光和 e 光，并且，在上劈尖中的 o 光（或 e 光），进入下劈尖时就成了 e 光（或 o 光）。由于劈尖顶角很小（为 2°~3°），在两个劈尖界面上，e 光和 o 光可认为不分离。

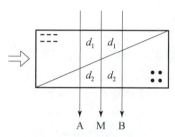

图 10－20　巴俾涅补偿器

图 10－20 所示的三束光 A、M、B 中，相应于通过两劈尖厚度相同处（$d_1 = d_2$）的光线 M，从补偿器出射的振动方向相互垂直的两束光之间的相位差为零；相应于通过两劈尖厚度不相等处（$d_1 > d_2$）光线 A 和（$d_1 < d_2$）光线 B，从补偿器出射的振动方向相互垂直的两束光之间有一定的相位差。因为上劈尖中的 e 光在下劈尖中变为 o 光，它通过上、下劈尖的总光程为（$n_e d_1 + n_o d_2$）；上劈尖中的 o 光在下劈尖中变为 e 光，它通过上、下劈尖的总光程为（$n_o d_1 + n_e d_2$），所以，从补偿器出来时，这两束振动方向相互垂直的线偏振光间的相位差为

$$\phi = \frac{2\pi}{\lambda} \left[(n_e d_1 + n_o d_2) - (n_o d_1 + n_e d_2) \right] = \frac{2\pi}{\lambda}(n_o - n_e)(d_2 - d_1) \qquad (10-11)$$

当入射光从补偿器上方不同位置射入时，相应的（$d_2 - d_1$）值不同，δ 值也就不同。或者，当上劈尖沿图 10－20 中所示箭头方向移动时，对于同一条入射光线，（$d_2 - d_1$）值也随上劈尖移动而变化，故 δ 值也随之改变。因此，调整（$d_2 - d_1$）值，便可得到任意的 δ 值。

巴俾涅补偿器的缺点是必须使用极细的入射光束，因为宽光束的不同部分会产生不同的相位差。采用图 10－21 所示的索累（Soleil）补偿器可以弥补这个不足。这种补偿器是由两个光轴平行的石英劈尖和一个石英平行平面薄板组成的。石英板的光轴与两劈尖的光轴垂直。上劈尖可由微调螺栓使之平行移动，从而改变光线通过两劈尖的总厚度 d_1。对于某个确定的 d_1，可以在相当宽的区域内（如图 10－21 中的 AB 宽度内）获得相同的 δ 值。

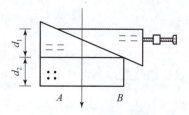

图 10－21　索累补偿器

显然，利用上述补偿器可以在任何波长上产生所需要的波片，可以补偿及抵消一个元件的自然双折射，可以在一个光学器件中引入一个固定的延迟偏置，或经校准定标后，可用来测量待求波片的相位延迟。

10.2.4　偏振光的鉴别

待鉴别的光束垂直入射到检偏器 P，P 旋转 360°，同时用光电探测器（或人眼）观察通过检偏器 P 后的光束光强变化，若 P 有两个位置使出射光强为 0，两个位置使出射光强为极大，则待鉴别的光为线偏振光，其光的振动方向平行于出射光强为极大时 P 的偏振化方向。

若 P 旋转 360°的过程中，输出光强不变化，则待鉴别的光可能是圆偏振光或自然光。若输出光强有变化，但最小值不为零，则待鉴别的光可能是椭圆偏振光或部分偏振光。

为了将圆偏振光与自然光、椭圆偏振光与部分偏振光区别开来，可用一个 $\lambda/4$ 片和检偏器构成圆检偏器，如图 10 – 22 所示。

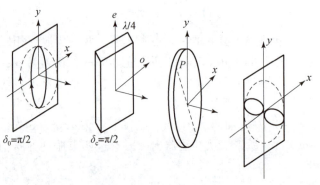

图 10 – 22　偏振光的鉴别

将待鉴别的圆偏振光或自然光先经过 $\lambda/4$ 片，再通过检偏器，这时如果旋转 P，出射光强不发生变化，则待鉴别的光束为自然光，当 P 旋转到某一位置时，出射光强为零，则待鉴别的光束为圆偏振光。

要将椭圆偏振光和部分偏振光鉴别出来，$\lambda/4$ 片的光轴需与椭圆偏振光的一主轴重合，具体可按以下方法操作：先只用 P，旋转 P 使出射光强为极小值，再在 P 前加入 $\lambda/4$ 片并使其光轴方向与 P 的偏振化方向平行或垂直，这时再旋转 P，如果出现出射光强为零的情况，则说明待鉴别的光束为椭圆偏振光，若不出现出射光强为零的情况，则待鉴别的光束为部分偏振光。

10.2.5　知识应用

例 10 – 3　光强为 I_0 的自然光相继通过偏振片 P_1、P_2、P_3 后光强为 $\dfrac{I_0}{8}$，已知 P_1 的偏振化方向与 P_3 的偏振化方向垂直。问：P_1、P_2 的偏振化方向间夹角为多少？

解：设 P_1、P_2 的偏振化方向间夹角为 α，则通过 P_1 的光强为 $I_1 = \dfrac{I_0}{2}$；

通过 P_2 的光强为 $I_2 = I_1\cos^2\alpha$；

通过 P_3 的光强为 $I_3 = I_2\cos^2\left(\dfrac{\pi}{2} - \alpha\right) = I_2\sin^2\alpha$；

即 $\dfrac{I_0}{2}\cos^2\alpha\sin^2\alpha = \dfrac{I_0}{8}$，则 $\alpha = 45°$。

例 10 - 4　通过偏振片观察一束部分偏振光。当偏振片由对应光强最大的位置转过 60° 时，其光强减为一半。试求这束部分偏振光中的自然光和线偏振光的强度之比以及光束的偏振度。

解：部分偏振光相当于一自然光和一线偏振光强度的叠加。设自然光的强度为 I_n，线偏振光的强度为 I_p，部分偏振光的总光强为 $I_n + I_p$，当偏振片对应于最大强度位置时，通过偏振片的线偏振光的强度仍为 I_p，而自然光的强度为 $\dfrac{I_n}{2}$，即透过的总光强为

$$I_M = \frac{I_n}{2} + I_p$$

再转过 60° 后，透射光的强度变为

$$I = \frac{I_n}{2} + I_p\cos^2 60° = \frac{I_n}{2} + \frac{I_p}{4}$$

根据题意 $I_M = 2I$，即

$$\frac{I_n}{2} + I_p = 2\left(\frac{I_n}{2} + \frac{I_p}{4}\right)$$

整理后，得 $I_n/I_p = 1$。

该光束偏振度为

$$P = \frac{I_p}{I_i} = \frac{I_p}{I_n + I_p} = 0.5$$

例 10 - 5　一束波长为 $\lambda_2 = 0.706\ 5\ \mu m$ 的左旋正椭圆偏振光入射到相应于 $\lambda_1 = 0.404\ 6\ \mu m$ 的方解石 $\lambda/4$ 片上，试求出射光束的偏振态。已知方解石对 λ_1 光的主折射率为 $n_o = 1.681\ 3$，$n_e = 1.469$；对 λ_2 光的主折射率为 $n_o' = 1.652\ 1$，$n_e' = 1.483\ 6$。

解：由题意知，给定波片对于 $\lambda_1 = 0.404\ 6\ \mu m$ 光为 $\dfrac{1}{4}$ 波片，波长为 λ_1 的单色光通过该波片时，二正交偏振光分量的相位差为

$$\delta_1 = \frac{2\pi}{\lambda_1}(n_o - n_e)d = \frac{\pi}{2}$$

该波片的厚度为

$$d = \frac{\lambda_1}{4(n_o - n_e)} = \frac{\delta_1\lambda_1}{2\pi(n_o - n_e)}$$

波长为 $\lambda_2 = 0.706\ 5\ \mu m$ 的单色光通过这个波片时，所产生的相位差为

$$\delta_2 = \frac{2\pi}{\lambda_2}(n_o' - n_e')d = \frac{2\pi}{\lambda_2}(n_o' - n_e')\frac{\lambda_1}{4(n_o - n_e)} = 0.26\pi \approx \frac{\pi}{4}$$

因此，对于 $\lambda_2 = 0.706\,5$ 的单色光，该波片为 $\lambda/8$ 片。

由于入射光为左旋正椭圆偏振光，相应的二正交振动分量相位差 $\delta_o = -\pi/2$，通过波片后该二分量又产生了附加相位差 $\delta_2 = \pi/4$，出射两光的总相位差为

$$\delta = \delta_o + \delta_2 = -\frac{\pi}{4}$$

所以，出射光为左旋椭圆偏振光。

10.3　偏振光的干涉

在实验室中观察偏振光干涉的基本装置如图 10–23 所示，从 $\lambda/4$ 波片出射的 o 光和 e 光，它们的振动方向相互垂直、频率相同、相位差恒定，在一般情况下，将合成为一束椭圆偏振光，如果我们在波片后放置一个偏振片，就可以使 o 光和 e 光在其偏振化方向产生分量，于是产生振动方向相同、频率相同、相位差恒定的两束偏振光，从而满足干涉的三个必要条件，产生干涉现象，这种干涉现象称为偏振光的干涉。偏振光干涉是利用晶体的双折射效应，将同一束光分成振动方向相互垂直、频率相同、相位差恒定的两束线偏振光，再经检偏器将其振动方向引到同一方向上进行干涉，也就是说，通过 $\lambda/4$ 波片和一个检偏器即可观察到偏振光干涉现象。

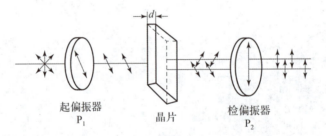

图 10–23　平行偏振光的干涉光路

10.3.1　平行光的偏光干涉

1. 单色平行光正入射的干涉

在图 10–23 所示的平行偏振光干涉装置中，起偏器 P_1 将入射的自然光变成线偏振光（光矢量用 E 表示），经过厚度为 d 的晶片后，分解成 o 光（光矢量用 E_o 表示）和 e 光（光矢量用 E_e 表示）。检偏器 P_2 则是从振动面相互垂直的两束光分别取出振动方向与其偏振化方向相同的分量 E_{o2} 和 E_{e2}，从而获得两束相干光，它们叠加时将产生干涉。如果起偏器与检偏器的偏振轴相互垂直，称这对偏振器为正交偏振器，如果互相平行，就叫平行偏振器，其中以正交偏振器最为常用。

一束单色平行光通过 P_1 变成振幅为 E_0 的线偏振光，然后垂直投射到晶片上，并被分解为振动方向互相垂直的两束线偏振光。如图 10–24 所示，P_1 的透光方向与其中一个振动方向的夹角为 α，则这两束线偏振光的振幅分别为

$$E'_o = OB = E_o \cos \alpha \\ E''_o = OC = E_o \sin \alpha \quad\} \tag{10-12}$$

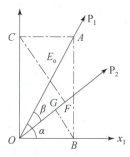

图 10 - 24　通过起偏器和检偏器的振动分量

o 光和 e 光从晶片射出时的相位差为

$$\delta = \frac{2\pi (n_o - n_e) d}{\lambda} \tag{10-13}$$

如果 P_1 和 P_2 偏振轴的夹角为 β，则由晶片射出的两束线偏振光通过检偏器后的振幅分别为

$$OG = OB \cos(\alpha - \beta) = E_o \cos \alpha \cos(\alpha - \beta) \\ OF = OC \sin(a - \beta) = E_o \sin \alpha \sin(\alpha - \beta) \quad\} \tag{10-14}$$

它们相干叠加的光强度为

$$I = I_1 + I_2 + 2\sqrt{I_1 I_2} \cos \delta \tag{10-15}$$

将式 (10 - 14) 代入，可得

$$I = I_o \big[\cos^2 \alpha \cos^2 (\alpha - \beta) + \sin^2 \alpha \sin^2 (\alpha - \beta) + \\ 2 \cos \alpha \cos(\alpha - \beta) \sin \alpha \sin(\alpha - \beta) \cos \delta \big] \\ = I_o \Big[\cos^2 \beta - \sin^2 \alpha \sin^2 (\alpha - \beta) \sin^2 \frac{\delta}{2} \Big] \tag{10-16}$$

式中，$I_o \propto E_o^2$。如果在两个偏振器之间没有晶片，则 $\delta = 0°$，此时

$$I = I_o \cos^2 \beta$$

即出射光强与入射光强之比等于两偏振轴夹角余弦的平方，这就是马吕斯定律。

如果两个偏振器之间有晶片，讨论以下两种特殊情况：

1）P_1 和 P_2 的偏振轴正交（$\beta = \pi/2$）

这种条件下，式 (10 - 16) 变为

$$I_\perp = I_o \sin^2 2\alpha \sin^2 \frac{\delta}{2} \tag{10-17}$$

该式说明，输出光强 $I_\perp$ 除了与入射光强 I_o 有关外，还与晶片产生的二正交偏振光的相位差 δ、偏振光振动方向与偏振器的偏振轴夹角 α 有关。

（1）晶片取向 α 对输出光强的影响。

当 $\alpha = 0°$、$\pi/2$、π、$3\pi/2$ 时，$\sin 2\alpha = 0$，相应 $I_\perp = 0$。就是说，在 P_1 和 P_2 偏振轴正交条件下，当晶片中的偏振光振动方向与起偏器的偏振轴方向一致时，出射光强为零，视场全暗，这一现象叫消光现象，此时的晶片位置为消光位置。当将晶片旋转 360° 角时，将

307

依次出现四个消光位置，它们与 δ 无关。

当 $\alpha = \pi/4$、$3\pi/4$、$5\pi/4$、$7\pi/4$ 时，$\sin 2\alpha = \pm 1$，即当晶片中的偏振光振动方向位于二偏振器偏振轴的中间位置时，光强度极大，有

$$I_\perp = I_o \sin^2 \frac{\delta}{2}$$

把晶片转动一周，同样有四个最亮的位置。在实际应用中，经常使晶片处于这样的位置。

（2）晶片相位差 δ 对输出光强的影响。

当 $\delta = 0°$、2π、$\cdots$、$2m\pi$（m 为整数）时，$\sin^2(\delta/2) = 0$，即当晶片所产生的相位差为 2π 的整数倍时，输出强度为零。此时如果改变 α，则不论晶片是处于消光位置还是处于最亮位置，输出强度均为零。

当 $\delta = \pi$、3π、$\cdots$、$(2m+1)\pi$（m 为整数）时，$\sin^2(\delta/2) = 1$，即当晶片所产生的相位差为 π 的奇数倍时，输出强度得到加强，$I_\perp = I_o \sin^2 2\alpha$。如果此时晶片处于最亮位置（$\alpha = \pi/4$），$\alpha$ 和 δ 的贡献都使得输出光强干涉极大，可得最大的输出光强

$$I_{\perp最大} = I_o$$

即等于入射光的光强。

上面讨论的晶片情况，实际上分别相应于全波片和半波片情况。因为全波片对光路中的偏振状态无任何影响，在正交偏振器中加入一个全波片，其效果和没有加入全波片一样，所以出射光强必然等于零。而加入半波片时，如 $\alpha = \pi/4$，则半波片使入射偏振光的偏振方向旋转 $\theta = 2\alpha = \pi/2$，恰为检偏器的偏振轴方向，所以输出光强必然最大。

2）P_1 和 P_2 的偏振轴平行（$\beta = 0°$）

这时，式（10 - 16）变为

$$I_{//} = I_o \left(1 - \sin^2 2\alpha \sin^2 \frac{\delta}{2} \right) \tag{10 - 18}$$

与式（10 - 17）比较可见，$I_{//}$ 和 $I_\perp$ 的极值条件正好相反。

（1）晶片取向 α 对输出光强的影响。

当 $\alpha = 0°$、$\pi/2$、π、$3\pi/2$ 时，$\sin 2\alpha = 0$，$I_{//} = I_o$，光强度最大。即当偏振器的偏振轴与晶体中的一个偏振光振动方向重合时，通过起偏器所产生的线偏振光在晶片中不发生双折射，按原状态通过检偏器，因此出射光强最大。

当 $\alpha = \pi/4$、$3\pi/4$、$5\pi/4$、$7\pi/4$ 时，$\sin 2\alpha = \pm 1$，此时光强极小，为

$$I_{//} = I_o \left(1 - \sin^2 \frac{\delta}{2} \right)$$

（2）晶片相位差 δ 对输出光强的影响。

当 $\delta = 0°$、2π、$\cdots$、$2m\pi$（m 为整数）时，$\sin(\delta/2) = 0$，相应有 $I_{//} = I_o$。

当 $\delta = \pi$、3π、$\cdots$、$(2m+1)\pi$（m 为整数）时，$\sin(\delta/2) = \pm 1$，相应光强极小，为

$$I_{//} = I_o (1 - \sin^2 2\alpha)$$

此时若 $\alpha = \pi/4$，则

$$I_{//最小} = 0$$

综上所述：

（1）在正交情况下，只有同时满足 $\alpha = \pi/4$，$\delta = (2m+1)$（m 为整数）时，输出光强才是最大，$I_{\perp M} = I_o$。输出光强最小的条件是 $\alpha = 0°$、$\pi/2$ 的整数倍，或者 $\delta = 2\pi$ 的整数倍，只要满足这两个条件之一，即可输出最小光强，$I_{\perp m} = 0$。

（2）正交和平行两种情况的干涉输出光强正好互补。在实验中，处于正交情况下的干涉亮条纹，在偏振器旋转 $\pi/2$ 后，变成了暗条纹，而原来的暗条纹变成了亮条纹。

（3）输出光强度随 δ 变化，因为 $\delta = 2\pi(n'-n'')d/\lambda$，所以，当晶片中各点的双折射、晶片厚度 d 均匀时，干涉视场的光强也是均匀的。实际上，晶片各处的 $(n'-n'')$ 和晶片厚度 d 不可能完全均匀，这就使各点的干涉强度不同，会出现与等厚（光学厚度）线形状一致的等厚干涉条纹。工程上经常根据这个原理来检查透明材料的光学均匀性。

2. 单色平行光斜入射的干涉

当平行光斜入射至平行晶片时，其干涉原理与前相同。在这种情况下，上面导出的各个公式仍然成立，其差别是相位差的具体形式稍有不同。为此，下面只推导平行光斜入射时，晶片中二折射光的相位差公式。

光斜入射时，根据双折射定律，将产生图 10 – 25 所示的方向分离的两个折射光，它们在晶体中所产生的相位差为

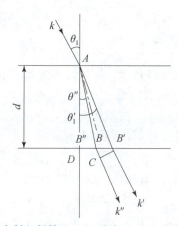

图 10 – 25 平行光斜入射情况（θ_1 改为 θ_i，θ'_1 改为 θ'_t，θ'' 改为 θ''_t）

$$\delta = 2\pi\left(\frac{AB''}{\lambda''} + \frac{B''C}{\lambda} - \frac{AB'}{\lambda'}\right) \tag{10 – 19}$$

式中，λ'、λ'' 分别为二折射光在晶片中的波长；λ 为入射光在空气中的波长；

$$AB' = \frac{d}{\cos\theta_t}$$

$$AB'' = \frac{d}{\cos\theta''}$$

$$B''C = B''B'\sin\theta_i = d\sin\theta_i(\tan\theta'_t - \tan\theta''_t)$$

将上面关系代入式（10 – 19），得

$$\delta = 2\pi d\left[\frac{1}{\cos\theta''_t}\left(\frac{1}{\lambda''} - \frac{\sin\theta_i\sin\theta''_t}{\lambda}\right) - \frac{1}{\cos\theta'_t}\left(\frac{1}{\lambda'} - \frac{\sin\theta_i\sin\theta'_t}{\lambda}\right)\right]$$

根据折射定律，我们用 $\sin\theta''_t/\lambda$ 和 $\sin\theta'_t/\lambda'$ 代替上式中的 $\sin\theta_i/\lambda$，得

$$\delta = 2\pi d \left(\frac{\cos \theta_t''}{\lambda''} - \frac{\cos \theta_t'}{\lambda'} \right) = \frac{2\pi}{\lambda} d (n'' \cos \theta_t'' - n' \cos \theta_t') \qquad (10-20)$$

因为 $|n'' - n'| \ll n''$、n'，$|\theta_t'' - \theta_t'| \ll \theta_t''$、$\theta_t'$，取一级近似有

$$n'' \cos \theta_t'' - n' \cos \theta_t = d(n \cos \theta_t)$$

$$= (n'' - n') \left(\cos \theta_t - n \sin \theta_t \frac{\mathrm{d} \theta_t}{\mathrm{d} n} \right) \qquad (10-21)$$

式中，n 为 n' 和 n'' 的平均值；θ_t 为 θ_t' 和 θ_t'' 相应的平均值。在保持入射角 θ_i 不变的条件下，对折射定律 $\sin \theta_i = n \sin \theta_t$ 微分，并代入式 （10-21），得

$$n'' \cos \theta_t'' - n' \cos \theta_t' = \frac{1}{\cos \theta_t} (n'' - n')$$

于是，式 （10-20）变为

$$\delta = \frac{2\pi}{\lambda} \cdot \frac{d}{\cos \theta_t} (n'' - n') \qquad (10-22)$$

将式 （10-22）与式 （10-13）进行比较可以看出，斜入射时的相位差只需用晶片中二波法线平均几何路程 $\frac{d}{\cos \theta_t}$ 代替正入射时的几何路程 d，即可由式 （10-13）得到。

10.3.2　会聚光的偏光干涉

上面讨论的是平行光的偏光干涉现象，实际上经常遇到的是会聚光（或发散光）的情况。当一束会聚（或发散光）通过起偏器射到晶片上时，入射线光线的方向就不是单一的了，不同的入射光线有不同的入射角，甚至还有不同的入射面。因此，会聚光（或发散光）的偏光干涉现象比较复杂。在此，仅讨论最基本的情况。

会聚光偏光干涉装置如图 10-26 所示，P_1、P_2 是起偏器和检验器，S 是光源，K 是晶片，O_1、O_2 是聚光镜，观察屏放在面 BB' 上。

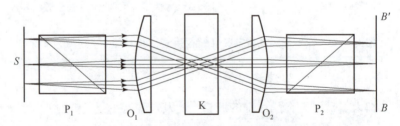

图 10-26　会聚光偏光干涉装置示意图

由图 10-26 可见，会聚在观察屏上同一点的诸偏振光，均来自物平面上的同一点。由于物面 S 是 O_1 的焦平面，所以物面上的一点发出诸光束，经 O_1 后必成为一束平行光通过晶片。

故观察屏上各点的光强可利用平行光斜入射的光强公式计算，即观察屏上的光强公式仍然采用式 （10-16）表示，只是其中的相位差采用式 （10-22），具体可写成：

$$I = I_0 \left[\cos^2 \beta - \sin 2\alpha \sin 2(\alpha - \beta) \sin^2 \frac{\pi d (n'' - n')}{\lambda \cos \theta_t} \right] \qquad (10-23)$$

显然，会聚光的干涉光强分布（干涉条纹），即决定于干涉装置中 P_1、P_2 的相对位置，

又与晶片的双折射（$n'' - n'$）特性有关。因为（$n'' - n'$）与晶片中折射光相对光轴的方位有关，所以干涉条纹与晶体的光学性质及晶片的切割方式有关。

1. 通过晶片的两束透射光的相位差

对于斜入射晶片的光线，将在晶片内产生振动方向相互垂直的两束线偏振光，它们的折射率不同，因而在通过晶片后将产生一定的相位差。

在单轴晶体中，当波法线方向 K 与光轴的夹角为 θ 时，相应的两个振动方向互相垂直的线偏振光的折射率 n' 和 n'' 满足以下关系：

$$\frac{1}{n'^2} = \frac{1}{n_0^2}$$

$$\frac{1}{n''^2} = \frac{\cos^2\theta}{n_o^2} + \frac{\sin^2\theta}{n_e^2}$$

因而有

$$\frac{1}{n'^2} - \frac{1}{n''^2} = \left(\frac{1}{n_o^2} - \frac{1}{n_e^2}\right)\sin^2\theta$$

或

$$\frac{(n''+n')(n''-n')}{n'^2 n''^2} = \frac{(n_e+n_o)(n_e-n_o)}{n_o^2 n_e^2}\sin^2\theta$$

由于这些折射率之间的差别与它们的值相比是很小的，所以上式可近似地写成

$$n'' - n' = (n_e - n_o)\sin^2\theta \qquad (10-24)$$

将式（10-24）代入式（10-22），同时令 $\rho = d/\cos\theta_t$，有

$$\phi = \frac{2\pi}{\lambda}\rho(n_e - n_o)\sin^2\theta \qquad (10-25)$$

2. 单轴晶体会聚光的干涉图

当晶片表面垂直于光轴、P_1 垂直于 P_2 时，会聚光干涉图如图 10-27 所示。干涉条纹是同心圆环，中心为通过光轴的光线所到达的位置，并且有一个暗十字贯穿整个干涉图。对于 P_1 平行于 P_2 的情况，干涉图与正交时互补，此时有一个亮十字贯穿整个干涉图。

图 10-27　单轴晶体的会聚光干涉图

1）同心圆环干涉条纹

由上述分析，当晶片表面垂直于光轴时，其等色线是同心圆，中心是通过光轴的光线所到达的位置（有时称为光轴露头）。根据 $I_\perp = I_o \sin^2\dfrac{\delta}{2}$ 可以很容易理解干涉条纹为什么是以光轴为中心的同心圆。

由于晶片垂直于晶体光轴切割，晶体光轴与晶片法线一致，在晶片中折射光波法线与光轴的夹角就是折射角，在这种情况下，相位差 ϕ 仅是折射角 θ 的函数。于是，沿着图 10-28 中的 A 为顶点、界面法线（即光轴）为轴的圆锥面入射的光，其相应的透射光在透镜焦平面上的同一圆环上会聚。由于圆环上各点所对应光的入射角（或折射角）是常数，所以相应的相位差相等，因而有相同的干涉光强，所以这个圆环就是一个干涉条纹。

由 $I_\perp = I_0 \sin^2 \dfrac{\phi}{2}$ 可知，干涉条纹的中心（光轴露头）处对应的 $\theta = 0°$，因而干涉级为零，从中心向外，干涉级逐渐增高。当使用白光时，干涉条纹是彩色，并且每级的色序是里蓝外红。

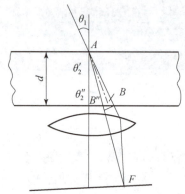

图 10-28　会聚光通过晶片示意图

2）暗十字的形成

由于 P_1 与 P_2 垂直情况下的暗十字，在 P_1 平行于 P_2 时变为亮十字（使用白光时，它是白色的），所以常称这个暗十字为消色线。其十字中心恰为圆环中心，十字方向恰与起偏器的偏振轴方向平行和垂直。由此可以看出，消色线的起因是式（10-16）中的 α 所产生的效应。

首先，由于晶片表面的法线方向平行于光轴方向，所以会聚光中央的光线与光轴方向一致，因此进入晶体后不产生双折射，在正交偏振器的情况下，中心点始终是消光的，形成一个黑中心点。

对于与光轴有一定夹角的其他光线，进入晶体后均要产生双折射。由于 o 光振动方向垂直于主截面，e 光振动方向在主载面内，所以在垂直于光轴的载面上，干涉圆条纹上任一 G 点的光振动方向及相应的 o 光和 e 光振动方向如图 10-29 所示。对于 E 点，只有 e 光分量，对于 D 点，只有 o 光分量。又因为 P_2 垂直于 P_1，所以 E 点和 D 点的光场不通过 P_2，因此，D 和 E 两点在检偏器后都是暗的。同理可知，沿 P_1 和 P_2 两方向上的其余各点也都是暗的，这样就构成了暗十字线。

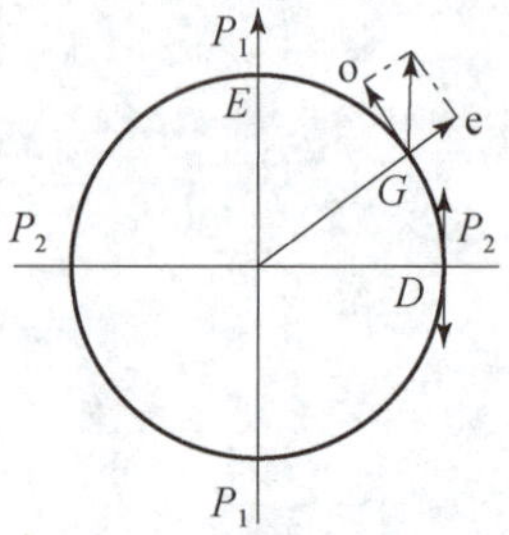

图 10-29　干涉图暗十字线的成因

利用干涉强度公式 [式（10-23）] 亦可得出同样的结论：对于晶片上各点所对应的 α 角不相同，当 $\alpha = 0°$ 或 $\pi/2$ 时，强度为零，因此在 $0°$ 和 $\pi/2$ 方向（也即沿 P_1、P_2 两方向）上，构成了暗十字。

同理也可解释 P_1、P_2 平行时出现的亮十字。

当晶片的光轴与表面不垂直时，干涉图往往是不对称的。由于光轴是倾斜的，所以光轴出露点不在视场中心，当倾斜角度不大时，光轴出露点仍在视场之内，这时黑十字与干涉卵圆环都不是完整的，如图 10–30（a）所示。转动晶片时，光轴出露点绕视场中心做圆周运动，其转动方向与晶片旋转方向一致，而两十字臂也随之移动，但始终分别保持与起偏器和检偏器的偏振轴平行。当光轴倾斜角度较大时，光轴出露点就会落到视场之外，这时视场中只能看见一条黑臂及部分干涉卵圆环，如图 10–30（b）所示。如果光轴接近和晶片表面平行时，黑臂就变得宽大而模糊，转动晶片时，黑十字即分成双曲线迅速离开视场，这种干涉图称为闪图。根据干涉图的形状，可以初步判断光轴的大致方向。

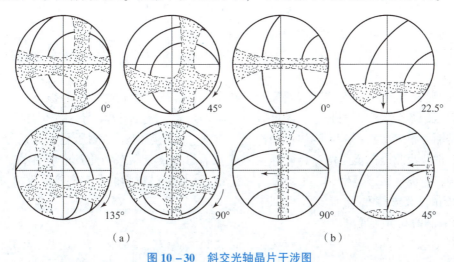

图 10–30　斜交光轴晶片干涉图
（a）光轴倾斜角不大；（b）光轴倾斜角较大

 知识拓展

液　晶

液晶是一种介于各向同性液体和各向异性晶体之间的一种物质形态，在一定的温度范围内，它除了具有液体和晶体的某些性质（如液体的流动性、晶体的各向异性等），还有其独特的性质。

液晶在物理、化学、电子、生命科学等诸多领域有着广泛应用。如光导液晶光阀、光调制器、液晶显示器件、各种传感器、微量毒气监测、夜视仿生等，尤其液晶显示器件早已广为人知。

1. 热致液晶

根据液晶的分子排列方式，热致液晶可以分为向列相（或丝状相）、近晶相（或层状相）、胆甾相（或螺旋相）三种，如图 10–31 所示，其中向列相和胆甾相是具有明显的光学特性的液晶，应用最广。

2. 溶致液晶

某些化合物溶解于水或有机溶剂后而呈现的液晶相称为溶致液晶，这是将一种溶质溶于一种溶剂而形成的液晶态物质。溶致液晶中的长棒状溶质分子一般要比构成热致液晶的长棒状分子大得多，最常见的有肥皂水、洗衣粉溶液、表面活化剂溶液等。

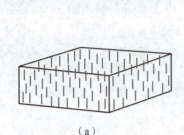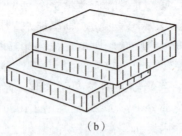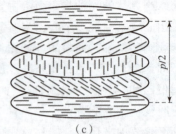

（a）　　　　　　　　　　（b）　　　　　　　　　　（c）

图 10 – 31　热致液晶分子排列示意图
（a）向列相；（b）近晶相；（c）胆甾相

由于分子的有序排布必然给这种溶液带来某种晶体的特性。例如光学的异向性、电学的异向性，以至于亲和力的异向性。例如肥皂泡表面的彩虹及洗涤作用就是这种异向性的体现。

溶致液晶不同于热致液晶。它们广泛存在于大自然界、生物体内，并被不知不觉应用于人类生活的各个领域，如肥皂洗涤剂等。生物物理学、生物化学、仿生学领域都深受瞩目，这是因为很多生物膜、生物体，如神经、血液、生物膜等生命物质与生命过程中的新陈代谢、消化吸收、知觉、信息传递等生命现象都与溶致液晶态物质及性能有关。因此在生物工程、生命、医疗卫生和人工生命研究领域，溶致液晶科学的研究都倍受重视。

3. 液晶的光学特性

1）液晶的双折射现象

一束光入射液晶后会产生双折射现象，这表明液晶中各个方向上的介电常数以及折射率是不同的。通常用符号 $\varepsilon_{//}$ 和 $\varepsilon_{\perp}$ 分别表示沿液晶分子长轴方向和垂直于长轴方向上的介电常数，并且把 $\varepsilon_{//} > \varepsilon_{\perp}$ 的液晶称为正性液晶或 P 型液晶，而把 $\varepsilon_{//} < \varepsilon_{\perp}$ 的液晶称为负性液晶或 N 型液晶。多数液晶只有一个光轴方向，一般液晶的光轴沿分子长轴方向，而胆甾相液晶的光轴垂直于层面。

一般向列相液晶的 $\Delta n = n_e - n_o$ 在 0.1 ~ 0.3，随材料和温度不同而异。而方解石的 $\Delta n = -0.172$，石英的 $\Delta n = 0.008$，相比之下，液晶的双折射效应比较显著。

2）液晶的电光效应

液晶分子是含有极性基团的极性分子，在电场作用下，偶极子会按电场方向取向，导致分子原有的排列方式发生变化，从而液晶的光学性质也随之发生改变，这种因外电场引起的液晶光学性质的改变称为液晶的电光效应，液晶的电光效应种类繁多，下面简单加以介绍。

（1）扭曲效应。

液晶分子取向沿光轴方向发生旋转，形成螺旋分布。入射线偏振光的偏振方向随液晶分子取向也一起发生旋转。这种液晶取向使线偏振光偏振方向旋转的现象称为扭曲效应。

（2）动态散射。

在向列相液晶盒中，当在液晶盒两极上加电压驱动时，因电光效应，液晶将产生不稳定性，原来透明的液晶会出现一排排均匀的黑条纹，这些平行条纹彼此间隔 10 μm，可以用作光栅。进一步提高电压，盒内不稳定性加强，出现湍流，从而产生强烈的光散射，透明的液晶变得混浊不透明了。断电后，液晶又恢复透明状态，这就是液晶的动态散射。液晶材料的动态散射是制造显示器件的重要依据。

（3）宾主效应。

将沿液晶分子长轴方向和短轴方向对可见光的吸收不同的二色性染料作为客体，溶于定向排列的液晶主体中，染料分子会随液晶分子的排列变化而变化。在电场作用下，染料分子和液晶分子排列发生变化，染料对入射光的吸收也将发生变化，在电压为零时，染料分子与液晶分子均平行基片排列，对可见光有一吸收峰，当电压达到某一值时，吸收峰值大为降低，使透射光的光谱发生变化。可见，用外加电场就能改变液晶盒的颜色，从而实现彩色显示。由于染料少，且以液晶方向为准，故为"宾"，液晶则为"主"，故得名"宾主"效应。

（4）电控双折射效应。

在外加电场作用下，液晶分子取向变化，而使液晶对某一方向入射的光产生双折射的现象称为电控双折射效应。利用电控双折射效应，在电场控制下改变液晶分子取向，从而实现对光偏振方向的调制，达到光强调制的目的。

4. 液晶显示

在液晶显示（LCD）技术中，均利用了液晶的电光效应，当液晶受到外界电场的作用时，其分子会产生精确的有序排列而朝向外电场方向。如果通过电场对分子的排列加以适当的控制，液晶分子将会扭转并控制光线的通过，这样控制电压就能调整光线的穿出量，造成不同的明暗状态。若要显示彩色的影像，只要在光线穿出前透过某一颜色的滤光片即可获得需要的颜色。对于产生真彩色的影像，就需要光的三原色排列在一起，由于光点小、排列紧密，眼睛接收时，就会将三原色混合在一起，从而形成所要颜色以及图像。

先导案例解决

某些晶体由于其特殊的性质，当一束光经其折射后，会透射出两束折射光，这种现象称为双折射现象，所以在一条项链上放上一块天然的方解石晶体我们会看到两这条项链的两个像。

本章小结

1. 一束光经分成两束光的现象叫双折射现象，两束光分别称为 o 光、e 光，它们是振动方向相互垂直的线偏振光，o 光遵守折射定律。

2. 晶体中不发生双折射现象的方向称为晶体光轴，当光平行光轴入射时不产生双折射现象，垂直光轴入射时，两束光方向一致，但折射率大小不一样，产生双折射现象。

3. 获得线偏光的方法主要有三种，能获得线偏振光的光学元件称为偏振片。

4. 一束光强为 I_0 线偏振光通过偏振片后光强为 $I = I_0 \cos^2 \theta$。

5. 波片和补偿器是能对特定波长的两垂直分量相位差进行控制，从而改变光偏振状态的光学元件。

6. $\lambda/2$ 片可产生 $(2m+1)\pi$ 的相位差，线偏振光通过它后，出射光仍为线偏振光，但其振动方向绕光轴旋转了 2α 角。

7. $\lambda/4$ 片可产生 $(2m+1)\pi/2$ 的相位差，线偏振光通过它后，出射光合成可能为线偏振光、正椭圆偏振光、圆偏振光。

8. 若满足干涉条件的是两束线偏振光，将产生偏光干涉现象。

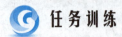 任务训练

任务 10.1 验证马吕斯定律

1. 实验目的

（1）理解偏振器的作用。

（2）验证马吕斯定律。

2. 实验仪器及光路图

（1）实验仪器：偏振片（两片）、光学导轨、半导体激光器、光电探头、功率计、白屏、小孔屏等。

（2）实验装置图，如图 10 - 32 所示。

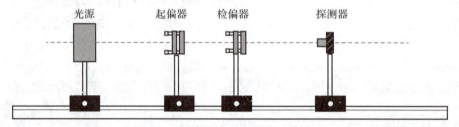

图 10 - 32 起偏与检偏的实验装置图

3. 实验内容及步骤

（1）利用小孔屏调节激光光源与光学导轨平行。

（2）分别将各元器件按图 10 - 32 安装在光学导轨上，并调节各元件与光源同轴等高。

（3）取下检偏器，再旋转起偏器，使探测器检测到的光强最大，并记录该数据于表 10 - 3 中，即为 I_0。

（4）加上检偏器，旋转检偏器使光强最强，此时检偏器与起偏器通光方向平行，此检偏器角度 θ 设为 0°。

（5）旋转检偏器一周，选取任意多个点，从光功率计上读取出其输出值以及检偏器旋转角度 θ。

表 10 - 3 实验数据

$\theta/(°)$	光强/u_W	$\theta/(°)$	光强/u_W	$\theta/(°)$	光强/u_W	$\theta/(°)$	光强/u_W
10		30		50		70	
20		40		60		80	

$\theta/(°)$	光强/u_W	$\theta/(°)$	光强/u_W	$\theta/(°)$	光强/u_W	$\theta/(°)$	光强/u_W
90		160		230		300	
100		170		240		310	
110		180		250		320	
120		190		260		330	
130		200		270		340	
140		210		280		350	
150		220		290		360	

（6）利用马吕斯定律公式 $I = I_0\cos^2\theta$ 进行验证，并分析误差。

任务 10.2　波片的应用

1. 实验目的

（1）理解并验证 $\lambda/2$ 波片的作用。

（2）理解并验证 $\lambda/4$ 波片的作用。

（3）自主搭建光路，鉴别偏振片、$\lambda/2$ 波片、$\lambda/4$ 波片。

2. 实验仪器及光路图

（1）实验仪器：$\lambda/2$ 波片、$\lambda/4$ 片、光学导轨、半导体激光器、偏振片（两片）、白屏、小孔屏等。

（2）实验装置图，如图 10 – 33 所示。

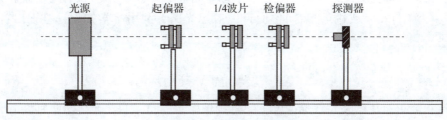

图 10 – 33　波片实验装置图

3. 实验内容及步骤

（1）利用小孔屏调节激光光源与光学导轨平行。

（2）分别将 $\lambda/2$ 波片、$\lambda/4$ 波片按照图 10 – 33 将各元器件安装在光学导轨上，并调节各元件与光源同轴等高。

（3）$\lambda/2$ 波片实验。将起偏器放在 0° 位置，$\lambda/2$ 波片取不同的角度时，旋转检偏器，并观察光强的变化情况，记录光强最小时检偏器的角度，验证 $\lambda/2$ 波片对线偏振光的作用，如表 10 – 4 所示。

表 10 – 4　实验数据

λ/2 角度/(°)	光强/u_w	检偏器角度/(°)	λ/2 角度/(°)	光强/u_w	检偏器角度/(°)
0			120		
30			140		
60			160		
90			180		
结论					

（4）λ/4 波片实验。λ/4 波片取不同的角度时，将起偏器放在 0°位置，旋转检偏器，并观察光强的变化情况，记录光强变化范围，记录光强最小时检偏器的角度，验证 λ/4 波片对线偏振光的作用，如表 10 – 5 所示。

表 10 – 5　实验数据

λ/4 角度/(°)	光强/u_w	检偏器角度/(°)	λ/4 角度/(°)	光强/u_w	检偏器角度/(°)
0			115		
15			120		
30			135		
45			150		
60			180		
90			270		
结论					

（5）拓展训练：给出 4 个外形一致但未标注名称的元件（其中 2 个是偏振片，1 个是 λ/2 波片，1 个是 λ/4 波片），请同学们自主搭建光路，利用所学知识，鉴别出各元件的名称。

 习题

1. 某束光可能是：（1）线偏振光；（2）圆偏振光；（3）自然光。你如何鉴别出这束光的偏振态？

2. 如果偏振片的偏振化方向没有标明，可用哪些元件简易地将它确定下来？

3. 一束钠黄光以 50°角方向入射到方解石晶体上，设光轴与晶体表面平行，并垂直于入射面。问在晶体中 o 光和 e 光夹角为多少（对于钠黄光，方解石的主折射率 $n_o = 1.658\,4$，$n_e = 1.486\,4$）。

4. 一细光束掠入射单轴晶体，晶体的光轴与入射面垂直，晶体的另一面与折射表面平行。实验测得 o、e 光在第二个面上分开的距离是 2.5 mm，若 $n_o = 1.525$，$n_e = 1.479$，计算晶体的厚度。

5. 通过偏振片观察部分偏振光时，当偏振片绕入射光方向旋转到某一位置上，透射光强为极大，然后再将偏振片旋转 30°，发现透射光强为极大值 4/5。试求该入射部分偏振光的偏振度 P 及该光内自然光与线偏振光强之比。

6. 自然光通过两个偏振化方向间成 60° 的偏振片，透射光强为 I_1，今在两个偏振片之间再插入另一偏振片，它的偏振化方向与前两个偏振片均成 30° 角，则透射光强为多少？

7. 两块偏振片透振方向夹角为 60°，中央插入一块 1/4 波片，波片主截面平分上述夹角。今有一光强为 I_0 的自然光入射，求通过第二个偏振片后的光强。

8. 某晶体对波长为 632.8 nm 的光束的主折射率为 $n_o = 1.66$，$n_e = 1.49$。将它制成适用于该波长的 1/4 波片，厚度至少要多厚？该波片的光轴方向如何？

参 考 文 献

[1] 梁铨廷. 物理光学 [M]. 5 版. 北京：电子工业出版社，2022.

[2] 郁道银，谈恒英. 工程光学 [M]. 4 版. 北京：机械工业出版社，2016.

[3] 郭永康. 光学 [M]. 3 版. 北京：高等教育出版社，2017.

[4] 姚启钧. 光学教程 [M]. 5 版. 北京：高等教育出版社，2014.

[5] 张以谟. 应用光学 [M]. 4 版. 北京：电子工业出版社，2015.

[6] 黄一帆，李林. 光学设计教程 [M]. 2 版. 北京：北京理工大学出版社，2018.

[7] 李湘宁. 工程光学 [M]. 2 版. 北京：科学出版社，2013.

[8] 钟锡华. 现代光学基础 [M]. 北京：北京大学出版社，2003.

[9] 吴晓红，郑丹. 光学基础教程 [M]. 武汉：华中科技大学出版社，2010.

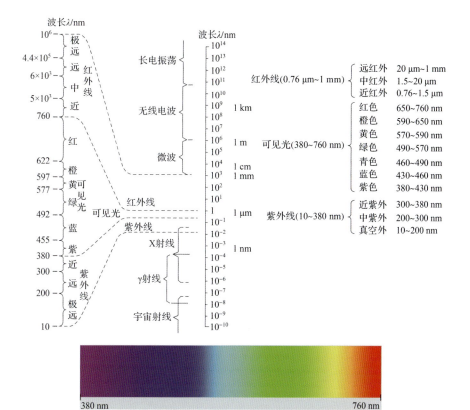

图 1 – 3　电磁波谱与可见光范围

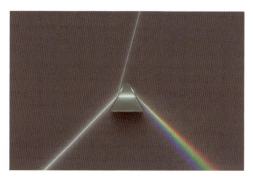

图 3 – 1　三棱镜的色散现象

图 5 – 15　色调示意图

提高亮度

（a）　　　　　　　　　　　　　　（b）

图 5 – 17　提高亮度的颜色明度变化

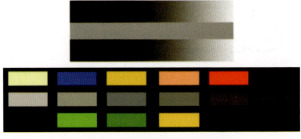

图 5 – 18　明度变化受色调的影响

255 220 200 180 150 130 100 80 50 30 0

图 5 – 19　颜色的浓淡与颜色的饱和度有关

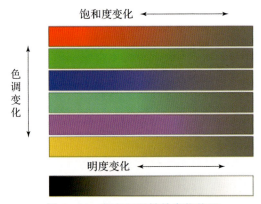

图 5 – 20　颜色三属性的变化关系

图 5 – 21　同色异谱现象

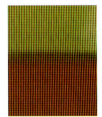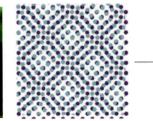

图 5 – 22　红绿点相间图案、晚会现场灯光、品红与青色的小点静态混合前后

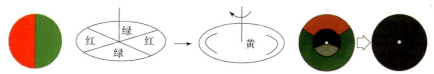

图 5 – 23　色光动态混合

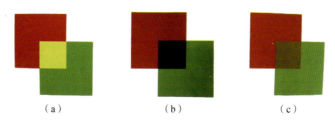

（a）　　　　　　　　　　（b）　　　　　　　　　　（c）

图 5 – 24　加色法（色光混合）、减色法（色料叠加）、中间混合
（a）加色法；（b）减色法；（c）中间混合

图 5 – 25　时间混色示意图

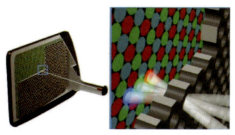

图 5 – 26　电视机显示的空间混色

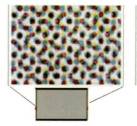

图 5 – 27　区域混色的效果图

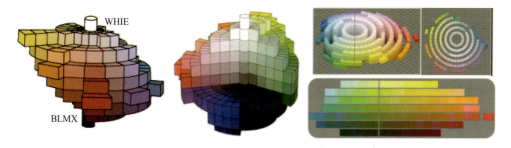

图 5 – 32　孟塞尔颜色立体图

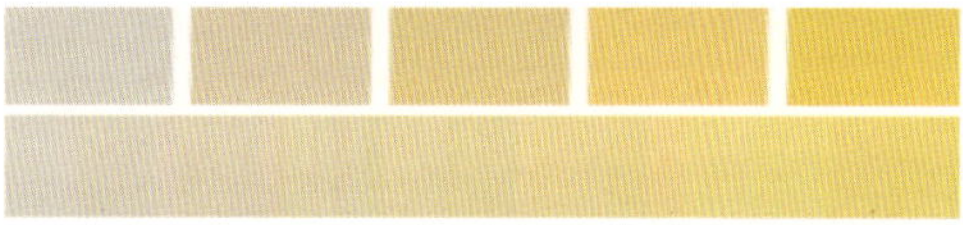

图 5 – 34　孟塞尔颜色体系饱和度的确定

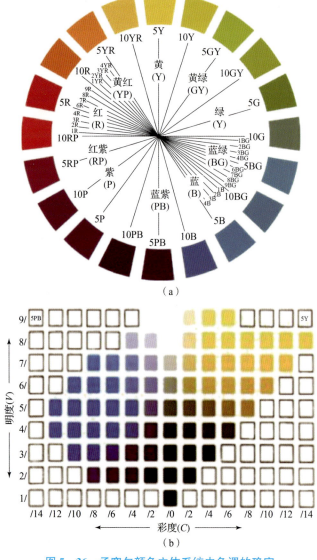

图 5 – 35　颜色体系每一灰度等级时的色相与饱和度的示意图

（a）

（b）

图 5 – 36　孟塞尔颜色立体系统中色调的确定

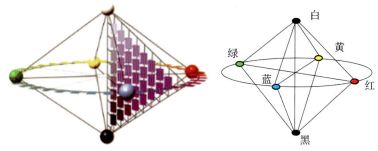

图 5－37　自然色彩系统的立体模型

图 5－38　介于四个色彩基准色间的
自然色彩

图 5－39　白色、黑色和彩色之间
叠加后的视觉色彩

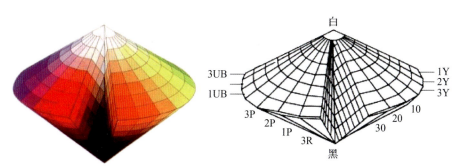

图 5－40　奥斯特瓦德表色系统立体模型

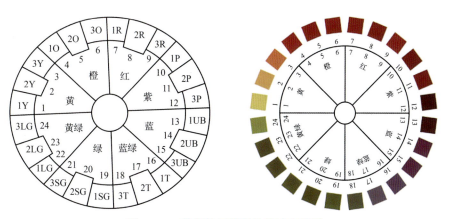

图 5－41　奥斯特瓦德表色系统色相环

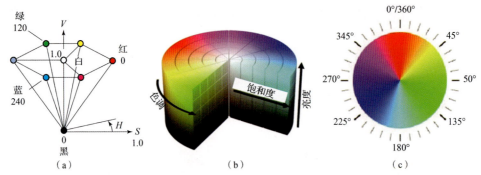

图 5-45　HSV 表色系立体空间色彩图

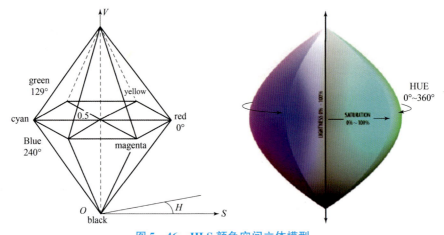

图 5-46　HLS 颜色空间立体模型

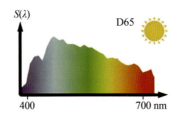

图 5-58　D65 光源光谱

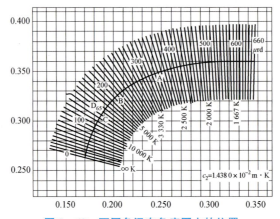

图 5-60　不同色温在色度图上的位置

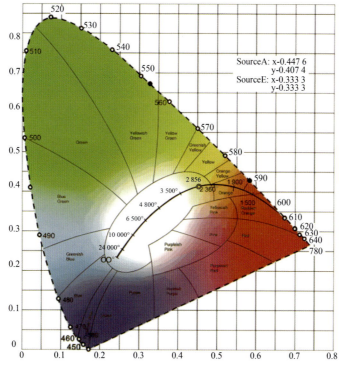

图 5-60　不同色温在色度图上的位置（续）

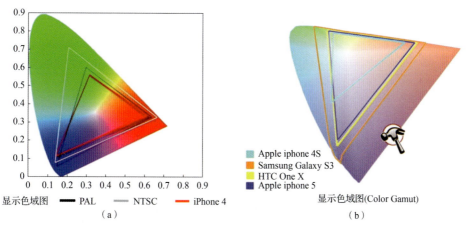

| 显示色域图 | —— PAL | —— NTSC | —— iPhone 4 |

Apple iphone 4S
Samsung Galaxy S3
HTC One X
Apple iphone 5

显示色域图(Color Gamut)

（a）　　　　　　　　　　　　　　　（b）

图 5-64　显示色域图和四种手机的色域图
（a）显示色域图；（b）四种手机的色域图

图 8-1　肥皂泡

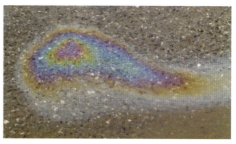

图 8-2　雨后路面上的彩色油膜